Tu Li Xue

土力学

主　编　韩　玮　林　雪
副主编　于林平　丁　玉

中国质检出版社
中国标准出版社
北　京

图书在版编目（CIP）数据

土力学/韩玮，林雪主编．—北京：中国质检出版社，2019.2
（2020.6 重印）
“十三五”普通高等教育规划教材
ISBN 978－7－5026－4693－6

Ⅰ.①土…　Ⅱ.①韩…　②林…　Ⅲ.①土力学—高等学校—教材
Ⅳ.①TU43

中国版本图书馆 CIP 数据核字（2018）第 276423 号

内　容　提　要

本书根据教育部高校教学指导委员会土木工程专业的教学指导精神，结合工程教育认证的要求，系统介绍了土力学的基本原理和计算方法，主要包括土的物理性质及工程分类、土的渗透性与渗流、土的应力计算、土的压缩与固结、土的抗剪强度、地基承载力、土压力与挡土墙、土坡稳定等内容。

本书可作为高等院校土木工程、工程管理专业土力学课程的教材，也可作为土木工程勘察、设计、施工技术人员和土木工程专业硕士研究生和国家注册类考试人员的参考用书。

中国质检出版社
中国标准出版社　出版发行
北京市朝阳区和平里西街甲 2 号（100029）
北京市西城区三里河北街 16 号（100045）
网址：www. spc. net. cn
总编室：(010) 68533533　发行中心：(010) 51780238
读者服务部：(010) 68523946
中国标准出版社秦皇岛印刷厂印刷
各地新华书店经销
*
开本 787×1092　1/16　印张 12　字数 243 千字
2019 年 2 月第一版　　2020 年 6 月第二次印刷
*
定价：39.00 元

前言 FOREWORD

土力学是土木工程专业的一门基础必修课程，也是基础工程等课程的先修课程。本书在编写过程中系统阐述了知识体系，注重理论与实际工程相结合，并结合国家注册类工程师执业资格考试大纲的要求，使学生能够顺利掌握土力学基本理论，并有利于读者解决实际工程问题。

本书主要阐述了土力学的基本理论，根据国家现行的《建筑地基基础设计规范》（GB 50007—2011）、《土工试验方法标准》（GB/T 50123—1999）等进行编写。全书共8章，主要包括地基土的物理性质及工程分类、土的渗透性和渗流问题、地基中的应力、地基变形计算、土的抗剪强度、地基承载力、土压力与挡土墙和土坡稳定分析等内容。

本书的编写工作分工如下：韩玮（北华大学）编写绪论、第六章、第七章，林雪（黑龙江东方学院）编写第三章、第五章和第八章，于林平（大连海洋大学）编写第一章、第四章，丁玉（大连大学）编写第二章。

由于编者的水平有限，书中不妥之处在所难免，恳请广大读者批评指正。

编　者

2019年2月

目 录 CONTENTS

绪　论

一、土力学的概念及研究对象

土是地壳岩石经受强烈风化的天然历史产物，是各种矿物颗粒的集合体。土由固体颗粒、水和空气三相组成，包括颗粒间互不联结、完全松散的无黏性土和颗粒间虽有联结、但联结强度远小于颗粒本身强度的黏性土。土与其他连续固体介质相区别的最主要特征就是它的多孔性和散体性，由此导致了土体的一系列物理特性和力学特性。另外，由于自然地理环境和沉积条件的不同而形成的具有明显区域性的一些特殊土还具有一些特殊的性质。

在工程建设中，土往往被作为不同的研究对象。如在土层上修建房物、桥梁、道路、堤坝时，土用来支撑建筑物传来的荷载，这时的土被用作地基；在修筑土质堤坝、路基时，土又被用作建筑材料；在修建隧道、涵洞及地下建筑等时，土被用作建筑物周围的介质环境。所以，土的性质对于工程建设的质量、性状等具有直接而重大的影响。

土力学是用力学的基本原理和土工测试技术研究土的物理性质以及所受外力发生变化时土的应力、变形、强度和渗透等特性及其规律的一门学科，即研究土的工程性质和在力系作用下土体性状的学科。一般认为，土力学是力学的一个分支，但由于土具有复杂的工程特性，目前在解决土工问题时，尚不能像其他力学学科一样具备系统的理论和严密的数学推导，而必须借助经验、现场试验以及室内试验辅以理论计算。所以，土力学是一门强烈依赖于实践的学科。

土层受到建筑物的荷载作用以后，其内部原有的应力状态就会发生变化。工程上把受建筑物影响，应力发生变化，从而引起物理、力学性质发生可感变化的那一部分土层称为地基。基础则是指建筑物向地基传递荷载的下部结构，位于上部结构和地基之间，起着把上部结构的荷载分布开来并传递到地基中去的作用。因此，建筑物的地基为支承基础的土体或岩体，基础则为结构的组成部分。当地基由两层以上土层组成时，通常将直接与基础接触的土层称为持力层，其下的土层称为下卧层。上部结构、基础与地基的相互关系如图 0 - 1 所示。天然土层可以作为建筑物地基的称为天然地基，需经人工加固处理后才能作为建筑物地基的称为人工地基。

二、土力学学科的发展概况

土力学作为一门学科，其发展历史远不如其他经典力学，但作为一门工程技术，

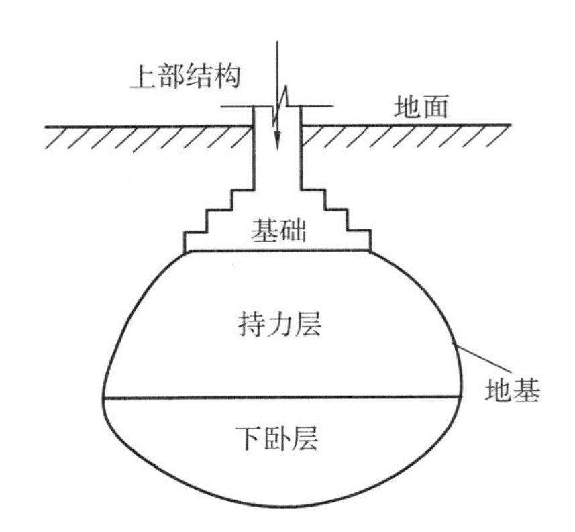

图 0－1　上部结构、基础与地基

却是悠久和古老的。它的主要发展特点是伴随生产实践的发展而发展，其发展水平也就要求与社会各历史阶段的生产和科学水平相适应。

远在春秋战国时期开始兴建的举世闻名的万里长城，因其成功地克服了各种复杂的地质条件，历经千百年风雨而屹立至今。许多宏伟壮丽的宫殿、古塔、寺庙，均因地基牢固才经受住了历史上强风、地震的袭击而安然无恙。比如河南开封市的开封寺北宋木塔的预倾斜工艺、郑州隋朝超化寺的木桩基础、河北隋朝赵州桥的粗砂地基处理等，无不体现了我国历代劳动人民在地基基础工程实践上的高超技艺。作为地基基础工程理论基础的土力学，发端于 18 世纪的欧洲，随着欧洲工业革命的兴起及城市建设的不断发展，在大量兴建的铁路、公路、桥梁和水利工程中，出现了许多与土有关的问题，对这些问题的研究和解决，促使了土力学理论的产生。

下述几种古典理论被认为是该门学科的重要组成部分。

1773 年，法国的库仑（Coulomb）根据试验提出了砂土的抗剪强度公式和挡土墙土压力的刚性滑动楔体理论。

1855 年，法国的达西（Darcy）创立了土的层流渗透定律。

1857 年，英国的朗肯（Rankine）从另一途径建立了挡土墙土压力塑性平衡理论。

1885 年，法国的布辛奈斯克（Boussinesq）求得弹性半空间表面竖向集中力作用时的应力、应变理论解答。

20 世纪 20 年代后，土力学的研究有了较快的发展，其重要理论包括 1915 年由瑞典的彼得森（Petterson）首先提出，后由费兰纽斯（Fellenius）等人进一步发展的土坡整体稳定分析的圆弧滑动面法，以及 1920 年由法国学者普朗德尔（Prandtl）提出的地基剪切破坏时的滑动面形状和极限承载力公式等。1925 年，奥裔美国学者太沙基（Terzaghi）出版了第一部土力学专著，比较系统地阐述了土的工程性质和有关的土工试验成果，所提出的有效应力原理和固结理论将土的应力、变形、强度、时间等有机联系起来，使之能有效地解决一系列土工问题。太沙基专著的问世，标志着近代土力学的开始，从此土力学成为一门独立的学科。

1936年，第一届国际土力学及基础工程会议在美国召开，之后陆续召开了19届。随着现代科技成就在该领域的逐步渗透，试验技术和计算手段有了长足进步，由此推动了该门学科的发展。时至今日，在土木、水利、道桥、港口等有关工程中，大量复杂的地基与基础工程问题的逐一解决，为该门学科积累了丰富的经验。当然，由于土的性质的复杂性，土力学还远没有成为具有严密理论体系的学科，需要不断地实践和研究。

三、本课程主要特点、内容及学习建议

土力学是一门实践性、理论性均较强的课程。由于地基土形成的自然条件各异，因而它们的性质是千差万别的。不同地区的土有不同的特性，即使是同一地区的土，其特性在水平方向和深度方向也可能存在较大的差异。所以，从某种意义上说，一个最优的地基基础设计方案更依赖于完整的地质、地基土资料和符合实际情况的周密分析。但这并不能忽视理论的重要性，实际上，经验的系统化和对经典力学理论的借鉴，永远是该学科的重要部分和发展基础。

本课程的另一大特点是知识更新周期较短。随着与土力学有关的建筑行业的迅速发展，使该学科不断面临新的问题，如基础形式的创新、地下空间的开发、软土地基的处理、新的土工合成材料的应用等，从而导致新技术、新的设计方法不断涌现，且往往是实践领先于理论，并促使理论不断更新和完善。

本书内容包括土的物理性质及工程分类、土的渗流问题、土中应力计算、土的压缩性与地基沉降计算、土的抗剪强度、土压力和挡土墙、地基承载力、土坡稳定分析等。每一章中均有关于工程应用的内容，具体包括以下各章。

第一章地基土的物理性质与工程分类主要介绍了土的三相组成及土的结构，黏土颗粒与水的相互作用，土的三相比例指标试验与计算，无黏性土的密实度，黏性土的物理特性，土的压实试验与土的压实性以及利用土工指标对土进行分类的方法。

第二章土的渗透性和渗流问题主要介绍了土的层流渗透定理，土的渗透系数，渗流力与流砂及管涌现象，二维渗流与流网的特征及应用。土中水的渗流、土的渗透破坏、水的浮力是工程设计与施工必须考虑的问题。

第三章地基中的应力介绍了土中自重应力、基底压力、基底附加压力和土体附加应力的概念及计算方法，土体应力状态的变化通常是造成土体变形或强度破坏的内在原因，在沉降计算时则需要计算土中附加应力沿深度的变化。这一章为后面几章的学习提供了关于应力分布的基础知识和计算附加应力的方法。

第四章地基变形计算从讨论荷载作用下土体的变形特性出发，以解决工程实际中地基的沉降计算问题为目的，依次介绍了荷载作用下土的压缩性，地基最终沉降量计算、应力历史对地基沉降的影响，固结理论及沉降与时间关系等内容。

第五章土的抗剪强度主要讨论了土的强度理论、抗剪强度的主要测定方法、土的抗剪强度指标及其影响因素，并对孔隙压力系数和应力路径的概念和应用做了简

要介绍。

第六章地基承载力主要对各种地基的破坏型式进行了分析，重点讨论了地基临塑荷载、临界荷载、地基极限承载力的确定，详细介绍了按规范方法确定地基承载力的方法。

第七章土压力与挡土墙主要介绍了土压力的类型及产生的条件和适用范围，静止土压力的计算，两种土压力理论的假设条件，主动土压力、被动土压力的计算方法及几种情况下的主动土压力的计算。介绍了挡土墙常见的型式，重力式挡土墙的尺寸设计、稳定性计算及构造措施。

第八章土坡稳定分析主要介绍了黏性土土坡稳定性分析的整体圆弧滑动法、毕肖普条分法、非圆弧滑动面的场布法等几种实用方法和砂性土坡的稳定性分析，讨论了在各种工程条件下土坡稳定计算需要考虑的一些特殊问题和地基的稳定性问题。

土力学是一门理论性和实践性都很强的课程。理论是应用一般连续体力学（材料力学、弹性力学）基本原理结合土的特性，提出一些力学计算模型；实践是通过土的现场勘察及室内土工试验测定土的计算参数。

本课程与土木工程材料、工程地质、基础工程、混凝土结构、土木工程施工技术等课程关系密切，又涉及高等数学、物理、化学等知识。因此，建议在学习本课程时既要建立与其他学科的联系，又要注意紧紧抓住变形、强度、渗流及稳定这一线索。利用有效应力原理，将土的本构模型即土的应力、变形、强度、渗流关系贯穿起来，重视室内土工试验，要理论联系实际地学习。

第一章　地基土的物理性质与工程分类

土是存在于地壳表层的岩石风化的产物，也是地质环境的重要组成部分，无论是作为建筑地基、周围介质，还是工程建筑材料，其对建筑物的稳定与安全都具有至关重要的作用。

第一节　土的成因

一、土的形成

土是地表的岩石经长期风化作用(物理风化、化学风化、生物风化)侵蚀残留在原地面或以各种自然力搬运到不同环境下堆积而成的松散堆积物。因此，通常说土是岩石风化的产物。自然界中，岩石不断风化破碎形成土，而土又不断压密硬化形成岩石。这一过程循环往复、永无止境地进行着。

二、土的成因类型

不同自然环境形成的土所具有的成分与性质不同，因此，土的成因决定了土的物质组成、结构和工程性质。按照成因，土可以分为残积土和运积土两大类。其中，运积土由于搬运动力不同，又分为坡积土、洪积土、冲积土、湖泊沼泽沉积土、冰积土、风积土等。

1. 残积土

残积土是指岩石经风化作用而残留在原地的堆积物，如图 1－1 所示。残积土从地表向深处由细变粗，与原岩之间没有明显的界限，其成分与原母岩相关，一般无层理。

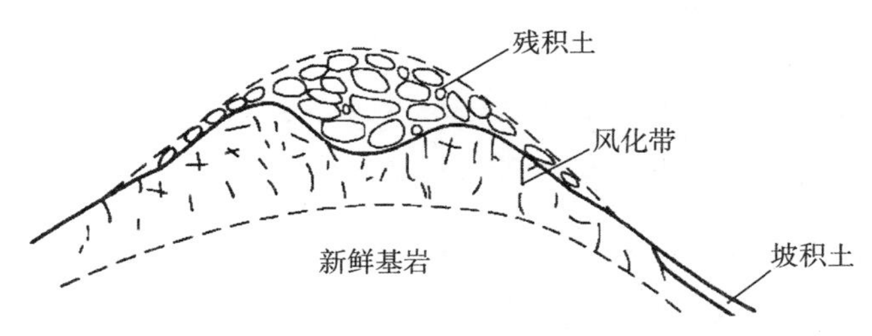

图 1－1　岩石风化的作用

2. 坡积土

坡积土是指残积土受重力和暂时性水流(如雨水和雪水)的作用，被携带到山坡或坡脚处聚积起来的堆积物，如图1-1所示。堆积体内土粒粗细不同，性质很不均匀。

3. 洪积土

洪积土是指残积土和坡积土受洪水冲刷，携带到山麓处沉积的堆积物。该土具有一定的分选性。搬运距离近的颗粒较粗，力学性质较好；搬运距离远的则颗粒较细，力学性质较差。

4. 冲积土

冲积土是指由于江、河水流搬运所形成的沉积物。分布在山谷、河谷和冲积平原上的土均为冲积土。由于经过较长距离的搬运，冲积土浑圆度和分选性都较好，具有明显的层理构造。

5. 湖泊沼泽沉积土

湖泊沼泽沉积土是指在极为缓慢水流或静水条件下沉积形成的堆积物。这种土的特点是除了含有细小的颗粒外，常伴有由生物化学作用所形成的有机物存在，成为具有特殊性质的淤泥或淤泥质土，其工程性质一般都较差。

6. 冰积土

冰积土是指由冰川或冰水携带搬运所形成的堆积物，颗粒粗细变化较大，土质不均匀。

7. 风积土

风积土是指由风力搬运形成的堆积物，颗粒均匀，一般堆积层很厚且不具层理。如我国西北的黄土就是典型的风积土。

第二节　土的三相组成

通常，土是由固体颗粒、水和气体三部分组成的松散颗粒集合体，这三部分常被称为土的三相。固体颗粒即土颗粒，由矿物颗粒组成，有时也含有有机质，构成土的骨架。水和气体充填在土颗粒间相互贯通的孔隙中。当土中孔隙为水和气体共同充填时，土为三相，称为湿土或非饱和土。特殊情况时，土为两相，称为饱和土或干土。

由于土颗粒的矿物成分与颗粒大小的变化、土的三相组成本身的性质与它们之间数量的变化等决定土的物理力学性质，因此，研究土的性质，必须首先研究土的三相本身的性质。

一、土颗粒

土颗粒是土的主要成分，构成土的骨架。固体颗粒的大小、形状、矿物成分及颗粒组成对土的性质起决定作用。研究土的固体颗粒时应了解其矿物成分与土颗粒的组成情况。

(一)土颗粒的矿物成分

土是岩石风化的产物，也是多种矿物的集合体。土颗粒矿物成分不同，会表现出不同的特性，从而影响土的性质。根据岩石风化的方式和矿物形成的先后，土的矿物成分可分为原生矿物和次生矿物。

1. 原生矿物

岩石在物理风化过程中所形成的碎屑物，保持了与原岩相同的矿物成分，这种矿物称为原生矿物。常见的原生矿物有石英、长石等，其性质较稳定。碎石土和砂土主要由原生矿物组成。

2. 次生矿物

岩石在化学风化过程中因其化学成分改变而形成的新矿物称为次生矿物，如黏土矿物、铁铝氧化物等。其中黏土矿物高岭石、蒙脱石和伊利石是构成黏性土的主要成分。黏土矿物颗粒很微小，在电子显微镜下观察呈鳞片状或片状，颗粒比表面积很大，故具有很强的与水作用的能力，即亲水性强。黏性土主要由次生矿物组成。

显然，土颗粒的矿物成分主要取决于原岩的成分及所受的风化作用，不同的矿物成分对土的性质有着不同的影响，如表 1－1 所示。

表 1－1　土颗粒的矿物成分

土颗粒名称	矿物成分
漂石、卵石、圆砾、角砾	岩石的碎屑，其矿物成分与原岩相同
砂粒	原岩中单矿物颗粒，如石英、长石等
粉粒	主要为石英、$MgCO_3$、$CaCO_3$等难溶盐
黏粒	1. 黏土矿物(次生矿物)，如蒙脱石、伊利石、高岭石 2. 氧化物和氢氧化物 3. 各种盐类 4. 有机物

(二)土颗粒的组成

1. 粒组

所谓粒组是指相邻两分界粒径之间性质相近的土颗粒。自然界中的土，均由大小不同的土颗粒组成。土颗粒大小和矿物成分的不同，可使土具有不同的性质，如颗粒大的卵石、砾石和砂，浑圆或具棱角状，具有较大的透水性，不具黏性。颗粒细小的黏粒，由黏土矿物组成，具有黏性，透水性较低。实际上很难逐粒测量土颗粒的大小，因而，可以把土中各种不同粒径的土颗粒按适当的粒径范围分成若干粒组。目前土的粒组划分方法不完全一致。表1－2是我国常用的粒组分界及各粒组的主要特性。

表1－2　土颗粒粒组划分

粒组统称	粒组名称	粒径范围/mm	特　征
巨粒	漂石或块石	＞200	透水性大，无黏性，无毛细水
	卵石或碎石	200～60	
粗粒	圆砾或角砾	60～2	透水性大，无黏性，毛细水上升高度不超过粒径大小
	砂粒	2～0.075	易透水，当混入云母等杂物时透水性减小，而压缩性增加；无黏性，遇水不膨胀，干燥时松散；毛细水上升高度不大，随粒径变小而增大
细粒	粉粒	0.075～0.005	透水性小；湿时稍有黏性，遇水膨胀小，干时稍有收缩；毛细水上升高度较大，极易出现冻胀现象
	黏粒	＜0.005	透水性很小；湿时有黏性、可塑性，遇水膨胀大，干时收缩显著；毛细水上升高度大，且速度较慢

2. 颗粒级配

所谓颗粒级配即土中各粒组的相对含量，用土颗粒占总质量的质量分数（%）表示，由颗粒分析试验确定。

（1）颗粒分析试验

土常是多种不同粒组的混合体，土的性质取决于各种不同粒组的相对含量。为了确定颗粒的相对含量，常用颗粒分析试验将各粒组区分开来，此方法称为颗粒分析方法。颗粒分析试验方法包括筛分法和比重计法。

筛分法适用于粒径大于0.075mm的土。它用一套孔径不同的筛子，筛孔从上到下逐渐减小，将事先称过质量的干土样过筛。称出留存在各筛上的土颗粒质量，就可算出各粗组的相对含量（%）。比重计法适用于粒径小于0.075mm的土。该方法将少量细粒土放入水中，根据大小不同的土颗粒在水中下沉的速度不相同的原理，利用比重计测定各粗组的相对含量（%）。如土中同时含有粒径大于和小于0.075mm的土颗粒时，则须联合使用上述两种方法。

（2）颗粒级配累积曲线

根据颗粒分析试验结果，可以绘制如图1－2所示的颗粒级配累积曲线，由于土颗粒粒径相差常在百倍、千倍以上，故该曲线横坐标表示土颗粒粒径的对数值，纵坐标则表示小于某粒径土颗粒质量的累积百分比。通常不同的土可以得到不同的级配曲线。

（3）颗粒级配累积曲线的应用

土的颗粒级配累积曲线是最常用的曲线。从该曲线可以直接了解土颗粒的粗细、粒径分布的均匀程度及颗粒级配的优劣。

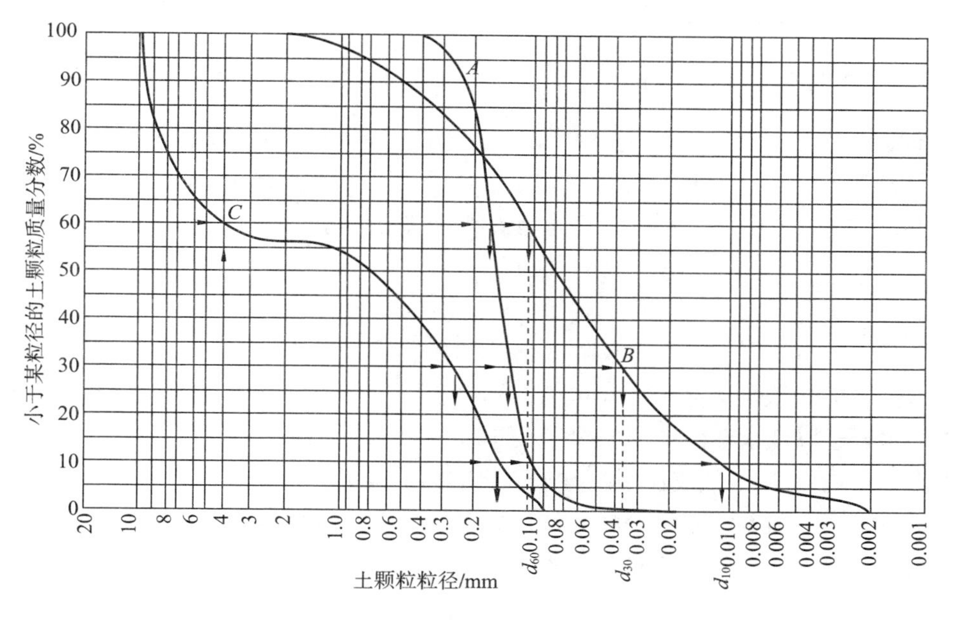

图1－2　几种土的颗粒级配累积曲线

如图1－2所示，曲线A和B光滑连续，说明所代表的两种土的颗粒大小分布都是连续的，这样的级配称为连续级配或正常级配，曲线C中间出现水平段说明所代表的土缺少某些粒径范围的土颗粒，这样的级配称为不连续级配。与曲线A比较，曲线B形状平缓，土颗粒大小分布范围广，表示土颗粒大小不均匀因而各粒组级配良好。曲线A形状较陡，土颗粒大小分布范围窄，表示土颗粒均匀，各粒组级配不良。为了判别土颗粒级配是否良好，常用不均匀系数C_u和曲率系数C_c两个指标来分别描述级配累积曲线的坡度和形状。

$$C_u = \frac{d_{60}}{d_{10}} \tag{1-1}$$

$$C_c = \frac{d_{30}^2}{d_{60}d_{10}} \tag{1-2}$$

式中，d_{60}、d_{10}、d_{30}分别为颗粒级配曲线上小于某粒径含量为60%、10%、30%时所对应的粒径，d_{10}为有效粒径，d_{60}为限定粒径。

不均匀系数反映曲线的坡度，表明土颗粒大小的不均匀程度。C_u值愈大，表明粒径分布曲线的坡度愈缓，土颗粒大小愈不均匀；反之，C_u值愈小，表明曲线愈小，土颗粒大小均匀，工程上常按经验把$C_u \leqslant 5$的土颗粒称为均匀土；而把$C_u > 5$的土则称为不均匀土。曲率系数C_c反映级配曲线的形状是否连续，当$C_c = 1 \sim 3$时表明土颗粒大小的连续性较好，满足级配良好的要求。除土颗粒大小必须不均匀外，还要求符合曲率系数$C_c = 1 \sim 3$的条件，例如曲线C，虽然粒径分布曲线很平缓，其C_u值为20，但它却因缺少某些中间粒径造成土颗粒大小不连续。C_c值仅为0.4，因而不能称为级配良好。所以，在工程上，视同时满足$C_u > 5$及$C_c = 1 \sim 3$条

件的土为不均匀土，即级配良好土。反之，视为均匀土，即级配不良土。

二、土中水

土中或多或少均含水，即土中水。土中水按其所处状态分为液态、气态和固态。其中，固态水主要存在于冻土中，而气态水对土的性质影响不大。因此，本节仅讨论土中液态水。土中液态水可以分为两大类：结合水与自由水。

(一)结合水

结合水是指受电分子引力吸附于土颗粒表面呈薄膜状的土中水。研究表明，土颗粒(矿物颗粒)表面一般带有负电荷，围绕土颗粒形成电场。在土颗粒电场影响范围内的水分子以及水溶液中的阳离子(如 Na^{+}、Ca^{2+} 等)一起被吸附于土颗粒周围。由于水分子是极性分子，受电场影响而定向排列，如图 1-3 所示，愈靠近土颗粒表面吸附愈牢固，随着距离增大，电分子引力将减小，按其与土颗粒表面的距离远近结合水又可分为强结合水和弱结合水。

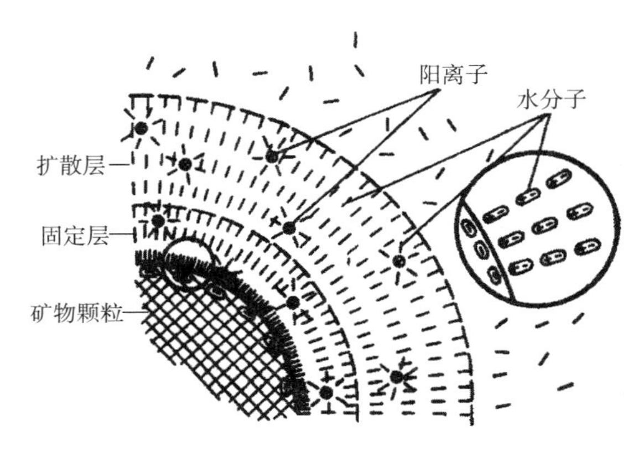

图 1-3　结合水分子定向排列及其所受电分子变化简图

1. 强结合水

强结合水是指紧靠土颗粒表面的结合水，又称吸着水。强结合水受到的电分子引力最大，在重力作用下不会流动，不能传递静水压力，无溶解能力，温度在 105℃以上时才能蒸发，冰点为 -78℃，密度为 1.2 ~ 2.4g/cm^3。这种水牢固地结合在土颗粒表面，其性质接近于固体，具有极大的黏滞性、弹性及抗剪强度。

岩土颗粒间仅含强结合水时，土呈固体状态，磨碎后则呈粉末状态。

2. 弱结合水

弱结合水是指紧靠于强结合水外围的结合水膜，也称为薄膜水。弱结合水距离土颗粒表面稍远，仍然受到电分子引力影响但强度较小，仍不能传递静水压力，具有较高的黏滞性和抗剪强度。虽不能自由流动，但水膜较厚的弱结合水能向较薄的水膜缓慢转移。弱结合水的存在，使土具有可塑性。

随着水分子与土颗粒距离的不断增大，电分子吸引力逐渐减小，弱结合水就逐步过渡为自由水。

（二）自由水

自由水是存在于土颗粒电场影响范围以外不受电场引力作用的土中水，其受重力作用，能传递静水压力，冰点为0℃，具有溶解能力。自由水按其所受作用力的不同，可分为重力水和毛细水。

1. 重力水

重力水是在土孔隙中受重力作用能自由流动的水，一般存在于地下水位以下的透水层中。重力水的存在对土有两方面的作用：一是地下水位以下的土，受重力水的浮力作用；二是重力水在土的孔隙中流动时，产生动水压力，土中易发生渗透变形。因此，建筑施工时重力水对基坑开挖、排水等均产生较大影响。

2. 毛细水

毛细水是受水与空气表面的张力作用而存在于细小孔隙中的自由水，通常存在于地下水位以上的透水层中。由于表面张力的作用，地下水沿不规则的毛细孔上升，形成毛细水上升带，其上升高度视孔隙大小而定。毛细水一般存在于0.002～0.5mm的孔隙中，砂土、粉土中毛细水含量较大。

实际工程中常需研究毛细水的上升高度和速度，因为毛细水的上升会使土湿润，强度降低，变形量增大。若毛细水上升至地表，则易导致沼泽化、盐渍化，在寒冷地区还会加剧土的冻胀作用。

三、土中气体

土中气体存在于未被土中水占据的孔隙中。在土的三相组成中，土中气体对土的影响相对居次要地位。土中气体以两种形式存在，即流通气体和封闭气体。

流通气体是指与大气连通的气体，常见于粗粒土中。它易于排出，一般不影响土的性质。

封闭气体是指与大气隔绝的以气泡形式存在的气体，常见于细粒土中。它不易逸出，因而增大了土的弹性和压缩性，降低了土的渗透性与饱和度。如在淤泥质土和泥炭土中，由于微生物分解有机物，在土层中产生了一些可燃性气体（如硫化氧等），使其在自重作用下不易压密，成为高压缩性土层。

第三节　土的结构与构造

一、土的结构

土的结构是指土颗粒的相互排列方式和颗粒间的联结特征，是土在形成过程中逐渐形成的。它与土的矿物成分、颗粒形状和沉积条件有关。

通常，土的结构可归纳为三种基本类型：单粒结构、蜂窝结构和絮状结构。

1. 单粒结构

单粒结构是粗粒土如碎石土、砂土的结构特征，由较粗的土颗粒在其自重作用下沉积而成。每个土颗粒都为已经下沉稳定的颗粒所支承，各土颗粒互相依靠重叠。如图1－4(a)所示。土颗粒的紧密程度，随着形成条件而不同，可分为密实状态或疏松状态。

2. 蜂窝结构

较细的土颗粒在自重作用下沉落时，碰到其他正在下沉或已沉稳的土颗粒，由于粒细而轻，粒间接触处的引力大于下沉土颗粒重量，土颗粒就被吸引着不再改变它们的相对位置，逐渐形成孔隙较大的蜂窝状结构，如图1－4(b)所示。蜂窝状结构细砂与粉土中常见。

3. 絮状结构

黏粒大都呈针状或片状，土颗粒极小而重量极轻，多在水中悬浮下沉极为缓慢，而且有些小于0.002mm的土颗粒具有胶粒特性，因土颗粒表面带有同号电荷，故悬浮于水中做分子热运动，难以相互碰撞结成团粒下沉。通常当悬浮液发生变化时，如加入电解质，运动着的黏粒互相聚合，凝聚成絮状物下沉，于是形成具有很大的孔隙的絮状结构，如图1－4(c)所示。絮状结构是黏性土的结构特征。

(a) 土的单粒结构

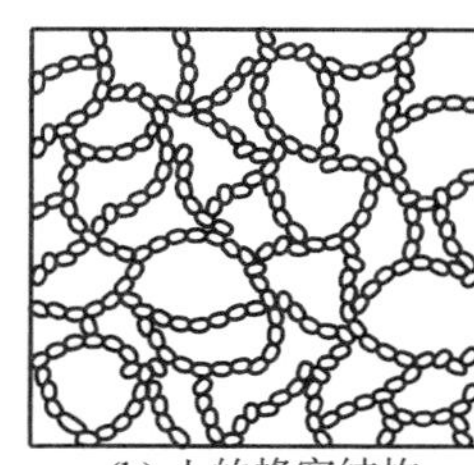
(b) 土的蜂窝结构

(c) 土的絮状结构

图1－4　土的结构

事实上，天然条件下任何一种土类的结构，并不像上述基本类型那样简单，而常呈现出以某种结构为主，由上述各种结构混合起来的复合型式。

上述三种结构中，疏松状态的单粒结构在荷载的作用下，特别在振动荷载作用下会使土颗粒移动至更稳定位置而变得更加密实，同时产生较大的变形；而密实状态的单粒结构则比较稳定，力学性能较好，一般是良好的天然地基。具有后两种结构的土因孔隙较大，当承受较大水平荷载或动力荷载时，其土的结构将破坏，并导致严重的地基变形，因此不可用作天然地基。

二、土的构造

土的构造是指统一土层中其结构不同部分的相互组合排列的特征。一般可分为层理构造、裂隙构造等。

1. 层理构造

不同阶段沉积物的物质成分、颗粒大小及颜色等都不相同，沉积物在竖向呈现成层的性状，具有成层性是土的构造最重要的特征。常见的形式有水平层理、交错层理等。

2. 裂隙构造

土体被各种成因形成的不连续的裂隙切割而形成的构造，裂隙中常充填各种盐类沉积物。裂隙的存在大大降低了土体的强度和稳定性，增大了透水性，对工程构成不利影响。

第四节　土的物理性质指标

如上所述，土是土颗粒、水和气体的三相系，三相本身的性质特别是土颗粒的性质对土的工程性质产生重要影响。但是同种土密实时强度高，松散时强度低；细粒土含水少时则硬，含水多时则软的现象，又说明土的性质不仅取决于三相组成本身的性质，也取决于三相之间数量的比例关系。土力学中，使用三相之间在质量和体积上的比例关系作为反映土的物理性质与物理状态的指标称为土的三相比例指标，包括土的密度(重度)、土颗粒相对密度、含水率、孔隙比、饱和度等。V 表示土的三相组成，如图 1－5 所示。在三相图的左侧表示三相组成的质量，三相图的右侧表示三相组成的体积。

图中符号的含义如下：

m_w——水的质量；

m_s——土颗粒的质量；

m_a——气体的质量，可以忽略不计；

m——土的总质量，$m = m_s + m_w$；

V_s——土颗粒的体积；

V_w——水的体积；

V_a——气体的体积；

V_v——土的孔隙体积，$V_v = V_w + V_a$；

V——土的总体积，$V = V_s + V_v = V_s + V_w + V_a$。

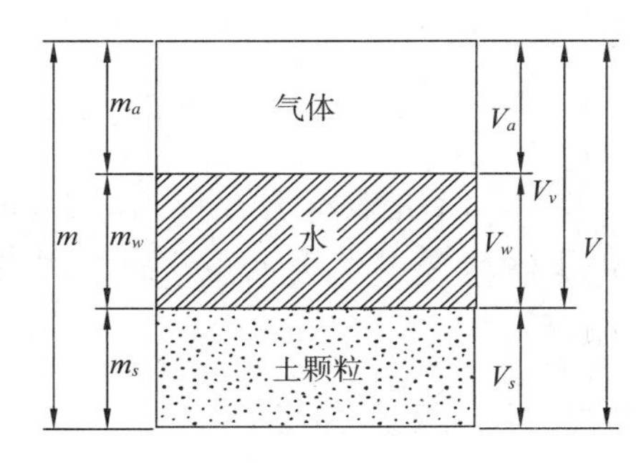

图 1－5　土的三相图

一、试验指标

试验指标是指可通过试验测定的指标，也称为基本物理性质指标，包括土的密度(重度)、土颗粒的相对密度和土的含水率。

1. 土的密度(重度)

土的密度即土单位体积的质量，也称为天然密度，用式(1－3)表示。

$$\rho=\frac{m}{V}=\frac{m_s+m_w}{V_s+V_v} \tag{1-3}$$

式中，ρ 的常用单位为 t/m^3 或 g/cm^3，采用环刀法测定。

土的重度也称为土的重力密度，指单位体积土的重量，常用单位为 kN/m^3。它与土的密度有如下的关系

$$\gamma=\rho g \tag{1-4}$$

式中，g 为重力加速度($g=9.81m/s^2$，为了计算方便，常取 $g=10m/s^2$)。天然土的密度因土的矿物组成、孔隙体积和含水量而异，一般在 $1.60 \sim 2.20g/cm^3$ 范围内变化。

2. 土颗粒的相对密度

土颗粒的相对密度即土颗粒的质量与同体积4℃时纯水的质量之比，即

$$d_s=\frac{m_s}{V_s\rho_w}=\frac{\rho_s}{\rho_w} \tag{1-5}$$

式中　ρ_s——土颗粒密度，即单位体积土颗粒的质量；

ρ_w——4℃纯水的密度。

因为 $\rho_w=1.0g/cm^3$，土颗粒的相对密度在数值上即等于土颗粒密度。土颗粒的相对密度常采用比重瓶法测定，是无量纲数。

土颗粒的相对密度取决于土的矿物成分和有机质含量，其值一般为 2.65 ~2.75。

3. 土的含水率

土的含水率定义为土中水的质量与土颗粒质量之比，用百分数表示。

$$w=\frac{m_w}{m_s}\times 100\%=\frac{m-m_s}{m_s}\times 100\% \tag{1-6}$$

含水率是表示土的干、湿程度的重要指标。土的天然含水率变化范围很大，一般干砂的含水率接近零，而淤泥的含水率可达 60% 或更大。含水率常由烘干法测定。

二、换算指标

除上述三个由室内试验直接测得的物理性质指标外，工程上还常用表示三相含量的某些特征的换算指标。

1. 表示土中孔隙含量的指标

工程上常用孔隙比或孔隙率表示土中孔隙的含量。

(1)孔隙比

孔隙比是指孔隙体积与土颗粒体积之比，用分数表示。

$$e=\frac{V_v}{V_s} \tag{1-7}$$

孔隙比是一个重要的物理性质指标，可以用于评价土的松密程度和其他力学性质。一般来说，$e<0.6$ 的土是密实的，$e>1.0$ 的土是疏松的。

(2)孔隙率

孔隙率是指孔隙体积与土总体积之比，用百分数表示，亦即

$$n=\frac{V_v}{V}\times 100\% \quad (1-8)$$

(3)孔隙比与孔隙率的关系

孔隙比和孔隙率均为表示孔隙体积含量的指标。不难证明两者之间具有如下关系

$$n=\frac{e}{1+e}\times 100\% \text{ 或 } e=\frac{n}{1-n} \quad (1-9)$$

2. 表示土中含水程度的指标

含水率是表示土中含水程度的一个重要指标。此外，工程上往往需要知道孔隙中充满水的程度，这就是土的饱和度，即孔隙中水的体积与孔隙体积之比，表示为

$$S_r=\frac{V_w}{V_v} \quad (1-10)$$

显然，干土的饱和度 $S_r=0$，而饱和土的饱和度 $S_r=1.0$。

3. 表示不同状态下土的密度和重度的指标

土的密度除了用天然密度表示以外，还常用饱和密度和干密度表示。土的密度和重度相应的指标分别为：

(1)饱和密度

饱和密度即孔隙完全被水充满时单位体积土的质量，表示为

$$\rho_{sat}=\frac{m_s+V_v\rho_w}{V} \quad (1-11)$$

ρ_{sat}的常用单位为 t/m^3 或 g/cm^3。

(2)干密度

干密度即单位体积土中土颗粒的质量，表示为

$$\rho_d=\frac{m_s}{V} \quad (1-12)$$

ρ_d 的常用单位为 t/m^3 或 g/cm^3。

(3)浮重度

对处于地下水位以下的土体，由于土颗粒受到浮力作用，其重度由浮重度 γ' 表示，又称为有效重度。

所谓浮重度即单位体积土中土颗粒重量扣除浮力的有效重量，常用单位为 kN/m^3，表示为

$$\gamma'=\frac{m_sg-V_s\rho_wg}{V} \quad (1-13)$$

可推得

$$\gamma' = \gamma_{sat} - \gamma_w \tag{1-14}$$

与以上几种密度相对应，工程上还常用天然重度 γ、饱和重度 γ_{sat} 和干重度 γ_d 来表示土在不同状态下单位体积的质量。它们等于相应的密度乘以重力加速度 g。同种土几种密度在数值上有如下的关系

$$\rho_{sat} \geqslant \rho \geqslant \rho_d \tag{1-15}$$

同样，同种土几种重度在数值上有如下关系

$$\gamma_{sat} \geqslant \gamma \geqslant \gamma_d \geqslant \gamma' \tag{1-16}$$

【例 1-1】 用体积为 $50cm^3$ 的环刀切取原状土样，称得土样的总质量为 90g，烘干后为 70g，经试验测得 $d_s = 2.7$。试求该土的密度 ρ（重度 γ）、天然含水率 w、孔隙比 e 及饱和度 S_r。

解：按已知条件由各指标的定义进行计算。已知 $V = 50cm^3$，$m = 90g$，由定义得

$$\rho = \frac{m}{V} = 1.8g/cm^3,\ \gamma = \rho g = 18kN/m^3$$

已知 $m_s = 70g$，则 $m_w = 90 - 70 = 20g$，由定义得

$$w = \frac{m_w}{m_s} \times 100\% = \frac{20}{70} \times 100\% = 28.6\%$$

由 d_s 定义，算得

$$V_s = \frac{m_s}{d_s \rho_w} = \frac{70}{2.7 \times 1} = 25.9cm^3$$

则

$$V_v = V - V_s = 50 - 25.9 = 24.1cm^3$$

由孔隙比定义得

$$e = \frac{V_v}{V_s} = \frac{24.1}{25.9} = 0.93$$

因

$$V_v = \frac{m_w}{\rho_w} = \frac{20}{1} = 20cm^3$$

由饱和度定义得

$$S_r = \frac{V_w}{V_v} = \frac{20}{24.1} = 0.83$$

三、物理性质指标的换算

从上述土的物理性质指标的定义可以看出，三相指标均为相对的比例关系指标，不是量的绝对值，因此，只要设三相中任一量等于任何数值，根据所测得的三个基本物理性质指标，由三相图均可推算出其他指标的换算公式。如表 1-3 所示，表中所列换算公式很容易由三相图推算，不必死记硬背，现以三相图推算有关公式。

表 1-3　土的三相组成比例指标换算公式

指标	符号	表达式	常用换算公式	常用单位
土颗粒相对密度	d_s	$d_s=\frac{m_s}{V_s\rho_w}$	$d_s=\frac{S_re}{w}$	
密度	ρ	$\rho=\frac{m}{V}$	$\rho=\frac{d_s\rho_w(1+w)}{1+e}$	t/m³，g/cm³
重度	γ	$\gamma=\frac{mg}{V}=\rho g$	$\gamma=\frac{d_s\gamma_w(1+w)}{1+e}$	kN/m³
含水率	w	$w=\frac{m_w}{m_s}\times100\%$	$w=\frac{\gamma}{\gamma_d}-1$	
干重度	γ_d	$\gamma_d=\frac{m_sg}{V}=\rho_dg$	$\gamma_d=\frac{d_s}{1+e}\gamma_w$	kN/m³
饱和重度	γ_{sat}	$\gamma_{sat}=\frac{m_s+\rho_wV_v}{V}g$	$\gamma_{sat}=\frac{\gamma_w(d_s+e)}{1+e}$	kN/m³
浮重度（有效重度）	γ'	$\gamma'=\frac{m_sg-V_s\rho_wg}{V}$	$\gamma'=\frac{d_s-1}{1+e}\gamma_w$　$\gamma'=\gamma_{sat}-\gamma_w$	kN/m³
孔隙比	e	$e=\frac{V_v}{V_s}$	$e=\frac{d_s\gamma_w}{\gamma_d}-1$ $e=\frac{d_s\gamma_w(1+w)}{\gamma}-1$	
孔隙率	n	$n=\frac{V_v}{V}\times100\%$	$n=\frac{e}{1+e}\times100\%$	
饱和度	S_r	$S_r=\frac{V_w}{V_v}$	$S_r=\frac{wd_s}{e}$	

注：1. 在各换算公式中，含水率 w 可用小数代入计算；

2. γ_w 可取 10kN/m³；

3. 重力加速度 $g=9.81\text{m/s}^2\approx10\text{m/s}^2$。

设
$$V_s=1$$
则
$$e=\frac{V_v}{V_s}=V_v,\quad V=1+V_v=1+e$$
$$m_s=d_s\rho_wV_s=d_s\rho_w,\quad m_w=wm_s=wd_s\rho_w$$
故
$$m=m_s+m_w=(1+w)d_s\rho_w$$
则
$$\rho=\frac{m}{V}=\frac{d_s\rho_w(1+w)}{1+e},\quad \gamma=\frac{d_s\gamma_w(1+w)}{1+e}\tag{1-17}$$
推得
$$e=\frac{d_s\rho_w(1+w)}{\rho}-1=\frac{d_s\gamma_w(1+w)}{\gamma}-1\tag{1-18}$$
$$\rho_d=\frac{m_s}{V}=\frac{d_s\rho_w}{1+e},\quad \gamma=\frac{d_s\gamma_w}{1+e}\tag{1-19}$$
推得
$$e=\frac{d_s\rho_w}{\rho_d}-1=\frac{d_s\gamma_w}{\gamma_d}-1\tag{1-20}$$

$$\gamma_{sat} = \frac{m_s + \rho_w V_v}{V} g = \frac{\gamma_w (d_s + e)}{1 + e} \tag{1-21}$$

$$n = \frac{V_v}{V} \times 100\% = \frac{e}{1 + e} \tag{1-22}$$

$$S_r = \frac{V_w}{V_v} = \frac{w d_s}{e} \tag{1-23}$$

【例题1－2】 某饱和黏性土（即 $S_r = 1.0$）的含水率 $w = 40\%$，土颗粒相对密度 $d_s = 2.70$，试求土的孔隙比 e 和干密度 ρ_d。

解：依题意绘制三相图，如图1－6所示。

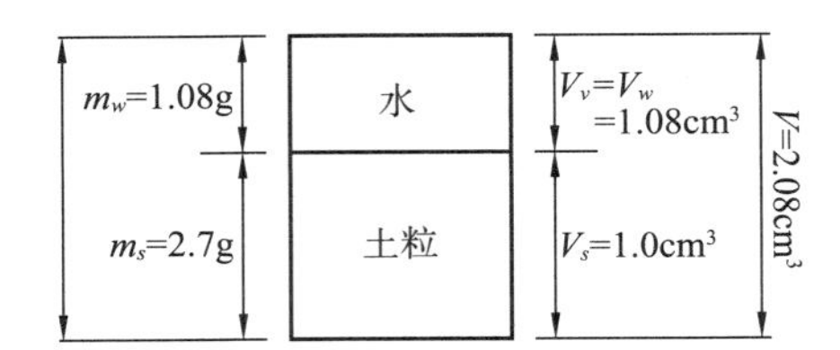

图1－6　例题三相图

设土颗粒体积 $V_s = 1.0\text{cm}^3$。

（1）按相对密度定义，计算土颗粒的质量

$$m_s = V_s d_s \rho_w = 2.7\text{g}$$

（2）按含水率定义 $w = \frac{m_w}{m_s}$，算得

$$m_w = w m_s = 0.4 \times 2.7\text{g} = 1.08\text{g},\quad V_v = V_w = \frac{m_w}{\rho_w} = 1.08\text{cm}^3$$

把计算结果填入三相图。

（3）按孔隙比定义，求得

$$e = \frac{V_v}{V_s} = \frac{1.08}{1.0} = 1.08$$

（4）按干密度定义，求得

$$\rho_d = \frac{m_s}{V} = \frac{2.7}{2.08} = 1.30\text{g/cm}^3$$

第五节　土的物理状态指标

一、黏性土的物理状态及指标

1. 黏性土的状态

黏性土（细粒土）状态也称为稠度状态，它是黏性土最主要的物理特征。研究表

明，当黏性土的含水程度不同时具有不同的状态，表现为不同的软硬程度或对外力引起变形或破坏的抵抗能力。

通常土中含水率很低时，土中水被紧紧吸着于土颗粒表面，成为强结合水。强结合水的性质接近于固态。因此，当土颗粒之间只有强结合水时，按结合水膜厚薄不同，土表现为固态或半固态。

当含水率增加，土颗粒周围的水膜加厚，除强结合水外还有弱结合水存在。在这种含水率下，土可被外力塑成任意形状而不断裂，外力去除后仍然保持所得的形状，此性质称为土的可塑性，此状态称为可塑状态。因此，弱结合水的存在是土具有可塑状态的原因。土处在可塑状态的含水率变化范围，大体上相当于土颗粒所能够吸附的弱结合水的含量。这一含量的大小主要决定于土颗粒的比表面积和矿物成分。

当含水率继续增加，土中除结合水外，还含有相当数量的自由水。此时土颗粒被自由水隔开，土体不能承受任何剪应力，而处于流动状态。由此可见，土的状态实际上反映了土中水的类型。

2. 黏性土的界限含水率

黏性土由一种状态转到另一种状态的分界含水率，称为界限含水率。这样的界限含水率有三个，即液限、塑限和缩限，如图 1－7 所示。其中，前两个界限含水率比较常用。

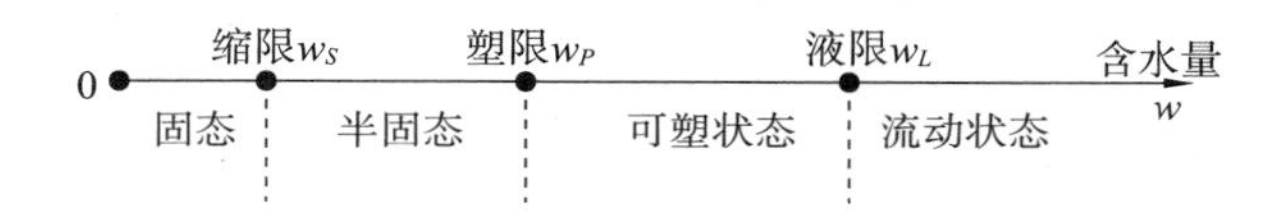

图 1－7　黏性土物理状态与含水量

塑限代表黏性土由半固态进入可塑状态的界限含水率，是黏性土成为可塑状态的下限含水率，用 w_P 表示。

液限代表黏性土由可塑状态转变为流动状态的界限含水率，是黏性土处于可塑状态的上限含水率，用 w_L 表示。

界限含水率与土颗粒组成、矿物成分、土颗粒表面吸附阳离子性质等有关，其大小反映了这些因素的综合影响，因而对黏性土的分类和工程特性的评价有着重要意义。

黏性土的界限含水率可通过相应的试验测定，不同行业规定的试验方法不尽相同。建筑行业、公路行业等采用滚搓法试验测定塑限。对于液限，建筑行业采用锥式液限仪试验，而公路行业采用碟式液限仪试验测定。

另外，根据《土工试验方法标准》(GB/T 50123—1999)的规定，也可采用液限和塑限联合测定，试验装置如图 1－8 所示。测定时，将调成不同含水率的土样先后装于盛土杯内，分别测定圆锥仪在 5s 时的下沉深度。在双对数坐标纸下绘出圆锥下沉

深度和含水率的关系直线，如图1－9所示，该直线上圆锥下沉深度为10mm对应的含水率为该试样的液限，下沉深度为2mm所对应的含水率为塑限。

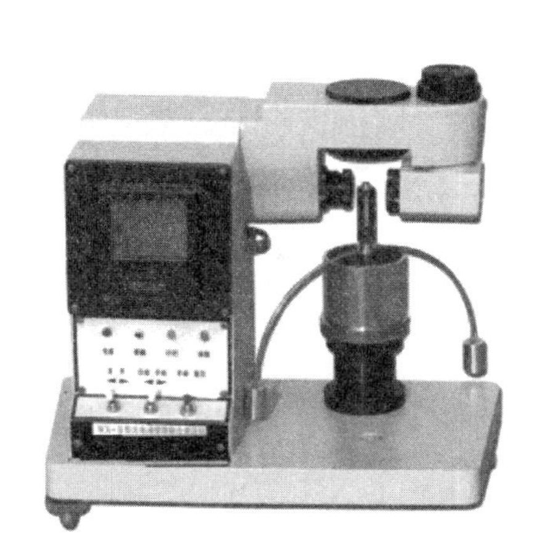

图1－8　光电式液、塑限仪装置示意图

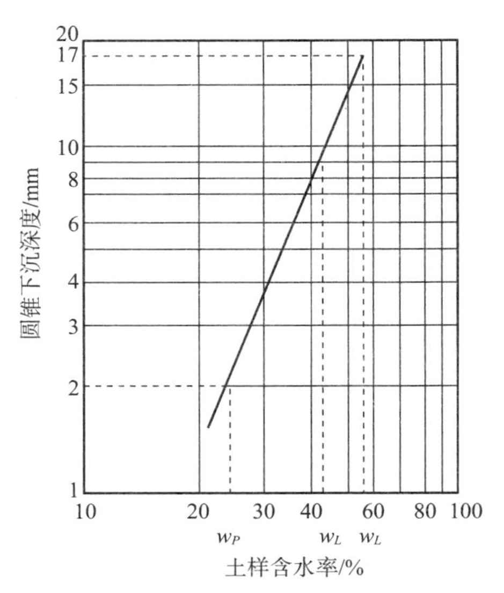

图1－9　圆锥下沉深度与含水率关系

3. 塑性指数

液限和塑限分别是土处于可塑状态时的上限和下限含水率。为了表示黏性土处于可塑状态的含水率变化范围，引入塑性指数，其值为土的液限与塑限的差值(数值除去%号)，用符号I_P表示

$$I_P = w_L - w_P \tag{1-24}$$

土的塑性指数主要与土中黏粒(直径小于0.005mm的土颗粒)含量、土中吸附水可能含量及吸附阳离子的浓度等有关。黏粒含量越高，则其比表面积越大，结合水含量也越高，因而塑性指数也越大。若土中不含黏粒，则塑性指数为零，即土无黏性。

由于塑性指数在一定程度上综合反映了影响黏性土特征的各种重要因素，因此工程上按塑性指数的大小对黏性土进行分类。

4. 液性指数

土的含水率在一定的程度上可以表示土的软硬程度。当两种黏性土天然含水量相同时，所处的状态可能完全不同，因为不同土的液限和塑限不同。因此，仅知道土的含水率时，还不能说明土所处的状态，而必须将天然含水量与其液限与塑限进行比较，才能确定黏性土的状态，为此工程上采用液性指数判别黏性土的状态。

液性指数是土的天然含水量和塑限之差值(均除去%)与塑性指数之比，用符号I_L表示，即

$$I_L = \frac{w - w_P}{w_L - w_P} = \frac{w - w_P}{I_P} \tag{1-25}$$

显然，I_L越大，土质越软；反之土质越硬。根据液性指数的大小可按黏性土的

软硬划分为五种状态，划分标准见表 1－4。

表 1－4　黏性土状态的划分

状态	坚硬	硬塑	可塑	软塑	流塑
液性指数 I_L	$I_L \leqslant 0$	$0 < I_L \leqslant 0.25$	$0.25 < I_L \leqslant 0.75$	$0.75 < I_L \leqslant 1.0$	$I_L > 1.0$

必须指出，液限试验和塑限试验都是把试样调成一定含水率的土样进行的，也就是说 w_L 和 w_P 都是在土的结构被彻底破坏后测得的。因此，以上判别标准的缺点是没有反映土天然结构性的影响。

【例 1－3】 已知某黏性土的天然含水率 $w=35\%$，液限 $w_L=40\%$，塑限 $w_P=25\%$，试求塑性指数 I_P 和液性指数 I_L，并确定该土的状态。

解：

$$I_P = w_L - w_P = 40 - 25 = 15$$

$$I_L = \frac{w - w_P}{I_P} = \frac{35 - 25}{15} = 0.67$$

查表 1－4 确定该土处于可塑状态。

二、砂土的密实度

砂土的密实度是指单位体积中固体颗粒的含量。土颗粒含量多，土呈密实状态，强度较大；土颗粒含量少，土呈松散状态，强度则低。可见，密实度是反映砂土工程性质的主要指标，判断砂土的密实度常用两种方法。

1. 相对密实度（D_r）

工程上为了更好地表示砂土所处的密实状态，采用将现场土的孔隙比 e 与该种土所能达到最密时的孔隙比 $e_{\min}$ 和最松时的孔隙比 $e_{\max}$ 相对比的办法，来评价砂土的密实度。这种衡量密实度的指标称为相对密实度（D_r），表示为

$$D_r = \frac{e_{\max} - e}{e_{\max} - e_{\min}} \tag{1-26}$$

式中　e——现场无黏性土的孔隙比；

$e_{\max}$——无黏性土的最大孔隙比，测定的方法是将松散的风干土样通过长颈漏斗轻轻地倒入容器，避免重力冲击，求得土的最小干密度再经换算得到；

$e_{\min}$——土的最小孔隙比，测定的方法是将松散的风干土样装在金属容器内，按规定方法振动和锤击，直至密度不再提高，求得最大干密度后经换算得到。

由式（1－26）可知，相对密实度（D_r）的取值区间为 0～1。当 $D_r=0$ 时，$e=e_{\max}$，表示处于最疏松状态；当 $D_r=1.0$ 时，$e=e_{\min}$，表示土处于最密实状态。用相对密实度 D_r 判定砂土的密实度标准如表 1－5 所示。

表 1-5　砂土的密实度划分标准

<table>
<tr><td rowspan="2">相对密实度 D_r</td><td colspan="2">密实</td><td colspan="2">中密</td><td colspan="2">松散</td></tr>
<tr><td colspan="2">$0.67 \leq D_r < 1.0$</td><td colspan="2">$0.33 < D_r < 0.67$</td><td colspan="2">$D_r \leq 0.33$</td></tr>
<tr><td rowspan="2">标准贯入锤击数 N</td><td>密实</td><td colspan="2">中密</td><td>稍密</td><td colspan="2">松散</td></tr>
<tr><td>$N > 30$</td><td colspan="2">$15 < N \leq 30$</td><td>$10 < N \leq 15$</td><td colspan="2">$N \leq 10$</td></tr>
</table>

将孔隙比与干密度的关系式 $e = \dfrac{d_s \rho_w}{\rho_d} - 1$ 代入式(1-26)，可以得到由干密度表示的相对密实度的表达式

$$D_r = \frac{(\rho_d - \rho_{d\min})\rho_{d\max}}{(\rho_{d\max} - \rho_{d\min})\rho_d} \tag{1-27}$$

式中　ρ_d——相当于孔隙比为 e 时土的干密度；

$\rho_{d\min}$——相当于孔隙比为 $e_{\max}$ 时土的干密度，即最小干密度；

$\rho_{d\max}$——相当于孔隙比为 $e_{\min}$ 时土的干密度，即最大干密度。

必须指出，目前虽然已有一套测定最大孔隙比和最小孔隙比的试验方法，用相对密实度判断砂土的密实度在理论上较完善，但在实际应用中有困难。主要是在实验室条件下测得理论上的 $e_{\max}$ 和 $e_{\min}$ 十分困难，在静水中很缓慢沉积形成的土，孔隙比有时可能比实验室测得的 $e_{\max}$ 还大。同样，在漫长地质年代中，受各种自然力作用下堆积形成的土，其孔隙比有时可能比实验室测得的 $e_{\min}$ 还小。另外，地下水位以下砂土的天然孔隙比很难准确测定。

2. 标准贯入试验

标准贯入试验是在现场用规定质量和落距的锤，把标准贯入器打入土中一定贯入深度并记录所需锤击数(N)的一种原位测试方法。现行《建筑地基基础设计规范》(GB 50007—2011)根据试验记录的锤击数(N)，将砂土的密实度划分为松散、稍密、中密、密实四种，见表 1-5。

鉴于准确确定相对密实度存在一定困难，工程实践中采用标准贯入锤击数 N 来划分砂土的密实度比较普遍。

【例题 1-4】　某砂层的天然密度 $\rho = 1.8\text{g/cm}^3$，含水率 $w = 10\%$，土颗粒相对密度 $d_s = 2.65$。最小孔隙比 $e_{\min} = 0.4$，最大孔隙比 $e_{\max} = 0.8$，问该砂土处于何种状态。

解：(1)求土层的天然孔隙比 e

$$e = \frac{\rho_w d_s (1+w)}{\rho} - 1 = \frac{1 \times 2.65 \times (1+0.1)}{1.8} - 1 = 0.62$$

(2)求相对密实度 D_r

$$D_r = \frac{e_{\max} - e}{e_{\max} - e_{\min}} = \frac{0.8 - 0.62}{0.8 - 0.40} = 0.45$$

$$0.33 < D_r < 0.67$$

故该砂层处于中密状态。

第六节　地基岩土的工程分类

自然界中岩土的种类很多，工程性质各不相同，需要按其主要特征进行工程分类。目前，由于不同国家、不同行业所涉及的岩土地质环境、工程用途不同，制定分类标准的着眼点不同，因此，无论国外还是国内，各行业所使用的工程分类方法不尽相同。

一、土的工程分类依据与原则

（一）工程分类依据

自然界中的土，直观上可以分为两大类：一类是由肉眼可见的松散颗粒组成，粒间连结力十分微弱，可以忽略不计，这就是粗粒土，也称为无黏性土；另一类是由肉眼难以辨别的细颗粒所组成，由于细颗粒，特别是黏土颗粒之间存在着分子引力和静电力的作用，使颗粒之间相互联结，具有黏性，静电力形成结合水膜，颗粒之间常常不再是直接接触而是通过结合水膜相联结，使这类土具有可塑性。另外，黏土矿物具有吸水膨胀、失水收缩的能力，结合水膜也因土中水分的变化而增厚或变薄，使这类土具有胀缩性，这种具有黏性、可塑性、胀缩性的土就是细粒土或黏性土。

当然，仅以直观的感性的方法分类是不准确的，也不全面，必须结合最能反映土的工程特性的指标，对土进行系统的分类。划分土类的主要依据包括以下两个方面。

1. 土的颗粒级配

碎石土、砂土、粉土和黏性土工程性质相差悬殊，主要是因为它们颗粒大小和粒组含量不同。碎石和砂土可统称为粗粒土，黏性土和粉土可统称为细粒土。在粗粒土中，随着细小颗粒的含量与土质的不同，粗粒土的工程性质变化也很大。

2. 土的塑性

细粒土的工程性质不仅取决于颗粒大小，还与矿物成分、颗粒形状、土颗粒表面吸附阳离子成分等有关，如前述这些因素都综合地反映在土的可塑性上。黏性土是具有塑性的，塑性愈大，黏性也愈大。粉土稍具或无塑性，粗粒土是无塑性的。黏性土塑性大小可用塑性指数表示，因而塑性指数是划分细粒土的较好的指标。

（二）工程分类原则

不同行业根据其工程用途和实践经验对土进行分类时，一般遵循以下基本原则。

1. 工程性质差异原则

工程分类应综合考虑土的主要工程性质，并采用影响土的工程性质的主要因素作为分类依据。

2. 分类指标易测得原则

工程分类采用的指标，既要综合反映土的主要工程性质，又要使测定方法简便。

3. 以成因、地质年代为基础原则

土的工程性质与土的成因与形成年代密切相关，不同成因、不同年代的土，其工程性质差异显著。

二、《建筑地基基础设计规范》分类法

《建筑地基基础设计规范》(GB 50007—2011)适用于建筑工程地基与基础设计，该规范将建筑工程的地基按其颗粒级配、塑性指数、成因等，分为岩石、碎石土、砂土、粉土、黏性土、特殊土。

1. 岩石

岩石是指颗粒间牢固联结、呈整体或具有节理裂隙的岩体，按其成因分为岩浆岩、沉积岩和变质岩。作为建筑物地基，除应确定岩石的地质名称外，还应按其坚硬程度和完整程度分类。

岩石按其坚硬程度可划分为坚硬岩、较硬岩、较软岩、软岩、极软岩，见表1－6。

表1－6 岩石坚硬程度的划分

坚硬程度类别	坚硬岩	较硬岩	较软岩	软岩	极软岩
饱和单轴抗压强度标准值f_{rk}/MPa	$f_{rk}>60$	$60\geqslant f_{rk}>30$	$30\geqslant f_{rk}>15$	$15\geqslant f_{rk}>5$	$f_{rk}\leqslant 5$

岩石按其完整程度可以划分为完整、较完整、较破碎、破碎、极破碎，见表1－7。

表1－7 岩石完整程度的划分

完整程度等级	完整	较完整	较破碎	破碎	极破碎
完整性系数	>0.75	0.75～0.55	0.55～0.35	0.35～0.15	<0.15

注：完整性指数为岩体纵波波速与岩块纵波波速之比的平方。选定岩体、岩块测定波速时应有代表性。

2. 碎石土

碎石土是指粒径大于2mm的颗粒含量超过总质量的50%的土。根据粒组含量及颗粒形状，碎石土可分为漂石或块石、卵石或碎石、圆砾或角砾，其分类标准如表1－8所示。

表 1-8　碎石土的分类

土的名称	颗粒形状	粗细含量
漂石 块石	圆形及亚圆形为主 棱角形为主	粒径大于 200mm 的颗粒超过总质量的 50%
卵石 碎石	圆形及亚圆形为主 棱角形为主	粒径大于 20mm 的颗粒超过总质量的 50%
圆砾 角砾	圆形及亚圆形为主 棱角形为主	粒径大于 2mm 的颗粒超过总质量的 50%

注：定名时应根据粒径分组由大到小以最先符合者确定。

3. 砂土

砂土是指粒径大于 2mm 的颗粒含量不超过总质量的 50%，且粒径大于 0.075mm 的颗粒超过总质量的 50% 的土。按粒组含量砂土可为砾砂、粗砂、中砂、细砂和粉砂，其分类标准见表 1-9。

表 1-9　砂土的分类

土的名称	粒组含量
砾砂	粒径大于 2mm 的颗粒占总质量的 25% ~50%
粗砂	粒径大于 0.5mm 的颗粒超过总质量的 50%
中砂	粒径大于 0.25mm 的颗粒超过总质量的 50%
细砂	粒径大于 0.075mm 的颗粒超过总质量的 85%
粉砂	粒径大于 0.075mm 的颗粒超过总质量的 50%

注：定名时应根据粒径分组由大到小以最先符合者确定。

4. 粉土

粉土是指塑性指数 I_P 小于或等于 10、粒径大于 0.075mm 的颗粒含量不超过总质量的 50% 的土。

5. 黏性土

黏性土是指塑性指数 I_P 大于 10 的土。这种土中含有相当数量的黏粒（<0.005mm 的颗粒）。黏性土的工程性质不仅与粒组含量和黏土矿物的亲水性等有关，而且与其成因类型及沉积环境等因素也有关系。

黏性土按塑性指数 I_P 分为粉质黏土和黏土，其分类标准见表 1-10。

表 1-10　黏性土的分类

土的名称	粉质黏土	黏土
塑性指数	$10 < I_p \leq 17$	$I_P > 17$

注：塑性指数的液限值由相应于 76g 圆锥体沉入土样中深度为 10mm 时测定。

6. 特殊土

特殊土是指分布在一定地理区域、有工程意义的特殊成分、状态和结构特征的土。我国特殊土的种类很多，如淤泥与淤泥质土、人工填土、红黏土与次生红黏土、膨胀土、湿陷性土等。

(1)淤泥与淤泥质土

淤泥与淤泥质土是指在静水或缓慢水流环境中沉积，并经生物化学作用形成。通常天然含水率大于液限、天然孔隙比大于或等于1.5的黏性土为淤泥；而天然含水率大于液限，天然孔隙比小于1.5但大于或等于1.0的黏性土或粉土为淤泥质土。

(2)人工填土

人工填土指人类活动而形成的堆积物，其成分较杂，且均匀性较差。人工填土按物质组成及成因，可以分为素填土、压实填土、杂填土和冲填土，其分类标准如表1－11所示。

表1－11　人工填土的分类

土的名称	组成物质
素填土	由碎石土、砂土、粉土、黏性土等组成
压实填土	由经压实或夯实的碎石土、砂土、黏土、黏性土等组成
杂填土	含有建筑垃圾、工业废料、生活垃圾等杂物
冲填土	由水力冲填泥砂形成

(3)红黏土与次生红黏土

红黏土为碳酸盐岩系的岩石经红土化作用形成的高塑性黏土，其液限一般大于50%。红黏土再搬运后仍保留其基本特征，液限大于45%的土为次生红黏土。

(4)膨胀土

膨胀土是指土中黏粒成分主要由亲水性矿物组成，同时其有显著的吸水膨胀和失水收缩特性，其自由膨胀率大于或等于40%的黏性土。

(5)湿陷性土

湿陷性土指浸水后产生附加沉降，其湿陷系数δ_s大于或等于0.015的土。

三、《公路桥涵地基与基础设计规范》分类法

《公路桥涵地基与基础设计规范》(JTG D63—2007)适用于公路桥涵地基与基础设计，该规范与《建筑地基基础设计规范》(GB 50007—2011)类似，将地基分为岩石、碎石土、砂土、粉土、黏性土、特殊土。

岩石按照坚硬程度和完整程度分级，与《建筑地基基础设计规范》分类方法相同，《公路桥涵地基基础设计规范》中增加了岩体节理发育程度和软化性的分类标准。其中，岩体节理发育程度根据节理间距分为节理很发育、节理发育、节理不发育三种类型，如表1－12所示。根据岩石的软化系数(岩石在饱和状态下的单轴抗压

强度与其在干燥状态下的单轴抗压强度的比值)将岩石分为软化岩石和不软化岩石，当软化系数等于或小于0.75时，定为软化岩石；软化系数大于0.75时，定为不软化岩石。

表1-12 岩石节理发育程度分类

程度	节理不发育	节理发育	节理很发育
节理间距/mm	>400	200~400	20~200

《公路桥涵地基与基础设计规范》中碎石土、砂土、粉土、黏性土的分类与《建筑地基基础设计规范》(GB 50007—2011)相同，仅增加了黏性土按照沉积年代的分类，分为老黏性土、一般黏性土和新近沉积黏性土，如表1-13所示。

表1-13 黏性土的沉积年代分类

土的分类	老黏性土	一般黏性土	新近沉积黏性土
沉积年代	第四纪晚更新世(Q_3)及以前	第四纪全新世(Q_4)	第四纪全新世(Q_4)以后

《公路桥涵地基与基础设计规范》中特殊土包括软土、膨胀土、湿陷性土、红黏土、冻土、盐渍土和填土。软土不仅包括淤泥与淤泥质土，还有泥炭与泥炭质土。盐渍土指土中易溶盐含量大于0.3%，并具有溶陷、盐胀、腐蚀等工程特性的土。两个规范中的填土与人工填土的分类完全相同，只是名称不同。另外，该规范增加了软土地基的鉴别指标，如表1-14所示。

表1-14 软土地基鉴别指标

指标名称	天然含水率 w/%	天然孔隙比 e	直剪内摩擦角 φ	十字板剪切强度 C_u	压缩系数 a_{1-2}
指标值	≥35或液限	≥1.0	宜<5	<35	宜>0.5

复习思考题

1-1 土的形成过程如何？土的结构与构造有几种？每种结构与构造有何特点？

1-2 土由几部分组成？土中固体颗粒、土中水和土中气三相比例的变化对土的性质有什么影响？

1-3 土的物理性质指标有哪些？哪几个可以直接测定？哪几个需要通过换算求得？

1-4 砂土的密实度如何判别？不同指标如何使用？

1-5 下列物理性质指标中，哪几项对黏性土有意义，哪几项对无黏性土有

意义？

①颗粒级配；②相对密实度；③塑性指数；④液性指数。

1－6　何为塑性指数？其数值大小与颗粒粗细有何关系？何为液性指数？如何应用液性指数来评价土的工程性质？

1－7　地基土分几类？各类土划分的依据及主要区别是什么？

习　题

1－1　某地基土层，用体积为 $70cm^3$ 的环刀取样，测得环刀加湿土质量170g，环刀质量40g，烘干后土质量120g，土颗粒相对密度为2.70，问该土样的 w、e、s_r、γ、γ_d、γ_{sat} 和 γ' 各为多少？并比较各种重度的大小。

1－2　已知土样质量为1000g，含水率为15%，若要制备含水率为20%的土样，需加多少水？加水后土样质量为多少？

1－3　某土样的颗粒级配曲线如图1－10所示，试判断该土颗粒级配的优劣。

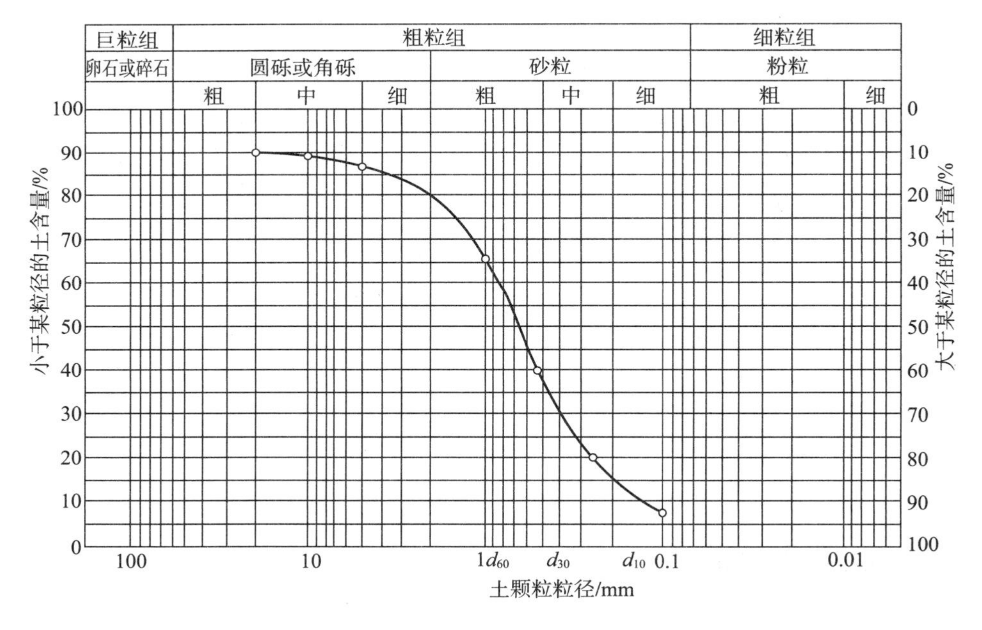

图1－10　颗粒级配累计曲线

1－4　某土样孔隙体积等于土颗粒体积，试求孔隙比 e；若土颗粒相对密度 d_s = 2.66，试求干密度 ρ_d；若孔隙被水充满，试求密度 ρ 与含水率 w。

1－5　已知某土样土颗粒相对密度为 $d_s = 2.72$，孔隙比 e 为0.95，饱和度 s_r 为0.37。若孔隙比保持不变，将土样的饱和度 s_r 提高到0.9，试求每 $10m^3$ 土应加多少水。

1－6　用来修建土堤的土料，天然密度 $\rho = 1.92g/cm^3$，含水率 $w = 20\%$，土颗

粒相对密度 $d_s=2.7$。现要修建一压实干密度 $\rho_d=1.70\text{g/cm}^3$，体积为 80000 m^3 的土堤，求修建土堤所需开挖的土料的体积。

1－7 从甲、乙两地黏性土中各取出土样进行稠度试验。两土样液限、塑性都相同，$w_L=40\%$，$w_P=40\%$。但甲地土的天然含水量 $w=45\%$，而乙地的 $w=20\%$。两地的液性指数 I_L 各为多少？处于何种状态？按 I_P 分类时，该土的名称是什么？试说明哪一地区的土较适宜于用作天然地基。

1－8 某砂土土样的密度 ρ 为 1.77g/cm^3，含水率 w 为 9.8%，土颗粒相对密度 d_s 为 2.67，测得最小孔隙比 $e_{\min}$ 为 0.461，最大孔隙比 $e_{\max}$ 为 0.943，试求孔隙比 e 和相对密度 D_r，并确定该砂土的密实度。

第二章　土的渗透性和渗流问题

第一节　概　述

土是由固体颗粒、孔隙中的液体和气体三相组成的，而土中的孔隙具有连续的性质，当土作为水土建筑物的地基或直接把它用作水土建筑物的材料时，水就会在水头差作用下从水位较高的一侧透过土体的孔隙流向水位较低的一侧，这种现象称为渗透。土具有的被水透过的性能称为土的渗透性。

土木工程领域的许多实际工程都与土的渗透性密切相关。水在土体中的渗流，将引起土体变形，改变建筑物或地基的稳定条件，直接影响工程安全。与土的渗透性相关的工程问题包括以下三个方面。

1. 渗流量计算问题

在高层建筑基础及桥梁墩台基础工程中，深基坑开挖排水时均需计算涌水量[见图2-1(a)]，以配置排水设备和进行支挡结构的设计计算。在河滩上修筑堤坝或渗水路堤时，计算渗水量需考虑路堤材料的渗透性[见图2-1(b)]，抽水井的供水量或排水量也需要掌握土的渗透性。

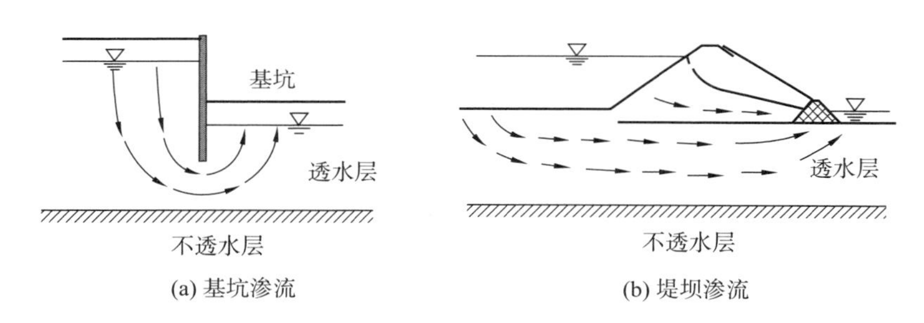

(a) 基坑渗流　　(b) 堤坝渗流

图2-1　渗流示意图

2. 渗流破坏问题

土中的渗流会对土颗粒施加作用力，当该作用力过大时就会引起土颗粒或土体的移动，产生渗透变形，甚至渗透破坏，如高层建筑基坑失稳、底鼓，道路边坡破坏、堤坝失稳、地面隆起等现象。

3. 渗流控制问题

当渗流量或渗透变形不满足设计要求时，就要研究工程措施进行渗流控制。

由上可见研究土的渗透性及规律具有重要的实际意义。本章将介绍土的渗透性及渗流规律、土中二维渗流和流网及其应用、渗透破坏与渗流控制等内容。

第二节　土的渗透性

一、土的渗透规律——达西定律

地下水在土体孔隙中渗透时，由于渗透阻力的作用，沿程必然伴随着能量的损失。水在土中流动时，由于土的孔隙通道很小，渗流过程中黏滞阻力很大，所以多数情形下，水在土中的流速十分缓慢，属于层流范围。

为了揭示水在土体中的渗透规律，1856 年，法国工程师达西(Darcy)得出了层流条件下，土中水渗流速度与能量(水头)损失之间的渗流规律，即达西定律。

达西试验的装置如图 2－2 所示。装置中的①是横截面积为 A 的直立圆筒，其上端开口，在圆筒侧壁装有两支相距为 L 的侧压管。筒底以上一定距离处装一滤板②，滤板上填放颗粒均匀的砂土。水由上端注入圆筒，多余的水从溢水管③溢出，使筒内的水位维持一个恒定值。渗透过砂层的水从短水管④流入量杯⑤中，并以此来计算渗流量 Q。同时读取断面 1 和断面 2 处的侧压管水头值 h_1、h_2，Δh 为两断面之间的水头损失。

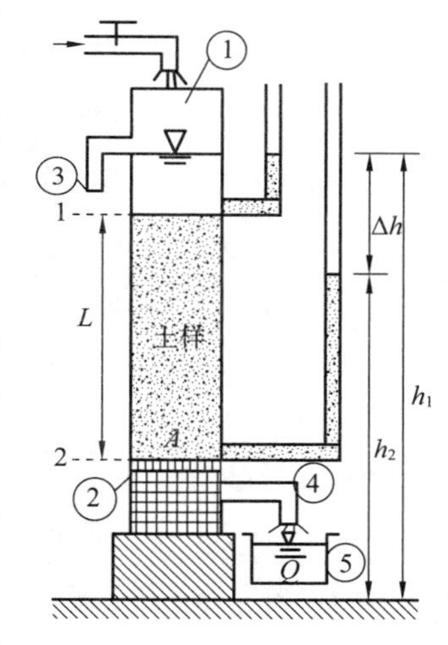

图 2－2　Darcy 试验装置图

试验结果表明，在某一时段 t 内，水从砂土中流过的渗流量 Q 与过水断面 A 和土体两端测压管中的水位差 Δh 成正比，与土体在测压管间的距离 L 成反比。那么，达西定律可表示为

$$q = \frac{Q}{t} = k\frac{\Delta h \cdot A}{L} = kAi \tag{2-1}$$

$$v = \frac{q}{A} = ki \tag{2-2}$$

式中　q——单位时间渗流量，cm^3/s；

i——水力梯度或称水力坡降，$i = \dfrac{h_1 - h_2}{L} = \dfrac{\Delta h}{L}$，即水头差与其距离之比，也表示单位渗流长度上的水头损失；

v——断面平均渗透速度，cm/s；

k——反映土的透水性能的比例系数，称为土的渗透系数，其物理意义为单位水力坡降时的渗透速度，故其量纲与流速相同，cm/s，k 值的大小与土的类别、土颗粒粗细、粒径级配、孔隙比及水的温度等因素有关。

式(2-1)、式(2-2)即为达西定律表达式，达西定律表明在层流状态的渗流，渗透速度 v 与水力梯度 i 的一次方成正比[见图2-3(a)]，即达西定律只适用于层流的情况，且一般只适用于中砂、细砂、粉砂等。对粗砂、砾石、卵石等粗颗粒土，只有在小的水力梯度下才适用，否则，水在土中的流动不是层流而是紊流，渗流速度与水头梯度呈非线性[见图2-3(b)]，达西定律不再适用。

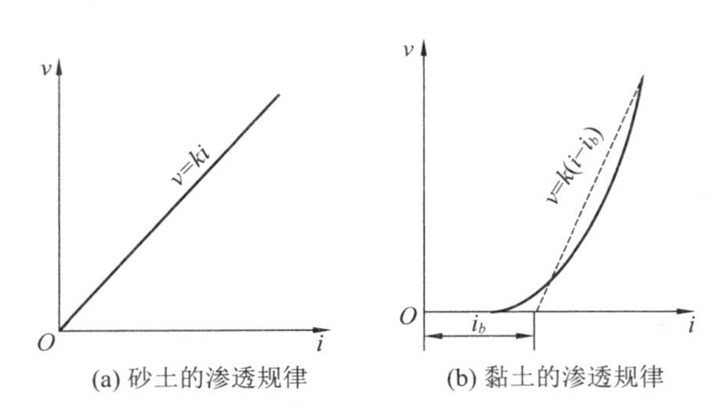

图2-3 土的渗透速度与水力梯度的关系

二、渗透系数的测定

渗透系数的大小是直接衡量土的透水性强弱的一个重要的力学性质指标，但它不能由计算求出，只能通过试验直接测定。

渗透系数的测定可以分为室内试验和现场试验两大类。室内试验的测定方法包括常水头法和变水头法两种，现场常用井孔抽水试验或井孔注水试验的方法测定。一般现场试验比室内试验所得到的结果要准确、可靠，因此重要工程常需进行现场试验。

(一)室内试验

1. 常水头渗透试验

常水头渗透试验适用于透水性强的无黏性土渗透系数的测定，在整个试验过程中，水头保持不变，其试验装置如图2-4所示。试验过程中，保持水位差 h 不变，只要用量筒和秒表测得在某一时段 t 内通过试样的透水量 Q，渗透系数 k 可根据式(2-3)求出。

$$Q = kiAt = kAt\frac{h}{L} \tag{2-3}$$

$$k = \frac{QL}{Aht} \tag{2-4}$$

2. 变水头渗透试验

变水头渗透试验就是试验过程中水头差一直在随时间而变化。黏性土由于渗透系数很小，流经试样的水量很少，难以直接准确测量，因此应该采用变水头渗透试验。如图 2-5 所示，柱体试样截面积为 A，长度为 L，在试验中测压管的水位在不断下降，测定时间 $t_1 \sim t_2$ 时测压管的水位 h_1 和 h_2，通过建立瞬时达西定律，即可推导出渗透系数 k 的表达式。

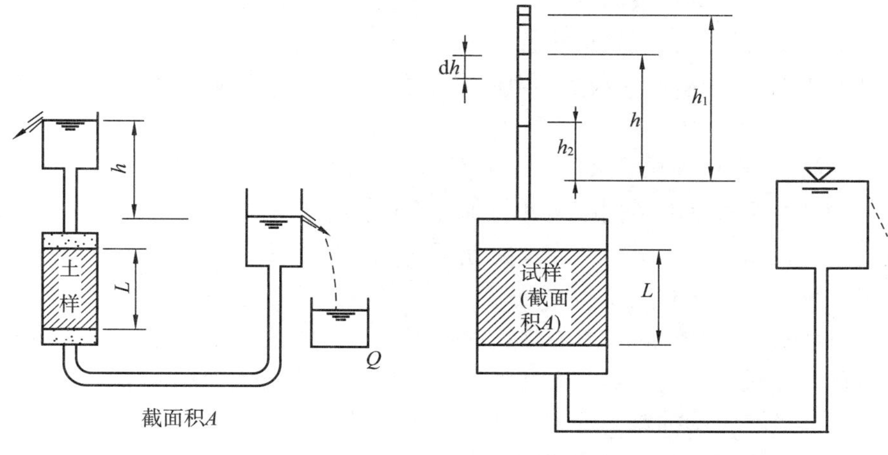

图 2-4　常水头渗透试验装置　　**图 2-5　变水头渗透试验装置**

设在任意时刻测压管的水位为 h（变数），水力梯度 $i = \frac{h}{L}$。经过 dt 时段后，截面积为 a 的测压管水位下降了 dh。

$$\mathrm{d}Q = k\frac{h}{L}A\mathrm{d}t = a \cdot (-\mathrm{d}h) \tag{2-5}$$

$$\mathrm{d}t = -\frac{aL}{kA} \cdot \frac{\mathrm{d}h}{h} \tag{2-6}$$

等式两边各取积分

$$\int_{t_1}^{t_2} \mathrm{d}t = -\frac{aL}{kA}\int_{h_1}^{h_2} \frac{\mathrm{d}h}{h} \tag{2-7}$$

$$t_2 - t_1 = \frac{a}{k} \cdot \frac{L}{A}\ln\frac{h_1}{h_2} \tag{2-8}$$

变形得到土的渗透系数

$$k = \frac{aL}{A(t_2 - t_1)}\ln\frac{h_1}{h_2} \tag{2-9}$$

应用常用对数表示，则上式可改写成

$$k = \frac{2.3aL}{A(t_2 - t_1)}\lg\frac{h_1}{h_2} \tag{2-10}$$

式（2-10）中的 a、L、A 为已知，试验时只需测出与时刻 t_1 和 t_2 相对应的水位 h_1 和 h_2，就可以求出渗透系数 k。

（二）现场试验

现场试验的条件比实验室测定法的试验条件更符合实际土层的渗透情况，测得的渗透系数 k 值为整个渗流区较大范围内土体渗透系数的平均值，是比较可靠的测定方法。现场测定渗透系数的方法较多，常用的有现场注水试验法和现场抽水试验法等，这种方法一般是在现场钻孔或挖试坑，在向地基中注水或从中抽水时，测量水量和地基中的水头高度，再根据相应的理论公式求出渗透系数 k 值。下面将主要介绍现场抽水试验法。

图 2－6 为一现场井孔抽水试验示意图。在现场打一口试验井，贯穿要测定 k 值的砂土层，井在距井中心不同距离处设置一个或两个观测孔，然后自井中以不变的速率进行连续抽水。抽水造成井周围的地下水位逐渐下降，形成一个以井孔为轴心的漏斗状的地下水面。测定试验井和观察孔中的稳定水位，可以画出测压管水位变化图形。测管水头差形成的水力坡降，使水流向井内。假定水流是水平流向时，则流向水井的渗流过水断面应是一系列的同心圆柱面。待出水量和井中的动水位稳定一段时间后，若测得的抽水量为 Q，观测孔距井轴线的距离分别为 r_1 和 r_2，孔内的水位高度为 h_1、h_2，通过达西定律即可求出土层的平均 k 值。

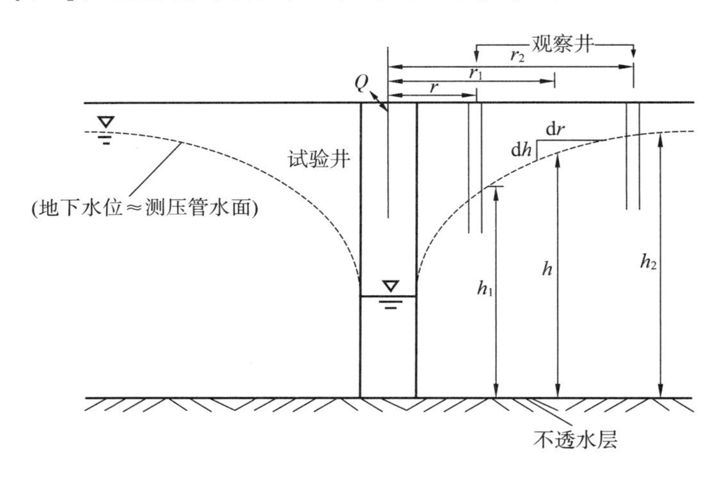

图 2－6　现场抽水试验

围绕井抽取一过水断面，该断面距井中心距离为 r，水面高度为 h，则过水断面积 A 为

$$A = 2\pi rh \tag{2-11}$$

假设该过水断面上各处水力坡降为常数，且等于地下水位线在该处的坡度时，则

$$i = \frac{\mathrm{d}h}{\mathrm{d}r} \tag{2-12}$$

根据达西定律，单位时间自井内抽出的水量为

$$Q = Aki = 2\pi rh \cdot k\frac{\mathrm{d}h}{\mathrm{d}r} \tag{2-13}$$

$$Q\frac{\mathrm{d}r}{r} = 2\pi kh \cdot \mathrm{d}h \tag{2-14}$$

等式两边同时积分可得

$$Q\int_{r_1}^{r_2}\frac{\mathrm{d}r}{r} = 2\pi k\int_{h_1}^{h_2}h\mathrm{d}h \tag{2-15}$$

可得

$$Q\ln\frac{r_2}{r_1} = \pi k(h_2^2 - h_1^2) \tag{2-16}$$

$$k = \frac{Q\ln(r_2/r_1)}{\pi(h_2^2 - h_1^2)} \tag{2-17}$$

应用常用对数表示，则为

$$k = 2.3\frac{Q}{\pi}\frac{\lg(r_2/r_1)}{(h_2^2 - h_1^2)} \tag{2-18}$$

现场测定 k 值可以获得场地较为可靠的平均渗透系数，但试验所需要费用较大，要根据工程规模和勘察要求，确定是否需要采用。

三、影响土渗透系数的因素

影响土渗透系数的因素很多，主要有土的粒度和矿物成分、土的结构、土中气体和水的性质等。

1. 土的粒度和矿物成分

土的颗粒大小、形状和级配会影响土中孔隙的大小及其形状，进而影响土的渗透系数。土颗粒越粗、越均匀，渗透系数就越大。当砂土中含有较多粉土或黏性土颗粒时，其渗透系数就会大大减小。

2. 土的结构

天然土层通常不是各向同性的。因此，土的渗透系数在各个方向上是不相同的。

3. 土中气体

当土孔隙中存在密闭气泡时，会阻塞水的渗流，从而减小土的渗透系数。这种密闭气泡有时是由溶解于水中的气体分离出来而形成的，故水中的含气量也影响土的渗透性。

4. 水的性质

水的性质对渗透系数的影响主要是由黏滞度不同所引起的。温度高时，水的黏滞性降低，渗透系数变大，反之变小。所以，测定渗透系数 k 时，以 10℃ 作为标准温度，当温度不是 10℃ 时要做温度校正。

因此，为了准确测定土的渗透系数，必须尽可能保持土的原始状态并消除人为因素的影响。各种土的渗透系数 k 见表 2-1。工程中一般以渗透系数大于 10^{-3}cm/s 作为渗水土与非渗水土的一个重要分界指标。

表 2-1 土的渗透系数参考值

土的名称	渗透系数 k/(cm/s)	土的名称	渗透系数 k/(cm/s)
黏土	$<1.2\times10^{-6}$	中砂	$6.0\times10^{-3}\sim2.4\times10^{-2}$
粉质黏土	$1.2\times10^{-6}\sim6.0\times10^{-5}$	粗砂	$2.4\times10^{-2}\sim6.0\times10^{-2}$
粉土	$6.0\times10^{-5}\sim6.0\times10^{-4}$	砾砂、砾石	$6.0\times10^{-2}\sim1.8\times10^{-1}$
粉砂	$6.0\times10^{-4}\sim1.2\times10^{-3}$	卵石	$1.2\times10^{-1}\sim6.0\times10^{-1}$
细砂	$1.2\times10^{-3}\sim6.0\times10^{-3}$	漂石	$6.0\times10^{-1}\sim1.2$

第三节 二维渗流及流网

以上研究的是单向渗流，在实际工程中，经常遇到的是边界条件较为复杂的二维或三维渗流问题，在这类渗流问题中，渗流场中各点的渗流速度 v 与水力梯度 i 等均是位置坐标的二维或三维函数。对此必须首先建立它们的渗流微分方程，然后结合渗流边界条件与初始条件求解。对渗流问题的求解有解析解法、数值解法、图解法和模型试验法等，其中最常用的是图解法，即流网解法。

工程中涉及渗流问题的常见构筑物有坝基、闸基及带挡墙(或板桩)的基坑等。这类问题在一定条件下，可以简化为二维问题，即平面渗流问题。

一、二维渗流方程

对于二维渗流，根据流入土体的水量等于流出的水量，以及达西定律，并假定水体不可压缩，可建立如下的稳定渗流连续方程。

$$k_x\frac{\partial^2 h}{\partial x^2}+k_y\frac{\partial^2 h}{\partial y^2}=0 \tag{2-19}$$

式中 k_x、k_y——x 和 y 方向的渗透系数；

h——总压力水头。

对于各向同性的均质土，渗透系数 $k_x=k_y$，式(2-19)可写成

$$\frac{\partial^2 h}{\partial x^2}+\frac{\partial^2 h}{\partial y^2}=0 \tag{2-20}$$

式(2-20)即为著名的地下水运动的拉普拉斯方程。根据不同的边界条件，解此方程，即可求得该条件下的渗流场，从而计算相应的渗流流速、流量、渗流力和孔隙水压力。

可用解析法、数值法及电拟等方法求解拉普拉斯方程，其结果可用流网表示。

二、二维渗流的流网特征

流网是由一组流线和一组等势线互相正交组成的网格。在稳定渗流场中，流线

表示水质点的流动路线，流线上任一点的切线方向就是流速矢量的方向。等势线是渗流场中势能或水头的等值线。工程上把这种等势线簇和流线簇交织成的网格图形称为流网，图 2－7 中实线为流线，虚线为等势线。对于各向同性渗流介质，由水力学可知，流网具有下列特征：

(1)流线与等势线互相正交。

(2)流线与等势线构成的各个网格的长宽比为常数。当长宽比为 1 时，网格为曲边正方形，这是最常见的一种流网。

(3)相邻等势线之间的水头损失相等。

(4)任意两相邻流线间的单位渗流量相等。相邻流线间的渗流区域称为流槽。

由这些特征进一步可知：流网中等势线越密的部位，水力梯度越大；流线越密的部位，流速越大。

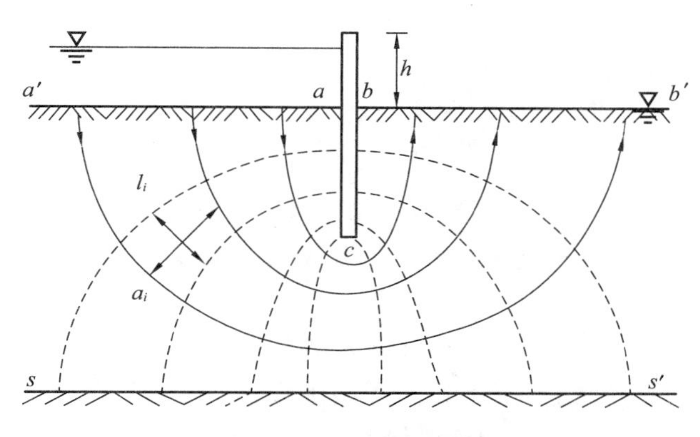

图 2－7　平面流网示意图

三、流网的绘制及应用

1. 流网绘制步骤

以图 2－7 为例。

(1)按一定比例绘出结构物和土层的剖面图；

(2)判定边界条件，图中 aa'和 bb'为等势线边界(透水面)，abc、ss'为流线边界(不透水层)；

(3)先试绘若干条流线，流线应与进水面(aa')、出水面(bb')正交，并与不透水层不交叉；

(4)加绘等势线，须与流线正交，且每个渗流区的形状接近“方块”。

上述过程不可能一次就合适，应反复修改调整，直到满足条件为止。当渗流场中的流网图确定后便可用于求解各点的流动特性。

2. 流网的工程应用

(1)相邻等势线间的水头损失 h_i。设等势线的间隔数为 N_d，上下游总水头差为 h，则

$$h_i = \frac{h}{N_d} \tag{2-21}$$

(2)各网格水力梯度 i_i。任取一网格，其沿流线的渗流路径为 l_i，而沿等势线宽为 a_i，则

$$i_i = \frac{h_i}{l_i} = \frac{1}{N_d} \cdot \frac{h}{l_i} \tag{2-22}$$

土中某点 i 的水力梯度用该点所在流网网格的水力梯度 i_i 近似表示。各网格的渗透速度 v_i 为

$$v_i = ki_i = k\frac{1}{N_d} \cdot \frac{h}{l_i} \tag{2-23}$$

(3)单位渗流量为 q_i。网格所在流槽的渗流量为

$$q_i = v_i a_i = \frac{kha_i}{N_d l_i} \tag{2-24}$$

设 N_m 为流槽数，可得总渗流量为

$$Q = \sum q_i = N_m q_i = k\frac{N_m}{N_d} \cdot \frac{a_i}{l_i}h \tag{2-25}$$

(4)任意点的孔隙水压力 u_i 等于该点测压管水柱高度 h_{wi} 与水的重度 r_w 的乘积，任意点的测压管水柱高可根据该点所在等势线的水头确定，同一等势线上的测压管水头应在同一水平线上，则

$$u_i = h_{wi} r_w \tag{2-26}$$

总之，可应用流网确定渗流场内各点的水头差、水力坡降、渗透流速、渗流量及孔隙水压力等，在高层建筑和桥梁深基坑的设计与施工中，常需计算渗流量(出水量)。各种类型水井的出水量计算方法可参见水力学及高层建筑基础工程施工等相关内容。

第四节　动水力及渗透破坏

水在土中渗流时，会对土颗粒有推动、摩擦、拖拽作用，我们把水流作用在单位体积土体中土颗粒上的力称为动水力，也称渗透力。只要有渗流存在就存在这种力，当达到一定值时，土体中的某颗粒就会被渗透水流携带和搬运，从而引起岩土体的结构变松、强度降低，甚至整体发生破坏。土体在地下水动水力的作用下，部分颗粒或整体发生移动，引起岩土体的变形和破坏的作用和现象，称为渗透破坏，表现为鼓胀、浮动、断裂、泉眼、沙浮、土体翻动等。渗透破坏主要形式有管涌、流土、潜蚀等，破坏对象主要有土坝、地基、隧道等。本节主要分析流土和管涌现象。

一、动水力和临界水力梯度

1. 动水力

动水力的作用方向与水流方向一致，记为 G_D，是一种体积力，单位为 kN/m^3。根据作用力与反作用力的原理，土颗粒将会同时对水产生大小相等方向相反的阻力 T。

在土中沿着水流的渗透方向，切取一个土柱体 ab（如图 2－8 所示），土柱体的长度为 L，横截面积为 A。已知 a、b 两点距基准面的高度分别为 z_1 和 z_2，两点的测压管水柱高分别为 h_1 和 h_2，则两点的总水头分别为 $H_1 = h_1 + z_1$ 和 $H_2 = h_2 + z_2$。

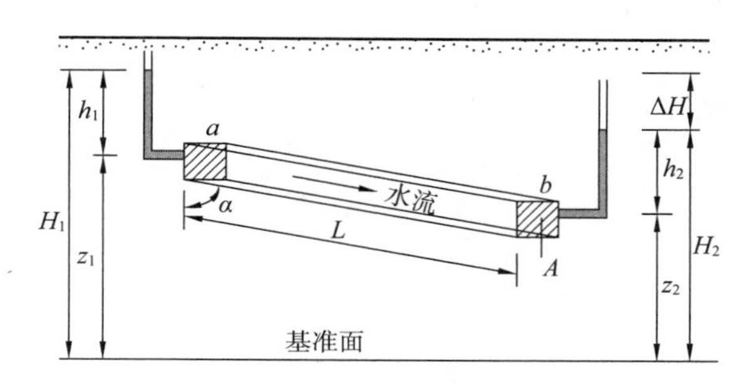

图 2－8　水在土中渗流示意图

将土柱体 ab 内的水作为脱离体，建立作用在水上的力系在 ab 轴线方向的平衡。

（1）土柱体内水的重力在 ab 轴线方向的分力为 $\gamma_w nLA\cos\alpha$，其方向与水流方向一致；

（2）土柱体内土颗粒对水流的阻力 LAT，其方向与水流方向相反；

（3）土柱体内水对土颗粒的浮力的反作用力，即土颗粒作用于水上的力在 ab 轴线方向的分力 $\gamma_w(1-n)LA\cos\alpha$，其方向与水流方向一致；

（4）作用在土柱体的截面 a 处的水压力 $\gamma_w h_1 A$，其方向与水流方向一致；

（5）作用在土柱体的截面 b 处的水压力 $\gamma_w h_2 A$，其方向与水流方向相反。

式中　γ_w——水的重度，kN/m^3；

n——土的孔隙度；

L——土柱体的长度，m；

A——土柱体的截面积，m^2；

α——土柱体 ab 轴线与垂线的夹角，（°）。

依据平衡条件可得

$$\gamma_w nLA\cos\alpha + \gamma_w h_1 A + \gamma_w(1-n)LA\cos\alpha - LAT - \gamma_w h_2 A = 0 \qquad (2-27)$$

两侧同时除以面积 A 可得

$$\gamma_w h_1 - \gamma_w h_2 + \gamma_w L\cos\alpha - LT = 0 \qquad (2-28)$$

将 $\cos\alpha = \frac{z_1 - z_2}{L}$ 代入式(2－28)，可得

$$T = \gamma_w \frac{(h_1 + z_1) - (h_2 + z_2)}{L} = \gamma_w \frac{H_1 - H_2}{L} = \gamma_w \cdot i \qquad (2-29)$$

故得动水力的计算公式

$$G_D = T = \gamma_w \cdot i \qquad (2-30)$$

2. 临界水力梯度

当水的渗流方向自上向下时[如图2－9(a)]，动水力与土体重力方向一致，这将增加土颗粒之间的压力。相反，当水的渗流方向自下向上时[如图2－9(b)]，动水力与土体重力方向相反，这将减小土颗粒之间的压力。

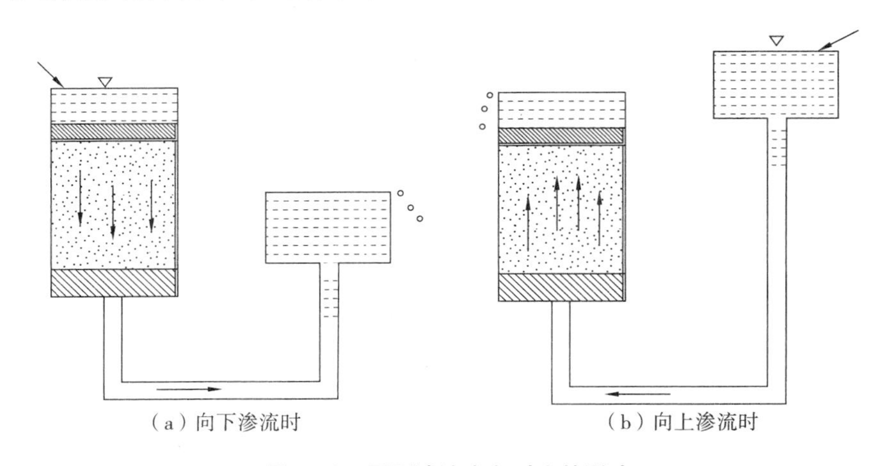
(a)向下渗流时　　(b)向上渗流时

图2－9　不同渗流方向对土的影响

当水的渗流自下而上时，在土体表面[见图2－9(b)]取一单位体积土体进行分析。已知土在水下的浮重度为 γ'，当向上的动水力 G_D 与土的浮重度相等时，即

$$G_D = \gamma_w \cdot i = \gamma' = \gamma_{sat} - \gamma_w \qquad (2-31)$$

式中，γ_{sat}、γ_w 分别为土的饱和重度、水的重度，kN/m^3。

这时土颗粒间的压力等于零，土颗粒将处于悬浮状态而失去稳定，这种现象称为流土现象，这时的水力梯度称为临界水力梯度，记为 i_{cr}，可由下式求得。

$$i_{cr} = \frac{\gamma_{sat}}{\gamma_w} - 1 \qquad (2-32)$$

工程中常用 i_{cr} 评价土是否会因水自下向上渗流而发生渗透破坏。

二、渗透破坏

土的渗透破坏主要表现形式有流土和管涌两种。

1. 流土

流土是指水自下向上渗流时，局部土体表面隆起，或者颗粒群同时移动而流失的现象。流土主要发生在土体表面渗流溢出处，不发生于土体内部，主要发生在细砂、粉砂及粉土等土层中。对低饱和的低塑性黏性土，当受到扰动时，也会发生流砂；而粗颗粒与黏土中则不易发生。

基坑开挖排水时，若采用表面直接排水，坑底土将受到向上的动水力作用，可能发生流土现象。这时坑底土一面挖一面会随水涌出，无法清除，如图 2－10 所示。由于坑底土随水涌入基坑，使坑底土的结构破坏，强度降低，重则造成坑底失稳，轻则将会造成建筑物的附加沉降。在基坑四周由于土颗粒流失，地面会发生凹陷，危及邻近的建筑物和地下管线，严重时会导致工程事故。水下深基坑或沉井排水挖土时，若发生流砂现象将危及施工安全，应引起特别注意。

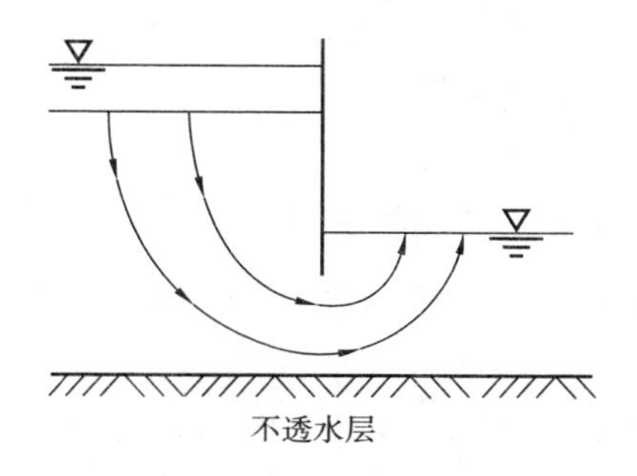

图 2－10　基坑开挖排水的渗流

各种土都可能发生流土现象，至于某一土层是否会发生流土，可根据渗流的水力梯度 i 和土的临界水力梯度 i_{cr} 的相对大小来判断：若 $i<i_{cr}$，不会发生流土破坏；若 $i=i_{cr}$，处于临界状态；若 $i>i_{cr}$，会发生流土破坏。设计计算时不仅应使 $i<i_{cr}$，还需有一定的安全储备，即 i 应满足下列条件：$i \leqslant i_{cr}/F_s$。

式中，F_s 为安全系数，其取值尚不一致，但大多不小于 1.5。对于深开挖工程，有的研究者建议应不小于 2.5。

工程中流土现象的防治原则是：

①减小或消除水头差，如采取基坑外的井点降水法降低地下水位或水下挖掘；

②增长渗流路径，如打板桩；

③在向上渗流出口处地表用透水材料覆盖压重以平衡渗流力；

④土层处理，减小土的渗透系数，如冻结法、注浆法等。

2. 管涌

水在砂性土中渗流时，土中的一些细小颗粒在动水力的作用下，可能通过粗颗粒的孔隙被水流带走，这种现象称为管涌。它可发生在渗流口处，也可出现在土层内部，因而又称为渗流引起的潜蚀。管涌破坏一般有一个发展过程，不像流土那样具有突发性。

河滩路堤两侧有水位差时（如图 2－11 所示），在路堤内或在基底土内发生渗流，当水力梯度较大时，可能发生管涌现象，导致路堤坍塌破坏。

工程中防治管涌现象，一般可从下列三个方面采取措施：

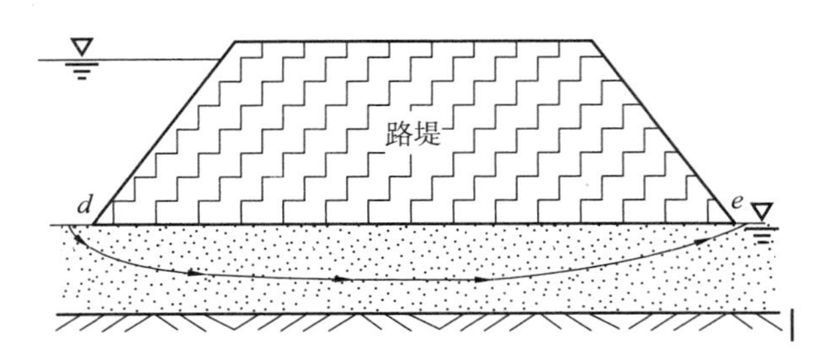

图 2-11　河滩路堤下的渗流

①改变几何条件，在渗流逸出部位铺设反滤层是防止管涌破坏的有效措施；

②改变水力条件，降低水力梯度，如打板桩等；

③土层处理，减小土的渗透系数。

流土与管涌渗透破坏特征对比见表 2-2。

表 2-2　流土与管涌渗透破坏的特征对比

渗透破坏	流　土	管　涌
现象	土体局部范围的颗粒同时发生移动	土体内细颗粒通过粗粒形成的孔隙通道移动
位置	只发生在水流渗出的表层	可发生于土体内部和渗流溢出处
土类	只要渗透力足够大，可发生在任何土中	一般发生在特定级配的无黏性土或分散性黏土中
历时	破坏过程短	破坏过程相对较长
后果	导致下游坡面产生局部滑动等	导致结构发生塌陷或溃口

复习思考题

2-1　什么叫土的渗透性？影响土渗透性的因素有哪些？

2-2　什么是达西定律？写出其表达式并说明符号的含义。

2-3　达西定律的基本假定是什么？试说明达西定律的应用条件和适用范围。

2-4　什么是动水力？其大小和方向如何确定？

2-5　发生管涌、流土的机理与条件是什么？与土的类别有什么关系？在工程上如何判断土可能产生渗透破坏？

2-6　什么是流网？其主要特征有哪些？主要用途是什么？

习　题

2-1　变水头渗透试验中，土样直径为 7.5cm，长为 1.5cm，量筒（测压管）直径为 1.0cm，初始水头 h_0 =25cm，经 20min 后，水头降至 12.5cm，求渗透系数 k。

2-2 一原状土样进行变水头试验，如图 2-12 所示，土样截面积为 30cm^2，长度为 4cm，水头管截面积为 0.3cm^2，观测开始水头为 160cm，终了水头为 150cm，经历时间为 5min，试验水温为 12.5℃，试计算渗透系数 k。

2-3 如图 2-13 所示，某挖方工程在 12m 厚的饱和黏土中进行。黏土层下为砂层，砂层下测压管水位在砂层顶面以上 10m，开挖深度为 8m，试计算为保持基坑不发生流土(安全系数取 2.0)至少需要深度 h 为多少米?

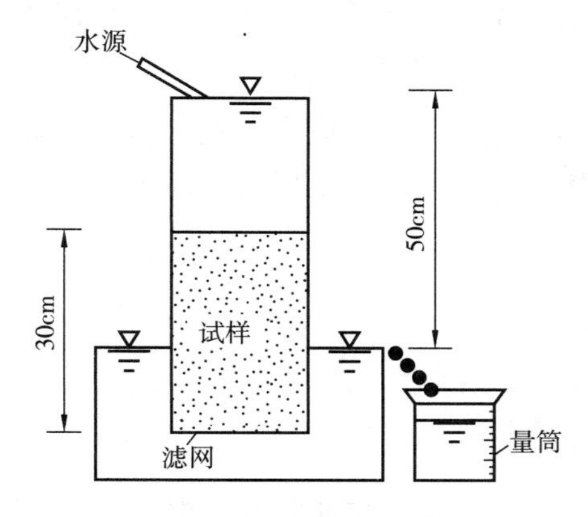

图 2-12　习题 2-2 图

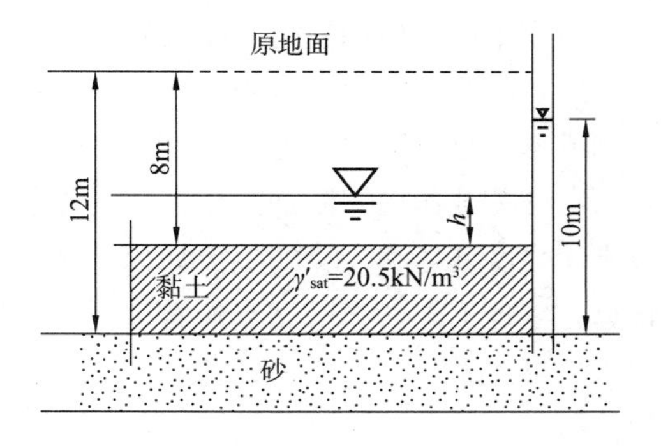

图 2-13　习题 2-3 图

第三章　地基中的应力

本章主要内容包括土中应力的概念，自重应力在地基土中的分布规律以及自重应力的计算方法、基底附加压力的概念及计算方法，附加应力的计算方法以及有效应力原理。

通过本章的学习，学生应掌握土中应力的基本形式及其基本定义，熟练掌握土中各种应力在不同条件下的计算方法，掌握附加应力在土中的分布规律，理解并能简单运用有效应力原理。

第一节　概　述

土中应力是指土体在重力、建筑物荷载或其他因素(如地下水渗流、地震等)的作用下所产生的应力。土中应力按其成因分为自重应力和附加应力。土中的自重应力是指土体由自身有效重力作用所产生的应力。土体在自重作用下，经过漫长的地质历史时期，已经压缩稳定，因此土的自重应力不再引起土的变形，但对于新沉积土层或近期人工填土，则应考虑自重应力引起的变形。

土中的附加应力是指在外荷载作用下附加产生的应力增量，它是引起地基变形的主要原因，也是导致土体强度破坏和失稳的重要原因。由于自重应力和附加应力产生的条件不同，其计算方法也不同。土中某点的自重应力与附加应力之和为土体受外荷载作用时的总应力。可以说，土中应力计算和分布规律是研究地基和建筑物的变形和稳定性问题的依据。

土中实际应力的大小与分布情况，主要取决于土作为受力材料的应力－应变关系、土体所受荷载的特性以及土体受力的范围。目前土中应力的计算方法主要采用弹性力学公式，即假定地基土是连续的、均质的、各向同性的理想弹性体，这虽然同土体的实际情况有差别，但由于实际工程中土中应力增量水平较低，土的应力－应变关系接近线性，其计算结果可满足工程计算要求。

第二节　土的自重应力

一、均质土层中的自重应力

1. 竖向自重应力

计算土中的自重应力时，一般将地基作为半无限弹性体来考虑，在自重应力作用下土体只能产生竖向变形，而不产生侧向位移及剪切变形。地基内部的任一水平面和垂直面上，均只有正应力而无剪应力，因此这些面上的正应力即为主应力。

设地基中某单元距地面的距离为 z，如图 3－1 所示，土的天然重度为 γ，则该单元上的竖向自重应力等于其单位面积上土柱的重量，即

$$\sigma_{cz} = \gamma \cdot z \tag{3-1}$$

式中　γ——土的重度，kN/m³；

　　　z——土的深度，m。

由式(3－1)可知，竖向自重应力 σ_{cz} 随深度 z 线性增加，呈三角形分布，如图 3－1所示。

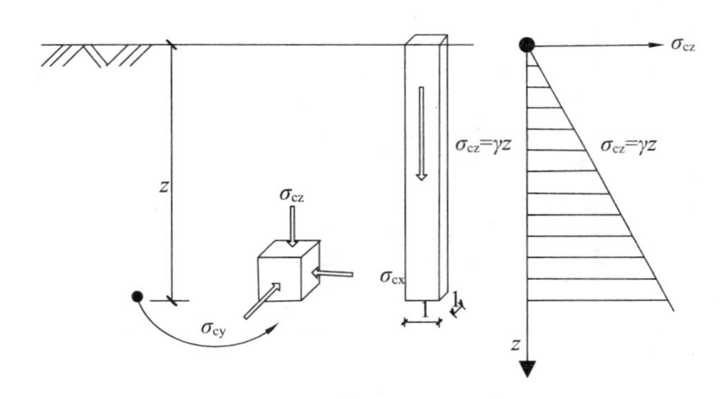

图 3－1　均质土的自重应力

2. 水平向自重应力

在自重作用下，土柱没有侧向变形，在竖直面上作用有水平方向的侧向自重应力。侧向自重应力 σ_{cx} 和 σ_{cy} 相等，且和 σ_{cz} 成正比，即

$$\sigma_{cx} = \sigma_{cy} = K_0\sigma_{cz} \tag{3-2}$$

式中　K_0——土的侧压力系数或静止土压力系数，一般砂土可取 0.35 ~ 0.50，黏性土可取 0.50 ~ 0.70，$K_0 = \frac{\upsilon}{1-\upsilon}$；

　　　υ——土的泊松比。

二、成层土的自重应力

1. 一般情况

地基土往往由成层土组成，因而各层土具有不同的重度。设天然地面下各层土的厚度自上而下分别为 h_1、h_2、…、h_n，相应的重度分别为 γ_1、γ_2、…、γ_n，则地基中的深度 z 处的竖向自重应力为

$$\sigma_{cz} = \gamma_1 h_1 + \gamma_2 h_2 + \cdots + \gamma_i h_i = \sum_{i=1}^{n} \gamma_i h_i \tag{3-3}$$

式中　σ_{cz}——天然地面下任意深度 z 处土的竖向有效自重应力，kPa；

n——深度 z 范围内的土层总数；

h_i——第 i 层土的厚度，m；

γ_i——第 i 层土的天然重度，对地下水位以下的土层取有效重度 γ'_i，kN/m^3。

如图 3－2 给出的两层土的情况，各土层的厚度、重度均不相同，自重应力的分布呈折线形，计算出土中每个分层的层顶和层底两个特征点的自重应力值，即可画出沿深度的自重应力分布图。

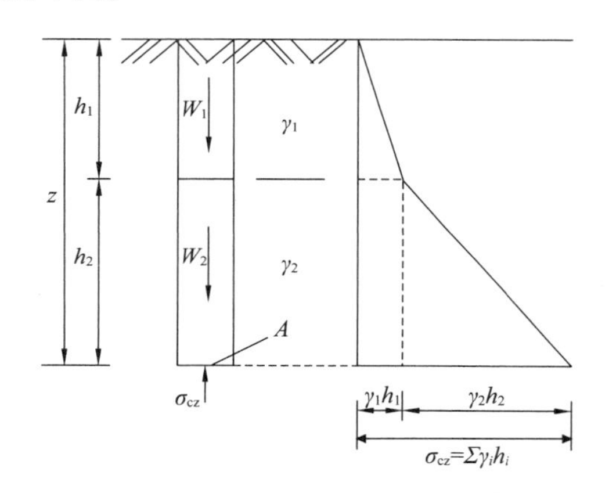

图 3－2　成层土的自重应力分布图

2. 土层中有地下水的情况

当成层土中存在地下水时，地下水位以下的土受到水的浮力作用，减轻了土的有效自重应力，计算时应该取土的有效重度 γ' 代替天然重度 γ。其计算方法同成层土的情况。

在地下水位以下，如埋藏有不透水层（例如岩层或含结合水的坚硬黏土层），由于不透水层中不存在水的浮力，层面及层面以下的自重应力应按上覆土层的土水总和计算，如图 3－3 所示。

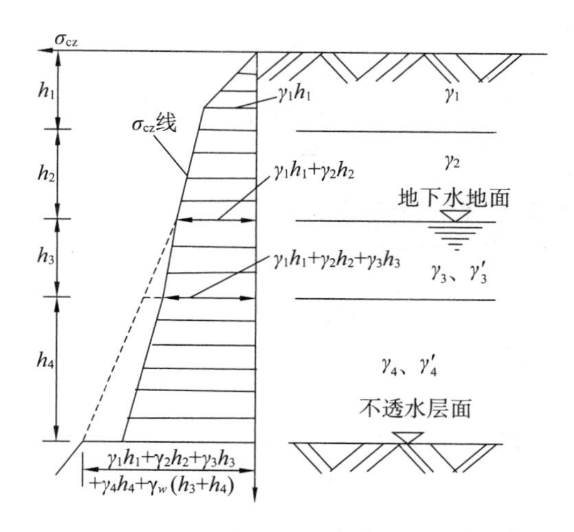

图3－3　成层土中水下土的自重应力分布图

三、地下水位升降时土中的自重应力

土层中的地下水位常会发生变化，从而引起自重应力变化，图3－4给出地下水位升降对土中自重应力的影响。图3－4(a)为地下水位下降的情况，会使地基中有效自重应力增加，引起地面大面积沉降的严重后果。图3－4(b)为地下水位上升的情况，会引起地基承载力减小、湿陷性土塌陷等现象。

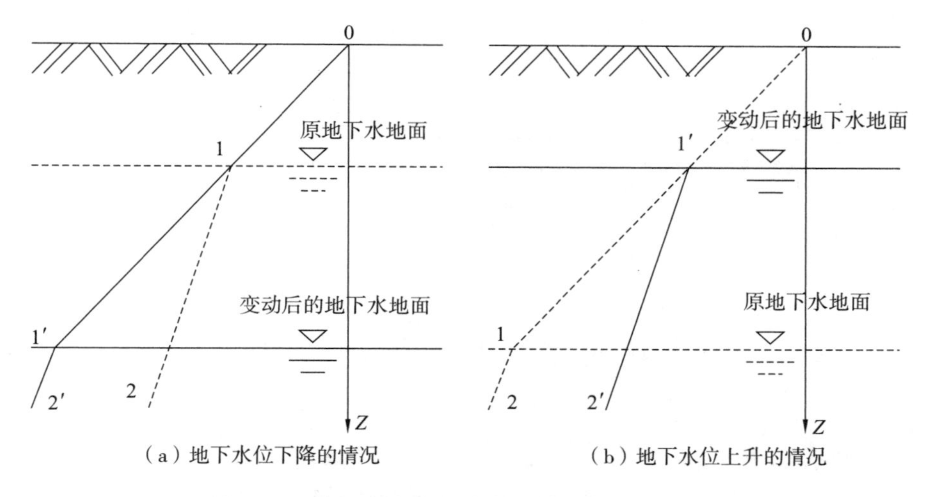

图3－4　地下水位升降对土中自重应力的影响

注：0－1－2线为原地下水位的自重应力的分布；0－1′－2′线为地下水位变动后的自重应力的分布。

【例3－1】 某地基土层剖面如图3－5(a)所示，试计算并绘制自重应力σ_{cz}沿深度的分布图。

解：依次计算2.5m、5.5m、8.3m、13.5m处土中自重应力，计算结果如图3－5(b)所示。

0 点：$\sigma_{cz0}=0\text{kPa}$

1 点：$\sigma_{cz1}=\gamma_1 h_1=19.0\times2.5=47.5\text{kPa}$

2 点：$\sigma_{cz2}=\gamma_1 h_1+\gamma_2 h_2=47.5+(20.3-10)\times3.0=78.4\text{kPa}$

3 点上：$\sigma_{cz3上}=\gamma_1 h_1+\gamma_2 h_2+\gamma_3 h_3=78.4+(18.9-10)\times2.8=103.3\text{kPa}$

因为第三层下面存在硬质土不透水层，所以 3 点上面受土的自重应力，3 点下面除了自重应力还受到静水压力作用。

其中 $h_w=3.0+2.8=5.8\text{m}$

静水压力为：$u_w=\gamma_w h_w=10\times5.8=58\text{kPa}$

3 点下：$\sigma_{cz3下}=\gamma_1 h_1+\gamma_2 h_2+\gamma_3 h_3+\gamma_w h_w=103.3+58=161.3\text{kPa}$

4 点：$\sigma_{cz4}=\gamma_1 h_1+\gamma_2 h_2+\gamma_3 h_3+\gamma_w h_w+\gamma_4 h_4=161.3+19.8\times5.2=264.3\text{kPa}$

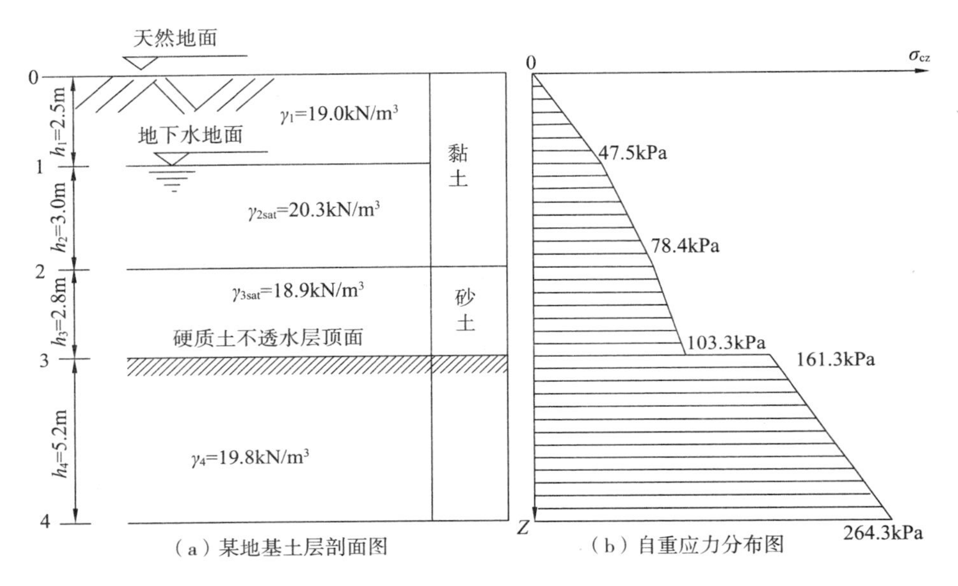

图 3-5　例 3-1 图

第三节　基底附加压力

由基础底面传至地基单位面积上的压力，称为基底压力。地基对基底的反作用力称为地基反力。地基反力和基底压力之间是作用与反作用的关系。

一、基底压力的分布及影响因素

1. 基底压力的影响因素

基底压力的大小和分布受作用荷载的性质、大小，基础的刚度、尺寸和形状，埋置深度，地基土性质等因素的影响。

2. 基底压力的分布规律

基底压力或地基反力的分布规律主要取决于基础的刚度和地基的变形条件。

对柔性基础，地基反力分布与上部荷载分布基本相同，而基础底面的沉降分布则是中央大而边缘小(因为刚度很小，在垂直荷载作用下几乎无抗弯能力，而随地基一起变形)，如图 3－6(a)所示。如由土筑成的路堤，其自重引起的地基反力分布与路堤断面形状相同，如图 3－6(b)所示。

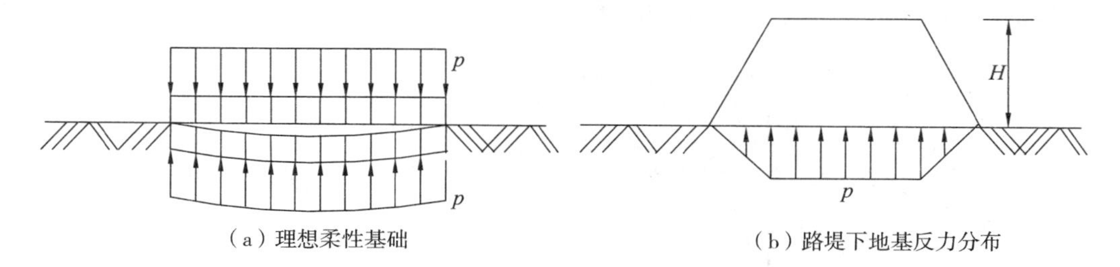

图 3－6　柔性基础下的基底压力分布

对刚性基础(如无筋扩展基础、箱形基础等)，在外荷载作用下，基础底面各点的沉降几乎是相同的，但基础底面的地基反力分布则不同于上部荷载的分布情况。刚性基础在中心荷载作用下，开始的地基反力呈马鞍形分布，荷载较大时，边缘地基土产生塑性变形，边缘地基反力不断增加，使地基反力重新分布而呈抛物线分布，若外荷载继续增大，则地基反力会继续发展呈钟形分布，如图 3－7 所示。

工程中许多基础的刚度介于刚性与柔性之间，称为弹性基础。对于有限刚度基础的基底压力分布，可根据基础的实际刚度及土的性质，用弹性地基上梁和板的计算方法或数值方法进行计算。

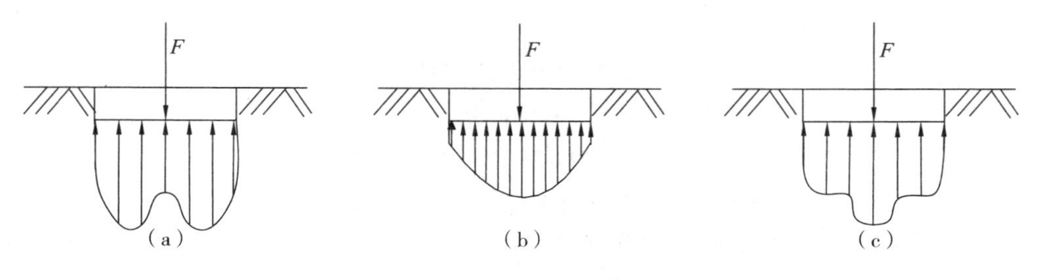

图 3－7　刚性基础下地基反力分布

二、基底压力的简化计算

基底压力的实际分布十分复杂，但结合弹性理论中的圣维南原理及土中应力的实测值可知，在总荷载保持定值的前提下，地表下一般距基底的深度超过基础宽度的 1.5～2.0 倍时，基底压力分布对土中应力分布的影响并不显著，而只决定于荷载合力的大小和作用点位置。因此，在工程应用中，对于具有一定刚度以及尺寸较小的扩展基础，其基底压力的分布可近似认为是按直线规律变化的，所以基底压力分布可近似地按材料力学公式进行计算，使计算工作量极大地简化；对于较复杂的基础，如柱下条形基础和箱形基础，则需用弹性地基梁板的方法计算。

按荷载合力对基底形心的偏心与否，可将上部结构作用于基础底面处的荷载分为轴心荷载和偏心荷载。

1. 轴心荷载作用下的基底压力

轴心荷载作用下的基础，其所受荷载的合力通过基底形心。基底压力假定为均匀分布，如图3－8所示，此时基底压力 p 按下式计算。

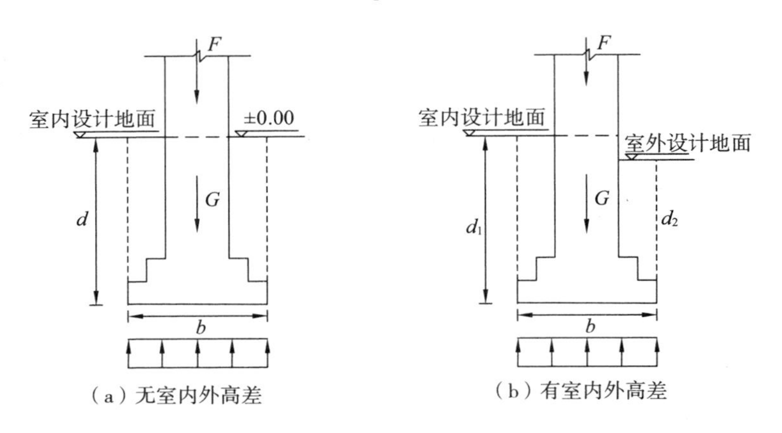

图3－8　轴心荷载作用下的基底压力分布

$$p=\frac{F+G}{A} \tag{3-4}$$

式中　F——上部结构传至基础顶面的竖向力，kN；

A——基底面积，m^2，矩形面积 $A=b\times l$，b 和 l 分别为矩形基底的宽度和长度；

G——基础自重和基础上的土重的总和，kN。

$$G=\gamma_G Ad$$

式中　d——埋置深度，m，一般从室外设计地面算起，见图3－8(a)，或从室内外的平均设计地面算起，见图3－8(b)；

γ_G——基础及回填土的平均重度，一般取 $20kN/m^3$，地下水位以下取 $10kN/m^3$。

对于条形基础，可沿长度方向取1m计算，此时式(3－4)中的 F 及 G 代表每延米内的相应值，kN/m。

2. 单向偏心荷载作用下的基底压力

单向偏心荷载下的矩形基础如图3－9所示，设计时通常取基底长边方向与偏心方向一致，此时两短边边缘最大压力 p_{max} 与最小压力 p_{min} 可按材料力学短柱偏心受压公式计算。

$$p_{max}=\frac{F+G}{lb}+\frac{M}{W}=\frac{F+G}{lb}\left(1+\frac{6e}{l}\right) \tag{3-5}$$

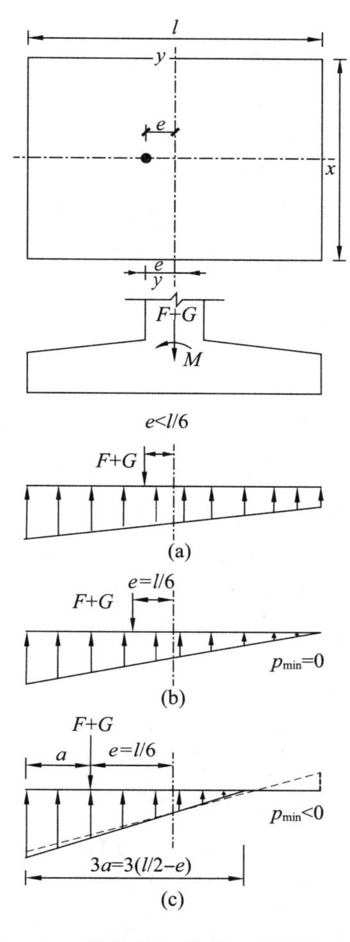

图 3－9　单向偏心荷载下的基底压力

$$p_{\min}=\frac{F+G}{lb}-\frac{M}{W}=\frac{F+G}{lb}\left(1-\frac{6e}{l}\right) \tag{3-6}$$

式中　M——作用于矩形基底的力矩设计值，kN/m；

e——荷载偏心距，m，$e=\dfrac{M}{F+G}$；

W——基础底面的抵抗矩，m^3，矩形基础 $W=bl^2/6$。

根据荷载偏心距 e 的大小不同，基底压力的分布可能出现以下三种情况(图 3－9)：

①当 $e<\dfrac{l}{6}$ 时，基底压力分布图呈梯形[图 3－9(a)]；

②当 $e=\dfrac{l}{6}$ 时，则呈三角形[图 3－9(b)]；

③当 $e>\dfrac{l}{6}$ 时，按式(3－6)计算出结果为负值，即 $p_{\min}<0$[图 3－9(c)中虚线所示]。

由于基底与地基之间不能承受拉力，此时产生拉应力部分的基底将与地基土脱开，致使基底压力重新分布。根据基底压力应与上部荷载相平衡的条件，荷载合力应通过三角形反力分布图的形心[图3－9（c）中实线所示分布图形]，由此可得基底边缘的最大压力为p_{max}为：

$$p_{max}=\frac{2(F+G)}{3ba} \qquad (3-7)$$

式中，a为单向偏心荷载作用点至基础底面最大压力边缘的距离，m，$k=l/2-e$。

三、基底平均附加压力

一般情况下，建筑物建造前天然土层在自重作用下的变形早已结束。因此，只有基底附加压力才能引起地基的附加应力和压缩变形。

在实际工程中，一般基础总是埋置在天然地面下的一定深度处，该处原有土体的自重应力由于其被开挖而卸除。因此，建筑物建造后的基底压力中扣除基底标高处原有的土中自重应力后，才是基底平面处新增加给地基的附加压力，也称基底平均附加压力或基底净压力。基底平均附加压力值p_0按式(3－8)计算。

$$p_0=p-\sigma_{cd}=p-\gamma_m d \qquad (3-8)$$

式中 p_0——基底平均附加压力，kPa；

p——基底平均压力值，kPa；

σ_{cd}——基底处土的自重应力（不包括新填土所产生的自重应力增量），kPa；

γ_m——基底标高以上天然土层按厚度加权的平均重度，kN/m^3，$\gamma_m=(\gamma_1h_1+\gamma_2h_2+\cdots+\gamma_nh_n)/(h_1+h_2+\cdots+h_n)$；

d——基础埋深，m，必须从天然地面算起，新填土场地则应从原有天然地面起算。

有了基底附加压力，就可以把它看成是作用在弹性半空间表面上的局部荷载，由此根据弹性力学理论求算地基中的附加应力。

第四节　地基附加应力

地基附加应力是指新增外加荷载在土中产生的附加于原有应力之上的应力增量，它是引起地基变形和破坏的主要因素。计算地基附加应力时，通常假定地基土是连续、均质和各向同性的半无限空间弹性体，然后采用弹性力学中关于弹性半无限空间的理论解答求解地基中的附加应力。

另外，按照实际问题的性质，将应力划分为空间问题和平面问题两大类型。矩形、圆形等基础($l/b<10$)下的附加应力计算，属于空间问题(其应力是x、y、z的函数)；条形基础($l/b\geqslant10$)下的附加应力计算，属于平面问题(其应力是x、z的函

数），其中坝、挡土墙等大多属于条形基础。下面介绍地表上作用不同类型荷载时，在地基内引起的附加应力计算，最后简要讨论一下地基附加应力的分布规律。

一、竖向集中力作用下地基竖向应力计算

本节从讨论在竖向集中力作用下的土中应力计算开始。建筑物作用于地基上的荷载，总是分布在一定面积上的，虽然在实体工程中是没有严格意义上的集中力，但它在土的应力计算中是一个基本公式，应用集中力的解答，通过叠加原理或者数值积分的方法，可以得到各种分布荷载作用时的土中应力计算公式。

在弹性半空间表面上作用一个竖向集中力 p 时，半空间内任意点 M 处所引起的应力和位移的弹性力学解答是由法国学者布辛耐斯克（J. V. Boussinesq）于 1885 年提出的，如图 3－10 所示。

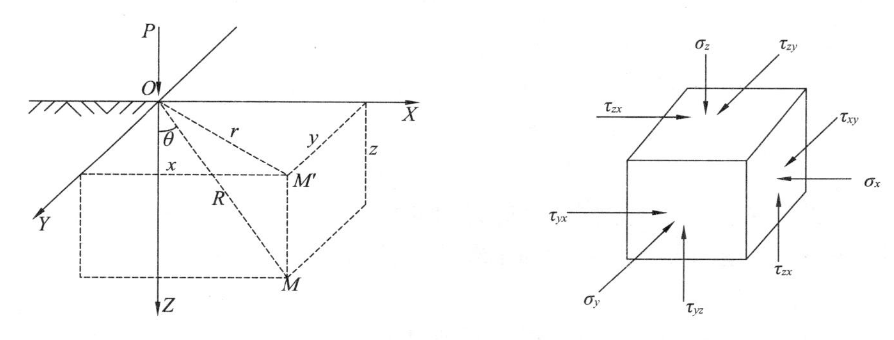

图 3－10　半无限弹性体在竖向集中力作用下的附加应力

在半无限空间内任意一点 $M(x、y、z)$ 处的六个应力分量 σ_x、σ_y、σ_z、$\tau_{xy}=\tau_{yx}$、$\tau_{yz}=\tau_{zy}$、$\tau_{xz}=\tau_{zx}$ 和三个位移分量 u、v、w 的解答如下：

$$\sigma_x=\frac{3p}{2\pi}\cdot\left\{\frac{x^2z}{R^5}+\frac{1-2v}{3}\left[\frac{1}{R(R+z)}-\frac{(2R+z)x^2}{(R+z)^2R^3}-\frac{z}{R^3}\right]\right\} \tag{3-9a}$$

$$\sigma_y=\frac{3p}{2\pi}\cdot\left\{\frac{y^2z}{R^5}+\frac{1-2v}{3}\left[\frac{1}{R(R+z)}-\frac{(2R+z)y^2}{(R+z)^2R^3}-\frac{z}{R^3}\right]\right\} \tag{3-9b}$$

$$\sigma_z=\frac{3p}{2\pi}\cdot\frac{z^3}{R^5} \tag{3-9c}$$

$$\tau_{xy}=\tau_{yx}=\frac{3p}{2\pi}\cdot\left[\frac{xyz}{R^5}+\frac{1-2v}{3}\cdot\frac{(2R+z)xy}{(R+z)^2R^3}\right] \tag{3-10a}$$

$$\tau_{zy}=\tau_{yz}=\frac{3p}{2\pi}\cdot\frac{yz^2}{R^5} \tag{3-10b}$$

$$\tau_{zx}=\tau_{xz}=\frac{3p}{2\pi}\cdot\frac{xz^2}{R^5} \tag{3-10c}$$

$$u=\frac{p(1+v)}{2\pi E}\cdot\left[\frac{xz}{R^3}-(1-2v)\frac{x}{(R+z)R}\right] \tag{3-11a}$$

$$v=\frac{p(1+\upsilon)}{2\pi E}\cdot\left[\frac{yz}{R^3}-(1-2\upsilon)\frac{y}{(R+z)R}\right] \tag{3-11b}$$

$$w=\frac{p(1+\upsilon)}{2\pi E}\cdot\left[\frac{z^2}{R^3}+(1-2\upsilon)\frac{1}{R}\right] \tag{3-11c}$$

式中 σ_x、σ_y、σ_z——平行于 x、y、z 坐标轴的法向应力；

τ_{xy}、τ_{xz}、τ_{zy}——剪应力，其中前一个脚标表示与它作用的微面的法线方向平行的坐标轴，后一个脚标表示与它作用方向平行的坐标轴；

u、v、w——M 点分别沿坐标轴 x、y、z 方向的位移；

p——作用于坐标原点 O 的竖向集中力；

R——M 点至坐标原点 O 的距离，$R=\sqrt{x^2+y^2+z^2}=\sqrt{r^2+z^2}=z/\cos\theta$；

θ——R 线与 z 坐标轴的夹角；

r——M 点与集中力作用点的水平距离；

E——弹性模量；

υ——土的泊松比。

对于土力学来说，以上这些计算应力和位移的公式中，竖向正应力 σ_z 和竖向位移 w 最为常用，它是使地基土产生压缩变形的原因。以后有关地基附加应力的计算主要是针对 σ_z 而言的。

由公式可知，垂直应力 σ_z 只与荷载 p 和点的位置有关，而与地基土变形性质无关(υ、E)。

由几何关系 $R^2=r^2+z^2$ 代入式(3-9c)，可以写为

$$\sigma_z=\frac{3p}{2\pi}\cdot\frac{z^3}{R^5}=\frac{3p}{2\pi\cdot z^2}\cdot\frac{1}{[1+(\gamma/z)^2]^{5/2}} \tag{3-12}$$

令 $\alpha=\frac{3}{2\pi}\cdot\frac{1}{[1+(\gamma/z)^2]^{5/2}}$，则式(3-12)改写为

$$\sigma_z=\alpha\cdot\frac{p}{z^2} \tag{3-13}$$

式中，α 是集中荷载作用下的地基竖向附加应力系数。竖直集中力作用下的竖向应力分布函数是 r/z 的函数，可由表 3-1 查得。

从式(3-10)可知：

(1)在集中力作用线上(即 $r=0$，$\alpha=\frac{3}{2\pi}$，$\sigma_z=\frac{3}{2\pi}\cdot\frac{p}{z^2}$)，附加应力 σ_z 随着深度 z 的增加而递减；

(2)当离集中力作用线某一距离 r 时，在地表处的附加应力 $\sigma_z=0$，随着深度的增加，σ_z 逐渐递增，但到一定深度后，σ_z 又随着深度 z 的增加而减小；

(3)当 z 一定时，即在同一水平面上，附加应力 σ_z 随着 r 的增大而减小。

表 3-1　集中力作用下的应力系数 α

$\frac{r}{z}$	α	$\frac{r}{z}$	α	$\frac{r}{z}$	α	$\frac{r}{z}$	α	$\frac{r}{z}$	α
0.00	0.4775	0.50	0.2733	1.00	0.0844	1.50	0.0251	2.00	0.0085
0.05	0.4745	0.55	0.2466	1.05	0.0744	1.55	0.0224	2.20	0.0058
0.10	0.4657	0.60	0.2214	1.10	0.0658	1.60	0.0200	2.40	0.0040
0.15	0.4516	0.65	0.1978	1.15	0.0581	1.65	0.0179	2.60	0.0029
0.20	0.4329	0.70	0.1762	1.20	0.0513	1.70	0.0160	2.80	0.0021
0.25	0.4103	0.75	0.1565	1.25	0.0454	1.75	0.0144	3.00	0.0015
0.30	0.3849	0.80	0.1386	1.30	0.0402	1.80	0.0129	3.50	0.0007
0.35	0.3577	0.85	0.1226	1.35	0.0357	1.85	0.0116	4.00	0.0004
0.40	0.3294	0.90	0.1083	1.40	0.0317	1.90	0.0105	4.50	0.0002
0.45	0.3011	0.95	0.0956	1.45	0.0282	1.95	0.0095	5.00	0.0001

集中荷载在地基中引起的附加应力是向下、向四周无限扩散的。

通过对上述分布规律的讨论，由图 3-11 可知，集中力 p 在地基中引起的附加应力 σ_z 的分布规律是向下、向四周扩散的，即地基中附加应力的扩散作用。

建筑物作用于地基的荷载，总是分布在一定面积上的，集中力在工程实际中并不存在。但是，若基础面积大而且形状不规则，可将其分割成若干小块，把每一小块上的荷载近似看作一集中荷载计算，然后叠加进行计算地基中任一点的附加应力，这种方法称为等代荷载法，如图 3-12 所示。若基础的平面形状或局部荷载的分布是有规律的，可按积分法求解地基中相应的附加应力。

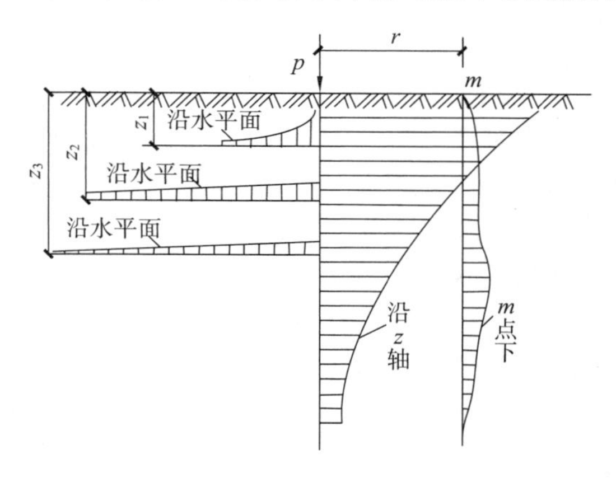

图 3-11　集中力作用下土中应力 σ_z 的分布

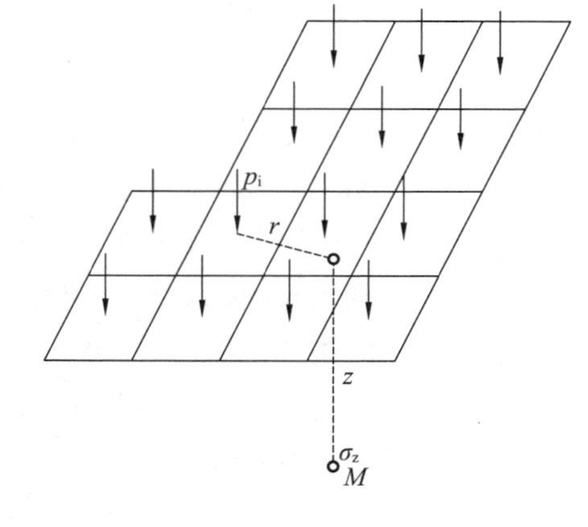

图 3-12　等代荷载法计算

【例 3-2】　在地基上作用一竖向集中力 $p=100\text{kN}$，要求确定：①$z=2\text{m}$ 深度处的水平面上的附加应力分布；②在距 p 的作用点 $r=0\text{m}$ 处竖直线上的附加应力分布。

解：各点的附加应力 σ_z 可按式(3-13)计算，计算结果如表 3-2 和表 3-3 所示。

表 3-2　$z=2m$ 处水平面上附加应力 σ_z 的计算结果

z/m	r/m	$\frac{r}{z}$	α	σ_z/kPa
2	0	0	0.4775	11.9
2	1	0.5	0.2733	6.8
2	2	1.0	0.0844	2.1
2	3	1.5	0.0251	0.6
2	4	2.0	0.0085	0.2
2	5	2.5	0.0034	0.1

表 3-3　$r=0m$ 处竖直线上附加应力 σ_z 的计算结果

z/m	r/m	$\frac{r}{z}$	α	σ_z/kPa
0	0	0	0.4775	∞
1	0	0	0.4775	47.8
2	0	0	0.4775	11.9
3	0	0	0.4775	5.3
4	0	0	0.4775	3.0
5	0	0	0.4775	1.9

二、矩形基础上竖向均布荷载作用时的地基附加应力

任何建筑物都要通过一定尺寸的基础把荷载传给地基，基础的形状和基础底面上的压力分布各不相同，但都可以利用前述集中荷载引起的应力计算方法和弹性体中的应力叠加原理，计算地基内任意点的附加应力。矩形基础是最常用的基础，以下先讨论矩形基础竖向均布荷载作用时的附加应力计算。

设矩形基础的长度和宽度分别为 l 和 b，地基表面作用的竖向均布荷载为 p_0。要求地基内各点的附加应力 σ_z，可先求出矩形基础角点下的地基附加应力，再利用“角点法”求出任意点下的地基附加应力。

1. 角点下的附加应力

角点下的地基附加应力是指图 3-13 中 O、A、B、C 四个角点下任意深度处的应力。显然只要深度 z 一样，则四个角点下的地基附加应力都相同。将坐标的原点取在角点 O 上，从荷载面积内任取一个微面积，并将其上作用的分布荷载以集中力 $dp=p_0dxdy$ 代替。该集中力在角点 O 下任意深度 z 处 M 点所引起的竖向附加应力 $d\sigma_z$ 可按式(3-14)计算，即

$$d\sigma_z=\frac{3dp}{2\pi}\cdot\frac{z^3}{R^5}=\frac{3p_0}{2\pi}\cdot\frac{z^3}{(x^2+y^2+z^2)^{\frac{5}{2}}}dxdy \qquad (3-14)$$

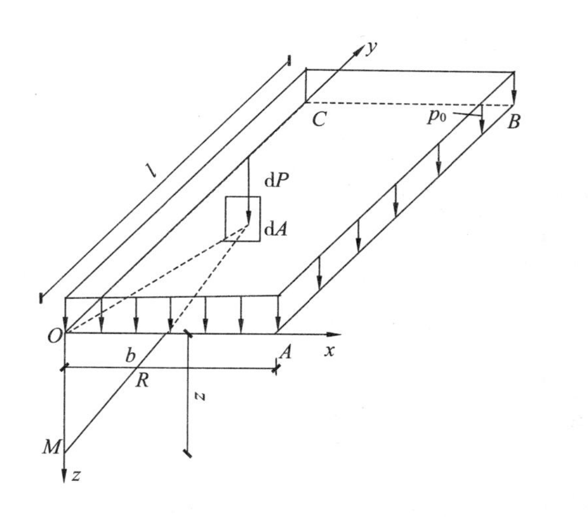

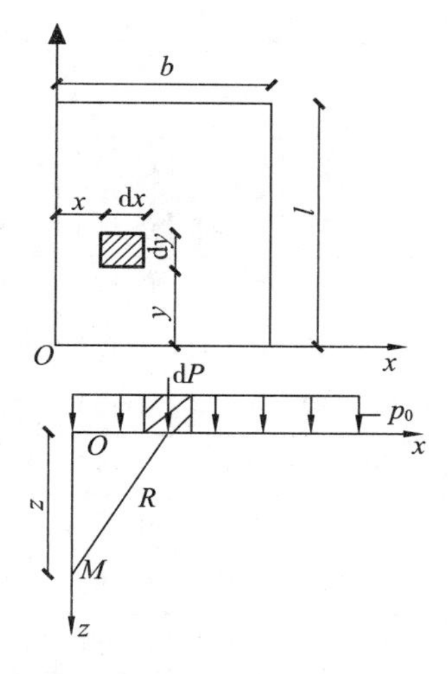

图 3－13　矩形基础均布荷载作用下角点的附加应力 σ_z

将式(3－14)沿整个矩形 *OABC* 积分可得

$$\sigma_z = \frac{3p_0}{2\pi}\int_0^b\int_0^l \frac{z^3}{(x^2+y^2+z^2)^{\frac{5}{2}}}\mathrm{d}x\mathrm{d}y$$

$$= \frac{p_0}{2\pi}\left[\frac{lbz(b^2+l^2+2z^2)}{(b^2+z^2)(l^2+z^2)\sqrt{b^2+l^2+z^2}} + \arctan\frac{bl}{z\sqrt{b^2+l^2+z^2}}\right]$$

令

$$\alpha_c = \frac{1}{2\pi}\left[\frac{lbz(b^2+l^2+2z^2)}{(b^2+z^2)(l^2+z^2)\sqrt{b^2+l^2+z^2}} + \arctan\frac{bl}{z\sqrt{b^2+l^2+z^2}}\right]$$

则

$$\sigma_z = \alpha_c p_0 \tag{3-15}$$

式中，α_c 为矩形基础底面竖向均布荷载作用时角点下的竖向附加应力系数，由 $\frac{l}{b}$、$\frac{z}{b}$ 查表 3－4 可得。必须注意，l 为基础长边，b 为基础短边。

表 3－4　矩形基地受竖向均布荷载作用时角点下的附加应力系数 α_c

深宽比 $\frac{z}{b}$	矩形面积长宽比 $\frac{l}{b}$										
	1.0	1.2	1.4	1.6	1.8	2.0	3.0	4.0	5.0	6.0	10.0
0.0	0.250	0.250	0.250	0.250	0.250	0.250	0.250	0.250	0.250	0.250	0.250
0.2	0.249	0.249	0.249	0.249	0.249	0.249	0.249	0.249	0.249	0.249	0.249
0.4	0.240	0.242	0.243	0.243	0.244	0.244	0.244	0.244	0.244	0.244	0.244
0.6	0.223	0.228	0.230	0.232	0.232	0.233	0.234	0.234	0.234	0.234	0.234
0.8	0.200	0.207	0.212	0.215	0.216	0.218	0.220	0.220	0.220	0.220	0.220

表 3-4(续)

深宽比 $\frac{z}{b}$	矩形面积长宽比 $\frac{l}{b}$										
	1.0	1.2	1.4	1.6	1.8	2.0	3.0	4.0	5.0	6.0	10.0
1.0	0.175	0.185	0.191	0.195	0.198	0.200	0.203	0.204	0.204	0.204	0.205
1.2	0.152	0.163	0.171	0.176	0.179	0.182	0.187	0.188	0.189	0.189	0.189
1.4	0.131	0.142	0.151	0.157	0.161	0.164	0.171	0.173	0.174	0.174	0.174
1.6	0.112	0.124	0.133	0.142	0.145	0.148	0.157	0.159	0.160	0.160	0.160
1.8	0.097	0.108	0.117	0.124	0.129	0.133	0.143	0.146	0.147	0.148	0.148
2.0	0.084	0.095	0.103	0.110	0.116	0.120	0.131	0.135	0.136	0.137	0.137
2.2	0.073	0.083	0.092	0.098	0.104	0.108	0.121	0.125	0.126	0.127	0.128
2.4	0.064	0.073	0.081	0.088	0.093	0.098	0.111	0.116	0.118	0.118	0.119
2.6	0.057	0.065	0.072	0.079	0.084	0.089	0.102	0.107	0.110	0.111	0.112
2.8	0.050	0.058	0.065	0.071	0.076	0.080	0.094	0.100	0.102	0.104	0.105
3.0	0.045	0.052	0.058	0.064	0.069	0.073	0.087	0.093	0.096	0.097	0.099
3.2	0.040	0.047	0.053	0.058	0.063	0.067	0.081	0.087	0.090	0.092	0.093
3.4	0.036	0.042	0.048	0.053	0.057	0.061	0.075	0.081	0.085	0.086	0.088
3.6	0.033	0.038	0.043	0.048	0.052	0.056	0.069	0.070	0.080	0.082	0.084
3.8	0.030	0.035	0.040	0.044	0.048	0.052	0.005	0.072	0.075	0.077	0.080
4.0	0.027	0.032	0.036	0.040	0.044	0.048	0.060	0.067	0.071	0.073	0.076
4.2	0.025	0.029	0.033	0.037	0.041	0.044	0.056	0.063	0.067	0.070	0.072
4.4	0.023	0.027	0.031	0.034	0.038	0.041	0.053	0.060	0.064	0.066	0.069
4.6	0.021	0.025	0.028	0.032	0.035	0.038	0.049	0.056	0.061	0.063	0.066
4.8	0.019	0.023	0.026	0.029	0.032	0.035	0.046	0.053	0.058	0.060	0.064
5.0	0.018	0.021	0.024	0.027	0.030	0.033	0.043	0.050	0.055	0.057	0.061
6.0	0.013	0.015	0.017	0.020	0.022	0.024	0.033	0.039	0.043	0.046	0.051
7.0	0.009	0.011	0.013	0.015	0.016	0.018	0.025	0.031	0.035	0.038	0.043
8.0	0.007	0.009	0.010	0.011	0.013	0.014	0.020	0.025	0.028	0.031	0.037
9.0	0.006	0.007	0.008	0.009	0.010	0.011	0.016	0.020	0.024	0.026	0.032
10.0	0.005	0.006	0.007	0.007	0.008	0.009	0.013	0.017	0.020	0.022	0.028

2. 任意点下的附加应力——角点法

在实际计算中，常会遇到计算点不位于矩形荷载角点之下，而是在地基中任意点下的附加应力。这时可以通过做辅助线把荷载面分成若干个矩形面积，再设法把计算点画到这些矩形面积的公共角点下，这样就可以应用式(3-15)计算出每个矩形荷载面角点下的附加应力，再根据叠加原理求其代数和。这种方法称为角点法。

角点法通常有四种情况，如图 3-14 所示，其中荷载作用在面积 $abcd$ 上，计算点在 O 点以下任意深度处。

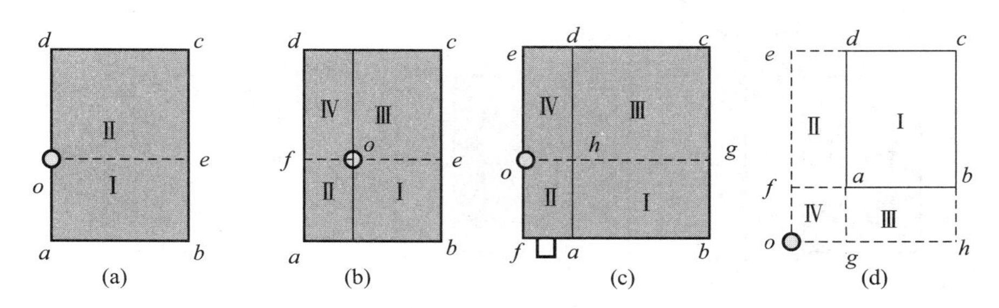

图 3-14 角点法计算任意点 O 下附加应力示意图

(1) O 点在荷载面边缘[见图 3-14(a)]

过 O 点作辅助线 oe，将荷载面分成Ⅰ、Ⅱ两块，由叠加原理，有

$$\sigma_z = (\alpha_{c\text{Ⅰ}} + \alpha_{c\text{Ⅱ}})p_0 \tag{3-16}$$

式中，$\alpha_{c\text{Ⅰ}}$ 和 $\alpha_{c\text{Ⅱ}}$——分别按Ⅰ和Ⅱ两块小矩形面积，由 $l_{\text{Ⅰ}}/b_{\text{Ⅰ}}$、$z/b_{\text{Ⅰ}}$、$l_{\text{Ⅱ}}/b_{\text{Ⅱ}}$、$z/b_{\text{Ⅱ}}$ 查得的角点附加应力系数。

注意：$b_{\text{Ⅰ}}$、$b_{\text{Ⅱ}}$ 分别是Ⅰ、Ⅱ小矩形的短边边长，$l_{\text{Ⅰ}}$、$l_{\text{Ⅱ}}$ 分别是Ⅰ、Ⅱ小矩形的长边边长。

(2) O 点在荷载面内[见图 3-14(b)]

作两条辅助线将荷载而分成Ⅰ、Ⅱ、Ⅲ和Ⅳ共 4 块面积，于是有

$$\sigma_z = (\alpha_{c\text{Ⅰ}} + \alpha_{c\text{Ⅱ}} + \alpha_{c\text{Ⅲ}} + \alpha_{c\text{Ⅳ}})p_0 \tag{3-17}$$

如果 O 点位于荷载面形心，则有 $\alpha_{c\text{Ⅰ}} = \alpha_{c\text{Ⅱ}} = \alpha_{c\text{Ⅲ}} = \alpha_{c\text{Ⅳ}}$，可得 $\sigma_z = 4\alpha_{c\text{Ⅰ}}p_0$，此即为利用角点法求基底中心点下 σ_z 的解。

(3) O 点在荷载面边缘外侧[见图 3-14(c)]

此时荷载面 $abcd$ 可看成是由Ⅰ($ofbg$)与Ⅱ($ofah$)之差和Ⅲ($oecg$)与Ⅳ($ohde$)之差合成的，所以有

$$\sigma_z = (\alpha_{c\text{Ⅰ}} - \alpha_{c\text{Ⅱ}} + \alpha_{c\text{Ⅲ}} - \alpha_{c\text{Ⅳ}})p_0 \tag{3-18}$$

(4) O 点在荷载面角点外侧[见图 3-14(d)]

把荷载面看成由“Ⅰ($ohce$) − Ⅱ($ogde$) − Ⅲ($ohbf$) + Ⅳ($ogaf$)”则有

$$\sigma_z = (\alpha_{c\text{Ⅰ}} - \alpha_{c\text{Ⅱ}} - \alpha_{c\text{Ⅲ}} + \alpha_{c\text{Ⅳ}})p_0 \tag{3-19}$$

【例 3-3】 以角点法计算图 3-15 所示矩形基础甲的基底中心点 O 下不同深度处的地基附加应力 σ_z 的分布，并考虑左右两相邻基础乙的影响(两相邻柱距为 6m，荷载同基础甲)。轴心荷载 $F = 1940\text{kN}$，地基土重度为 18kN/m^3，基底尺寸为 $5\text{m} \times 4\text{m}$，基础理深 1.5m。

解：(1) 计算基础甲的基底平均附加压力

基础及其上回填土的总重

$$G = \gamma_G A d = 20 \times 5 \times 4 \times 1.5 = 600\text{kN}$$

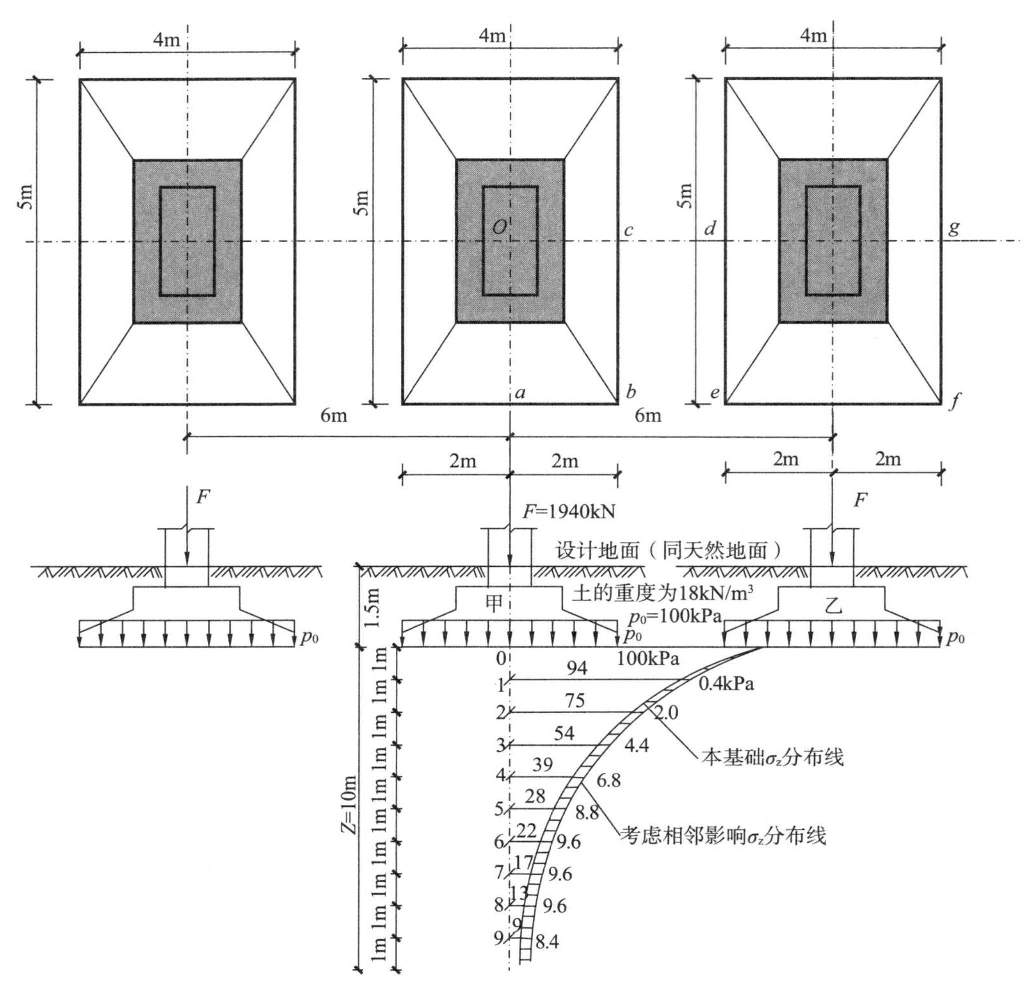

图 3－15　角点法计算均布矩形荷载面 O 点以下地基附加应力

基底压力 $$p=\frac{F+G}{A}=\frac{1940+600}{5\times 4}=127\text{kPa}$$

基底处的土中自重压力 $\sigma_z=\gamma_0 d=18\times 1.5=27\text{kPa}$

基底附加压力

$$p_0=p-\sigma_z=127-27=100\text{kPa}$$

（2）计算基础甲中心点 O 下由基础甲荷载引起的 σ_z

基底中心点 O 可看成四个相等小矩形荷载Ⅰ（$oabc$）的公共角点，其长宽比 $l/b=2.5\text{m}/2\text{m}=1.25$，取深度 z＝0m、1m、2m、3m、4m、5m、6m、7m、8m、9m、10m 各计算点，相应的 z/b＝0.0、0.5、1.0、1.5、2.0、2.5、3.0、3.5、4.0、5.0，利用表3－4即可查得地基附加应力系数即 $\alpha_{c\text{I}}$。σ_z 的计算列于表3－5。根据计算资料绘制 σ_z 分布图，如图3－15所示。

表 3-5 基础甲中心点 O 下由本基础荷载引起的 σ_z 计算表

计算点	$\frac{l}{b}$	z/m	$\frac{z}{b}$	$\alpha_{c\mathrm{I}}$	σ_z/kPa $\sigma_z=4\alpha_{c\mathrm{I}}p_0$
0	1.25	0	0	0.250	$4\times0.250\times100=100$
1	1.25	1	0.5	0.235	94
2	1.25	2	1.0	0.187	75
3	1.25	3	1.5	0.135	54
4	1.25	4	2.0	0.097	39
5	1.25	5	2.5	0.071	28
6	1.25	6	3.0	0.054	22
7	1.25	7	3.5	0.042	17
8	1.25	8	4.0	0.032	13
9	1.25	10	5.0	0.022	9

(3)计算基础甲中心点 O 下由相邻两基础乙的荷载引起的 σ_z

此时中心点 O 可看成是四个与Ⅰ($oafg$)相同的矩形和另四个与Ⅱ($oaed$)相同的矩形的角点，其长宽比 l/b 分别为 $8/2.5=3.2$ 和 $4/2.5=1.6$。同样，由表 3-6 可查得 $\alpha_{c\mathrm{I}}$ 和 $\alpha_{c\mathrm{II}}$，σ_z 的计算结果和分层图分别见表 3-6 和图 3-15。

表 3-6 基础甲中心点 O 下由两相邻基础荷载引起的 σ_z 计算表

计算点	$\frac{l}{b}$		z/m	$\frac{z}{b}$	α_c		σ_z/kPa $\sigma_z=4(\alpha_{c\mathrm{II}}-\alpha_{c\mathrm{I}})p_0$
	Ⅰ($oafg$)	Ⅱ($oaed$)			$\alpha_{c\mathrm{I}}$	$\alpha_{c\mathrm{II}}$	
0	3.2	1.6	0	0	0.250	0.250	0
1			1	0.4	0.244	0.243	0.4
2			2	0.8	0.220	0.215	2.0
3			3	1.2	0.187	0.176	4.4
4			4	1.6	0.157	0.140	6.8
5			5	2	0.132	0.110	8.8
6			6	2.4	0.112	0.088	9.6
7			7	2.8	0.095	0.071	9.6
8			8	3.2	0.082	0.058	9.6
9			10	4	0.061	0.040	8.4

三、矩形基础上竖向三角形荷载作用时的地基附加应力

如图 3-16 所示，在矩形地基的表面上作用着三角形分布荷载，其最大值为 p_0，

把荷载强度为 0 的角点 O 作为坐标原点，同样可以利用式(3－20)和积分的方法求出角点 O 下任意深度点的附加应力 σ_z。取微元面积 $dA = dxdy$，其上作用力 $dP = \frac{x}{b}p_0 dxdy$，dP 在压力为 0 的角点 O 下任意深度 z 处 M 点所引起的竖向附加应力 $d\sigma_z$ 由式(3－9c)计算。积分得到附加应力 σ_z。

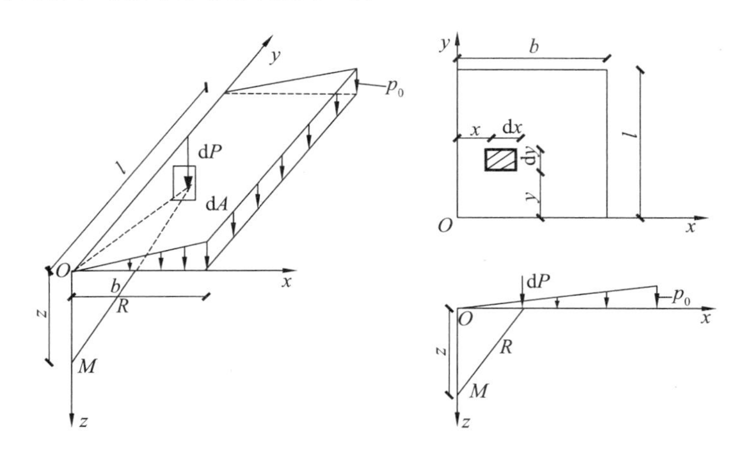

图 3－16　矩形基础上三角形分布荷载作用角点下的附加应力

$$\sigma_z = \frac{3p_0}{2\pi}\int_0^b\int_0^l \frac{\frac{x}{b}z^3}{(x^2+y^2+z^2)^{\frac{5}{2}}}dxdy$$

$$= \frac{p_0 l}{2\pi b}\left[\frac{z}{\sqrt{b^2+l^2}} - \frac{z^3}{(b^2+z^2)\sqrt{b^2+l^2+z^2}}\right] \tag{3-20}$$

令

$$\alpha_t = \frac{l}{2\pi b}\left[\frac{z}{\sqrt{b^2+l^2}} - \frac{z^3}{(b^2+z^2)\sqrt{b^2+l^2+z^2}}\right]$$

则

$$\sigma_z = \alpha_t p_0 \tag{3-21}$$

式中，α_t 为零角点下的竖向附加应力系数。由 l/b、z/b 查表 3－7 取得。需要注意的是：荷载沿长度为 b 的方向呈三角形分布，沿长度为 l 的方向均匀分布。

表 3－7　矩形基底受三角形荷载作用时，压力为 0 的角点下的附加应力系数 α_t

z/b	l/b												
	0.2	0.4	0.6	0.8	1.0	1.2	1.6	2.0	3.0	4.0	6.0	8.0	10.0
0	0	0	0	0	0	0	0	0	0	0	0	0	0
0.2	0.0223	0.0280	0.0296	0.0301	0.0304	0.0305	0.0306	0.0306	0.0306	0.0306	0.0306	0.0306	0.0306
0.4	0.0269	0.0420	0.0487	0.0517	0.0531	0.0539	0.0545	0.0547	0.0548	0.0549	0.0549	0.0549	0.0549
0.6	0.0259	0.0448	0.0560	0.0621	0.0654	0.0673	0.0690	0.0696	0.0701	0.0702	0.0702	0.0702	0.0702
0.8	0.2320	0.0421	0.0553	0.0637	0.0688	0.0720	0.0751	0.0764	0.0773	0.0776	0.0776	0.0776	0.0776
1.0	0.0201	0.0375	0.0508	0.0602	0.0666	0.0708	0.0735	0.0774	0.0790	0.0794	0.0795	0.0796	0.0796

表 3－7(续)

z/b	l/b												
	0.2	0.4	0.6	0.8	1.0	1.2	1.6	2.0	3.0	4.0	6.0	8.0	10.0
1.2	0.0171	0.0324	0.0450	0.0546	0.0615	0.0664	0.0721	0.0749	0.0714	0.0779	0.0782	0.0783	0.0783
1.4	0.0145	0.0278	0.0392	0.0483	0.0554	0.0606	0.0672	0.0707	0.0739	0.0748	0.0752	0.0752	0.0753
1.6	0.0123	0.0238	0.0339	0.0424	0.0492	0.5450	0.0616	0.0656	0.0667	0.0708	0.0714	0.0715	0.0715
1.8	0.0105	0.0204	0.0294	0.0371	0.0435	0.0487	0.0560	0.0604	0.0652	0.0666	0.0673	0.0675	0.0675
2.0	0.0090	0.0176	0.0255	0.0324	0.0348	0.0434	0.0507	0.0553	0.0607	0.0624	0.0634	0.0636	0.0636
2.5	0.0063	0.0125	0.0183	0.0236	0.0284	0.0326	0.0393	0.0440	0.0504	0.0529	0.0543	0.0547	0.0548
3.0	0.0046	0.0092	0.0135	0.0176	0.0214	0.0249	0.0307	0.0352	0.0419	0.0449	0.0469	0.0474	0.0476
5.0	0.0018	0.0036	0.0054	0.0071	0.0088	0.0104	0.0135	0.0161	0.0214	0.0248	0.0283	0.0296	0.0301
7.0	0.0009	0.0019	0.0028	0.0038	0.0047	0.0056	0.0073	0.0089	0.0124	0.0152	0.0186	0.0204	0.0212
10.0	0.0005	0.0009	0.0014	0.0019	0.0023	0.0028	0.0037	0.0046	0.0066	0.0084	0.0111	0.0128	0.0139

四、条形基础上均布荷载作用时的地基附加应力

工程中，当矩形基础底面的长宽比 $l/b \geqslant 10$ 时的基础称为条形基础，如房屋的墙基、挡土墙基础、路基、坝基均属于条形基础。此种基础在基础底面产生的条形荷载沿长度方向相同时，地基附加应力计算可按平面问题考虑，即与长度方同相垂直的任一截面上的附加应力分布规律是相同的。在弹性力学的平面应变问题中，$\tau_{xy}=\tau_{xz}=\tau_{yz}=0$，$\sigma_y=\mu(\sigma_x+\sigma_z)$，因此，在平面问题中需要计算的应力分量只有 σ_z、σ_x 和 τ_{xz}。

条形基础上作用均布荷载 p_0 时，取条形荷载的中点为坐标原点，如图 3－17 所示，地基中任一点 $M(x、z)$ 点的三个附加应力分量，同理可以应用地基表面受集中力作用的公式(3－9)，通过积分求解，得到计算公式如下：

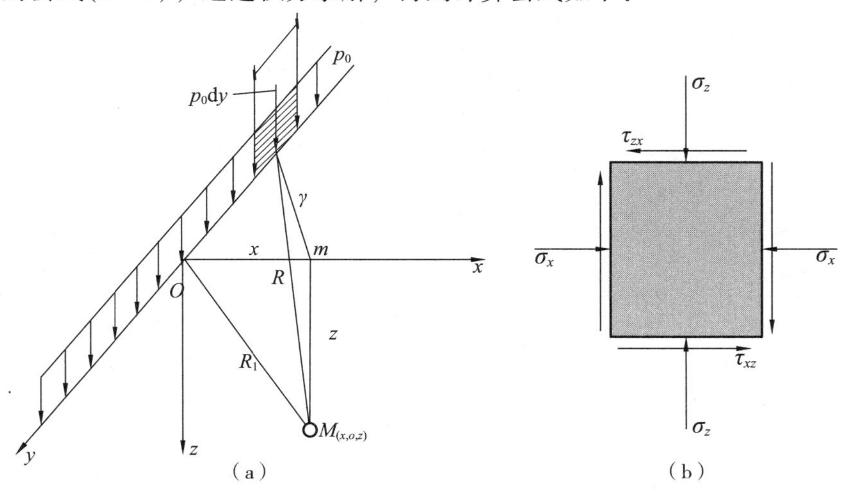

图 3－17　条形面积受竖向均布荷载下任一点 M 的应力计算

$$\sigma_z = \alpha_{sz} p_0 \tag{3-22}$$

$$\sigma_x = \alpha_{sx} p_0 \tag{3-23}$$

$$\tau_{zx} = \tau_{xz} = \alpha_{szx} p_0 \tag{3-24}$$

以上三式中 α_{sz}、α_{sx}、α_{szx} 分别为均布荷载下相应的三个附加应力系数，都是 $m=\frac{z}{b}$ 和 $n=\frac{x}{b}$ 的函数，可由表 3－8 查得。

表 3－8　条形基础上均布荷载作用下的附加应力系数

$\frac{z}{b}$	$\frac{x}{b}$								
	0.00			0.25			0.50		
	α_{sz}	α_{sx}	α_{szx}	α_{sz}	α_{sx}	α_{szx}	α_{sz}	α_{sx}	α_{szx}
0.00	1.00	1.00	0	1.00	1.00	0	0.50	0.50	0.32
0.25	0.96	0.45	0	0.90	0.39	0.13	0.50	0.35	0.30
0.50	0.82	0.18	0	0.74	0.19	0.16	0.48	0.23	0.26
0.75	0.67	0.08	0	0.61	0.10	0.13	0.45	0.14	0.20
1.00	0.55	0.04	0	0.51	0.05	0.10	0.41	0.09	0.16
1.25	0.46	0.02	0	0.44	0.03	0.07	0.37	0.06	0.12
1.50	0.40	0.01	0	0.38	0.02	0.06	0.33	0.04	0.10
1.75	0.35	—	0	0.34	0.01	0.04	0.30	0.03	0.08
2.00	0.31	—	0	0.31	—	0.03	0.28	0.02	0.06
3.00	0.21	—	0	0.21	—	0.02	0.20	0.01	0.03
4.00	0.16	—	0	0.16	—	0.01	0.15	—	0.02
5.00	0.13	—	0	0.13	—	—	0.12	—	—
6.00	0.11	—	0	0.10	—	—	0.10	—	—
0.00	0	0	0	0	0	0	0	0	0
0.25	0.02	0.17	0.05	0.00	0.07	0.01	0	0.04	0.00
0.50	0.08	0.21	0.13	0.02	0.12	0.04	0	0.07	0.02
0.75	0.15	0.22	0.16	0.04	0.14	0.07	0.02	0.10	0.04
1.00	0.19	0.15	0.16	0.07	0.14	0.10	0.03	0.13	0.05
1.25	0.20	0.11	0.14	0.10	0.12	0.10	0.04	0.11	0.07
1.50	0.21	0.08	0.13	0.11	0.10	0.10	0.06	0.10	0.07
1.75	0.21	0.06	0.11	0.13	0.09	0.10	0.07	0.09	0.08
2.00	0.20	0.05	0.10	0.14	0.07	0.10	0.08	0.08	0.08
3.00	0.17	0.02	0.06	0.13	0.03	0.07	0.10	0.04	0.07
4.00	0.14	0.01	0.03	0.12	0.02	0.05	0.10	0.03	0.05
5.00	0.12	—	—	0.11	—	—	0.09	—	—
6.00	0.10	—	—	0.10	—	—	—	—	—

五、成层地基中附加应力的分布规律

以上介绍的地基中附加应力计算都把地基看成是均质、各向同性的线弹性变形体。而实际情况并非如此，例如有的地基是由不同压缩性土层组成的成层地基，有的地基中土的变形模量随深度增加而变化。由于地基的非均质性(或各向异性)，地基中的竖向附加应力的分布会产生应力集中现象或应力扩散现象，如图 3－18 所示。

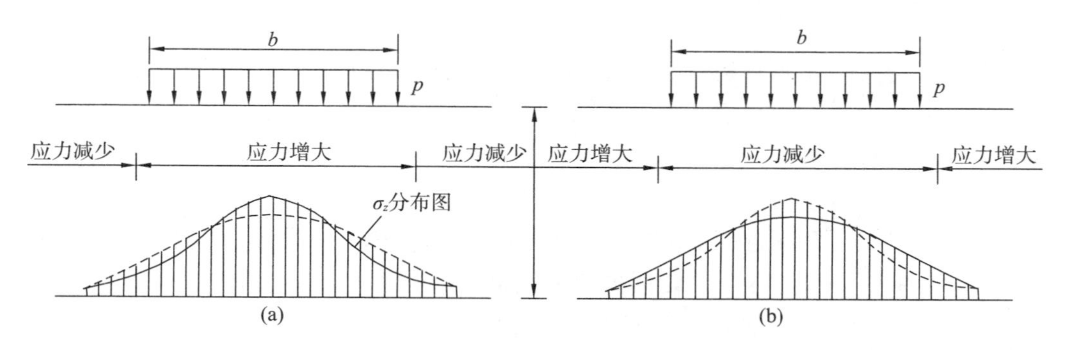

图 3－18　非均质和各向异性对土中附加应力的影响

(虚线表示按均质土计算的水平面上的附加应力分布)

双层地基是工程中常见的一种情况。双层地基指的是在地基荷载的影响深度范围内，地基由两层变形性质显著不同的土层所组成。对双层地基的应力分布问题，有两种情况值得研究：一种是坚硬土层上覆盖着不厚的可压缩土层即薄压缩层情况；另一种是软弱土层上有一层压缩性较低的土层即硬壳层情况。当上层土的压缩性比下层土的压缩性高时(薄压缩层情况)，即 $E_1 < E_2$时，土中附加应力分布将发生应力集中的现象。当上层土的压缩性比下层土的压缩性低时(即硬壳层情况)，即 $E_1 > E_2$，土中附加应力将发生扩散现象。

在实际地基中，下卧刚性岩层将引起应力集中的现象，岩层埋藏越浅，应力集中越显著。在坚硬土层下存在软弱下卧层时，土中应力扩散的现象将随上层坚硬土层厚度的增大而更加显著。因土的泊松比变化不大，其对应力集中和应力扩散现象的影响可忽略。

双层地基中应力集中和扩散的概念有着重要工程意义，特别是在软土地区，表面有一层硬壳层，由于应力扩散作用，可以减少地基的沉降，故在设计中基础应尽量浅埋，并在施工中采取保护措施，以免浅层土的结构遭受破坏。

第五节　有效应力原理

土的有效应力原理是土力学理论最重要的概念之一。太沙基(Terzaghi)于 1923 年提出了饱和土的有效应力原理，阐明了松散颗粒的土体和连续性固体材料的区别，

从而奠定了现代土力学变形和强度计算的基础，使土力学从一般固体力学中分离出来，成为一门独立的分支学科。

如上述几节中所述，计算土中应力的目的在于研究土体受力后的变形和强度问题，但是土的体积变化和强度大小并不直接取决于土体所受的全部应力(总应力)，而是取决于总应力与孔隙水压力的差值，即有效应力。

一、饱和应力原理

饱和土体是由土颗粒构成的土骨架和土骨架孔隙之间充满的水组成，即饱和土体是两相体。当外力作用于土体后，在土中某点截取一水平截面，其面积为 A，截面上作用应力 σ(如图 3－19 所示)，它由土体的重力、外荷载 p 所产生的应力及静水压力组成，称为总应力。

由有效应力原理示意图 3－19 可知，截面 $a-a$ 上的总应力分为两部分：一部分由土骨架承担，并通过土颗粒之间的接触面进行应力的传递，这部分力称之为有效应力；另一部分由孔隙水和气体来承担，这部分力称之为孔隙压力(包括孔隙水压力和孔隙气压力)。

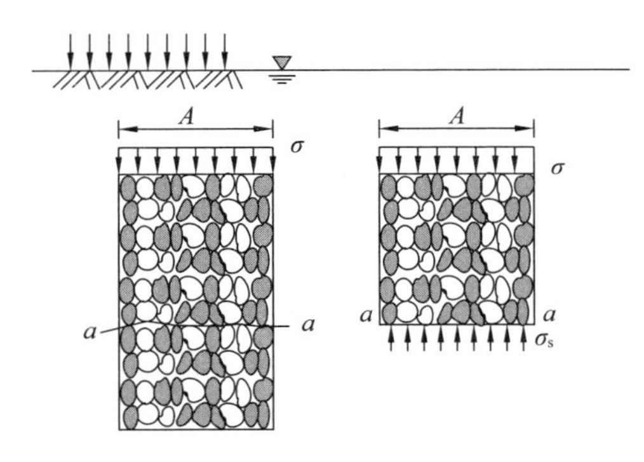

图 3－19　有效应力原理示意图

图 3－19 所示的土体平衡条件为，沿 $a—a$ 截面取脱离体，$a—a$ 截面是沿土颗粒间接触面截取的曲线状截面，在此截面上各土颗粒间接接触面间的法向应力为 σ_s，各土颗粒之间的接触面积之和为 A_s，孔隙内的水压力为 u_w，孔隙气压力为 u_a，其相应的面积为 A_w 和 A_a，由此可建立如下平衡条件：

$$\sigma A=\sigma_s A_s+u_w A_w+u_a A_a \tag{3-25}$$

对于饱和土，式(3－25)中的 u_a、A_a 均等于 0，则此时式(3－25)可写成

$$\sigma A=\sigma_s A_s+u_w A_w=\sigma_s A_s+u_w(A-A_s) \tag{3-26}$$

或者

$$\sigma=\sigma_s A_s/A+u_w(1-A_s/A) \tag{3-27}$$

由于土颗粒的接触面积 A_s 都很小，一般 $A_s/A\leqslant 0.03$，可忽略不计，因此式(3－27)可变为

$$\sigma=\sigma_s A_s/A+u_w \tag{3-28}$$

式中，$\sigma_s A_s / A$ 为土颗粒间的接触力在截面积 A 上的平均应力，称为土的有效应力，通常用 σ' 表示，在饱和土中将孔隙水压力 u_w 用 u 表示，式(3－28)可改为

$$\sigma = \sigma' + u \tag{3-29}$$

这个关系式在土力学中非常重要，称为饱和土的有效应力原理。在实际工程中，直接测定 σ' 很困难，通常是在已知总应力 σ 和测定了孔隙水压力 u 后，再求 σ'。

$$\sigma' = \sigma - u \tag{3-30}$$

饱和土的有效应力原理就是研究饱和土体中孔隙水压力、有效应力和总应力之间的关系。

需要注意：对于饱和土，土中任意点的孔隙水压力 u 对各个方向的作用是相等的，因此它只能使土颗粒产生压缩(由于土颗粒本身的压缩量是很微小的，在土力学中均忽略不计)，而不能使土颗粒产生位移。土颗粒间的有效应力作用则会引起土颗粒的位移，使孔隙体积改变，土体发生压缩变形，同时有效应力的大小也影响土的抗剪强度，这是土力学有别于其他力学(如固体力学)的重原理之一。因此，土力学中最常用的饱和土有效应力原理的主要内容可归纳为以下几点：

(1)土的变形与强度均取决于土骨架所受的力，而不是土体所受的总荷载 p；

(2)饱和土体内任意一平面上受到的总应力是由有效应力和孔隙水压力两部分组成；

(3)当总应力不变时，有效应力和孔隙水压力之间可以相互转化。

二、非饱和土的有效应力原理

对于非饱和土(或称部分饱和土)，其中 u_a、A_a 不等于0，则由式(3－25)可得

$$\sigma = \frac{\sigma_s A_s}{A} + u_w \frac{A_w}{A} + u_a \frac{A - A_s - A_w}{A} = \sigma' + u_a - \frac{A_w}{A}(u_a - u_w) - u_a \frac{A_s}{A} \tag{3-31}$$

其中 $A_s/A \leqslant 0.03$，可忽略不计，则非饱和土的有效应力公式为

$$\sigma' = \sigma - u_a + \chi(u_a - u_w) \tag{3-32}$$

式(3－32)由毕肖普于1961年提出，式中 $\chi = A_w/A$ 是由试验确定的参数，取决于土的类型及饱和度。有效应力原理能正确地应用于饱和土，而对于非饱和土，由于水、气界面上的表面张力和弯液面存在，问题较为复杂，尚存在一些问题有待深入研究。

复习思考题

3－1　什么是土的自重应力？地下水位的升降对地基中的自重应力有何影响？

3－2　何谓基底压力？影响基底压力分布的因素有哪些？

3－3　在集中荷载作用下地基中附加应力的分布有何规律？

3－4　假设作用于基础底面的总压力不变，若埋置深度增加对土中附加应力有

何影响?

3－5　什么叫柔性基础?什么叫刚性基础?这两种基础的基底压力分布有何不同?

3－6　附加应力的计算结果与地基中实际的附加应力能否一致?为什么?

习　题

3－1　某地基剖面图如图3－20所示，计算各分层处的自重应力，并绘制自重应力沿深度的分布图。

3－2　如图3－21所示为一矩形基础，埋深1m，上部结构传至地面标高处的荷载为$p=2106$kN，荷载为单偏心，偏心距$e=0.3$m。试求基底中心点O、边点A和B下4m深度处的竖向附加应力。

3－3　甲乙两个基础，它们的尺寸和相对位置及每个基底下的基底净压力均示于图3－22中，试求甲基础O点下2m深度处的竖向附加应力。

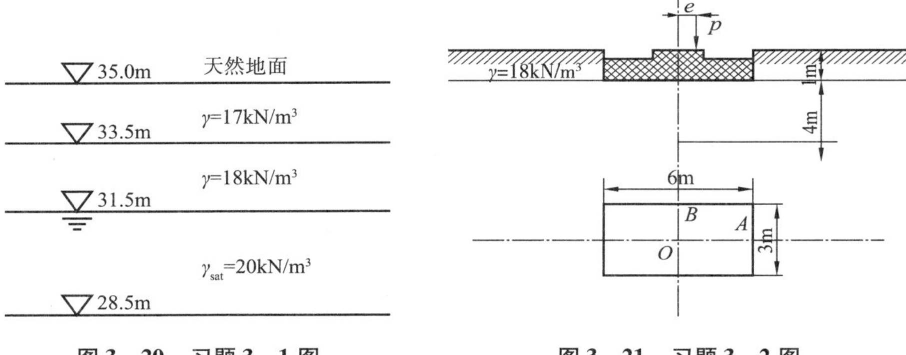

图3－20　习题3－1图　　图3－21　习题3－2图

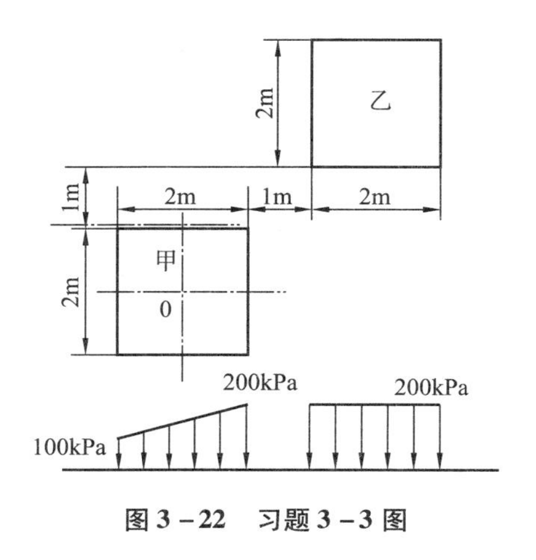

图3－22　习题3－3图

第四章　地基变形计算

第一节　概　述

通常，地基在建筑物荷载的作用下产生的变形（沉降）或位移会随时间而变化，并随时间的增长而逐渐趋于稳定。如果工程完工后相当长的时间沉降仍未稳定，地基中产生较大的变形（沉降）或不均匀变形（沉降）时，就会影响建筑物的正常使用，或导致建筑物构件开裂扭曲、整体倾斜，严重时会倒塌破坏，影响建筑物的稳定安全。土的变形性质、变形过程的研究是土力学最基本的研究课题之一。

图 4－1 为地基不均匀变形（沉降）的工程实例。地基土的压缩性、变形或不均匀情况如何是地基基础设计重要的条件，对不合要求的情况须事先采取相应的设计和工程防治措施，以保证建筑物的安全和正常使用。

图 4－1　地基不均匀变形（沉降）

一、土的压缩性

地基变形表现为地基土体的压缩，这种在荷载作用下地基土体积缩小的性质称为土的压缩性，是地基变形计算的基础。

地基土的压缩性有两个特点：其一，土的压缩主要是土中孔隙体积减小引起的。一般的建筑荷载作用于地基所引起的土颗粒与水本身的体积压缩量非常微小，可以忽略不计。而孔隙中水和气体的排出是引起土体积缩小的主要因素；其二，土的压缩具有时间性，有一个逐步发展、稳定的过程，特别是厚度较大的饱和黏性土等透水性较差的土，压缩排水过程需要几年甚至几十年才能完成。土的压缩随时间增长的过程，称为土的固结。固结时间的长短与土的渗透性及边界条件有关。

二、地基变形计算

建筑地基变形计算包括两部分内容：一是经过长期固结地基达到变形稳定后的变形量，即最终变形量；二是地基随时间推移达到最终的变形过程，即地基变形量随时间的变化。

本章将从地基的压缩性及表征压缩性的指标出发，介绍地基最终变形量的计算方法。主要包括分层总和法和应力面积法以及考虑应力历史的地基变形量计算方法。同时以太沙基一维固结理论为基础，介绍饱和黏性土地基变形与时间关系问题。

第二节　土的压缩性试验及指标

一、土的压缩性及形成原因

土的压缩性是指土体在压力作用下体积缩小的特性。土的压缩性也是反映土的孔隙性规律的基本内容之一。

试验研究表明，在一般建筑荷载(100～600kPa)作用下，土颗粒和土中水的压缩量与土体的压缩总量之比是很微小的(小于1/400)，可以忽略不计，很少量的封闭土中的气被压缩，也可忽略不计。因此，土的压缩是土颗粒在荷载压力作用下调整位置、重新排列、互相挤紧，土中水和土中气所占的孔隙体积缩小、气体被挤出是土体体积缩小的实质。

二、室内压缩试验

土的室内压缩试验亦称固结试验，是研究土体压缩性的最基本方法。

1. 试验原理与方法

室内压缩试验采用的试验装置为压缩仪，如图4－2所示。试验时用环刀切取原状土样置于刚性护环中，由于金属环刀及刚性护环的限制，使得土样在竖向压力作用下只能发生竖向变形而无侧向变形，即土样处于侧限条件下。试验时，在土样的上、下放置的透水石是土样受压后排出孔隙水的两个界面。压缩过程中竖向压力通过刚性加荷板施加给土样，土样产生的压缩量可通过百分表量测。

常规压缩试验是通过逐级加荷进行的，常用的加荷等级是：竖向压力 p 为50kPa、100kPa、200kPa、400kPa、800kPa…。根据压缩试验荷载施加的时间，有常规压缩试验和快速压缩试验之分。常规压缩试验要求每一级荷载恒压24h或达到1h内的压缩量不超过0.005mm的变形稳定条件，并测定稳定时的总压缩量 s。实际工程中，为减少室内试验的工作量，也可采用快速压缩试验法。快速压缩试验不要求达到变形稳定，每级荷载只恒压 1 ~ 2h，测定其压缩量，在最后一级荷载下压缩到 24h，试验结果经校正后用于沉降计算。

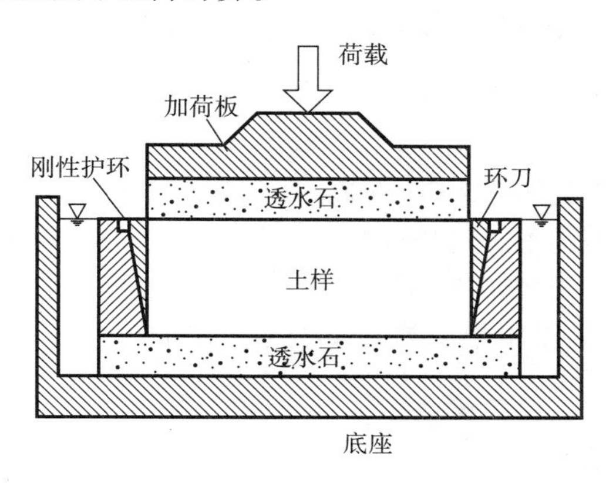

图 4－2　固结试验压缩仪

根据压缩过程中土样变形与土的三相指标的关系，可以导出试验过程中孔隙比 e 与压缩量 s 的关系。

如图 4－3 所示，设土样的初始高度为 H_0，在荷载 p 作用下土样稳定后的总压缩量为 s。设土颗粒体积 $V_s=1$，根据土的孔隙比的定义，受压前后土的孔隙体积 V_v 分别为 e_0 和 e，由于试验时土样处于侧限条件下，故受压前后土样横截面积不变。据此，求得受压前后土样的横截面积分别为$\frac{1+e_0}{H_0}$和$\frac{1+e}{H_0-s}$，有

$$\frac{1+e_0}{H_0}=\frac{1+e}{H_0-s}$$

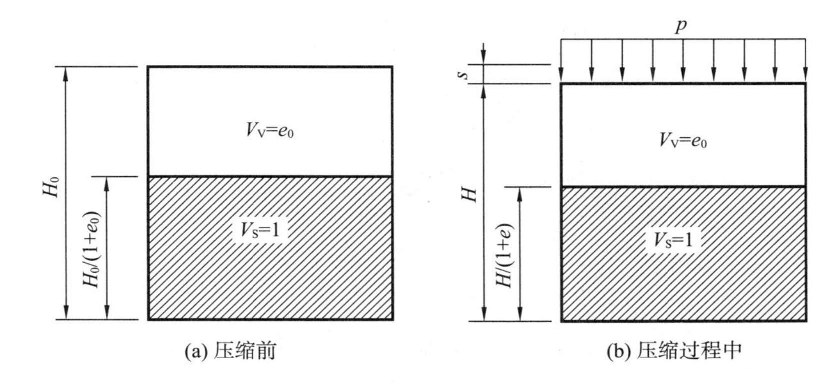

图 4－3　压缩试验土样变形示意图

由上式推得试验过程中孔隙比 e 的计算公式，即

$$e=e_0-\frac{s}{H_0}(1+e_0) \tag{4-1}$$

式中　e——与荷载 p 相对应的孔隙比；

e_0——初始孔隙比，即 $e_0 = \frac{d_s(1+\omega_0)}{\rho_0} - 1$。

其中，d_s、ρ_0、ω_0 分别为土颗粒相对密度、土样的初始密度和土样的初始含水量，它们可根据室内试验测定。

2. 试验成果

只要测定土样在各级荷载 p 作用下的稳定压缩量 s，根据式(4－1)即可得到各级荷载 p 下对应的孔隙比 e，从而绘制出压力 p 和孔隙比 e 关系曲线，即压缩曲线。压缩曲线有两种类型：一种是采用直角坐标绘制的土样压缩试验的 $e-p$ 曲线，如图4－4所示；另一种是采用半对数直角坐标绘制的土样压缩试验的 $e-\lg p$ 曲线，如图4－6所示。

三、土的压缩性指标

土的压缩性指标是指由压缩试验得到用来表征土的压缩性高低的指标，主要包括压缩系数、压缩模量、压缩指数等。

1. 压缩系数 a

如图4－4所示，利用土样压缩试验的 $e-p$ 曲线可以确定压缩系数，用 a 表示。

压缩系数 a 定义为 $e-p$ 曲线某压力段切线或割线的斜率。设压力由 p_1 增至 p_2，相应的孔隙比由 e_1 减小到 e_2，当压力变化范围不大时，可用割线 M_1M_2 的斜率来代替切线的斜率，以割线 M_1M_2 的斜率来表示土在这一段压力范围的压缩性，即：

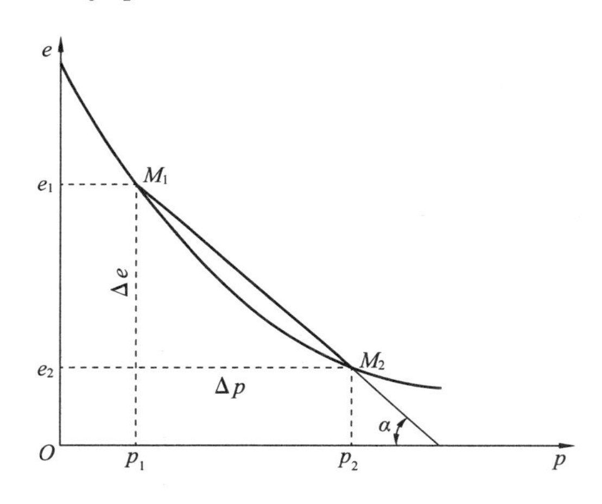

图4－4　$e-p$ 曲线确定压缩系数

$$a = \tan\alpha = -\frac{\Delta e}{\Delta p} = \frac{e_1 - e_2}{p_2 - p_1} \tag{4-2}$$

式中　a——压缩系数，MPa^{-1} 或 kPa^{-1}；

p_1、p_2——压缩曲线上任意两点的应力，$p_2 \geqslant p_1$，kPa；

e_1、e_2——压缩曲线上相应于 p_1、p_2 作用下压缩稳定后的孔隙比。

压缩系数 a 值与土所受的荷载大小有关。在一定压力范围内，压缩系数 a 愈大，土的压缩性愈高。压力段不同，压缩系数的大小不同。在工程中一般采用经常出现的100~200kPa压力区间内对应的压缩系数 a_{1-2} 来评价土的压缩性，如表4-1所示。

表4-1 土的压缩性评价

压缩系数 a_{1-2}	土的压缩性评价
$a_{1-2}<0.1\text{MPa}^{-1}$	低压缩性土
$0.1\ \text{MPa}^{-1}\leqslant a_{1-2}<0.5\text{MPa}^{-1}$	中压缩性土
$a_{1-2}>0.5\text{MPa}^{-1}$	高压缩性土

2. 压缩模量 E_s

根据 $e-p$ 曲线，可以得到另一个重要的侧限压缩指标即侧限压缩模量，简称压缩模量，用 E_s 来表示。其定义为土在完全侧限的条件下竖向应力增量 Δp（如从 p_1 增至 p_2）与相应的应变增量 $\Delta\varepsilon$ 的比值，即

$$E_s=\frac{\Delta p}{\Delta\varepsilon}=\frac{\Delta p}{s/H_1} \tag{4-3}$$

式中 E_s——侧限压缩模量，MPa；

s——土样压缩稳定后的变形量，mm或cm；

H_1——p_1作用下的土样高度，mm或cm；

Δp——竖向应力增量，kPa或MPa，$\Delta p=p_2-p_1=\sigma_z$。

如图4-5所示，试验时土样无侧向变形，即受压前后横截面积不变，则土样变形量 s 可用相应的孔隙比的变化 $\Delta e=e_1-e_2$ 来表示，即

$$\frac{1+e_1}{H_1}=\frac{1+e_2}{H_2}=\frac{1+e_2}{H_1-s}$$

$$s=\frac{e_1-e_2}{1+e_1}H_1=\frac{\Delta e}{1+e_1}H_1 \tag{4-4}$$

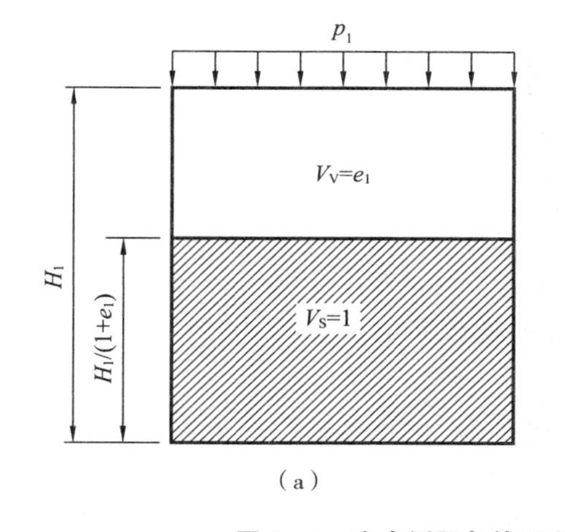

（a）

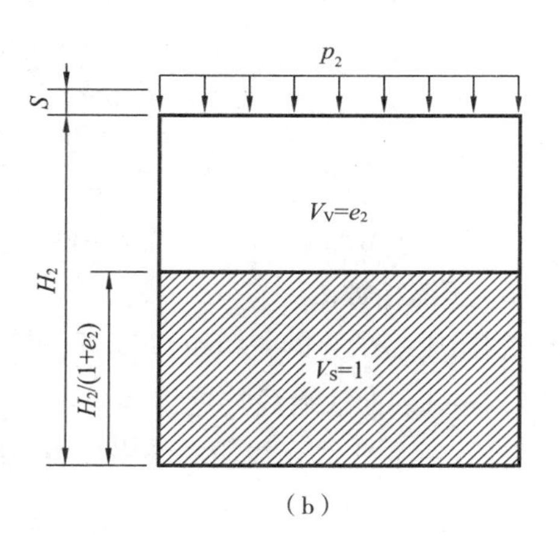

（b）

图4-5 完全侧限条件下土样高度与孔隙比变化的关系

根据压缩系数 a 的定义，还可推导出压缩系数 a 与压缩模量 E_s 之间的关系为

$$E_s = \frac{\Delta p}{s/H_1} = \frac{\Delta p}{\Delta e/1 + e_1} = \frac{1 + e_1}{a} \tag{4-5}$$

同压缩系数 a 一样，压缩模量 E_s 也不是常数，而是随着压力大小而变化的。因此，在运用到沉降计算中时，比较合理的做法是根据实际竖向应力的大小在压缩曲线上取相应的孔隙比计算这些指标。

压缩模量 E_s 也可以用来评价土的压缩性。在一定的压力范围内压缩模量 E_s 越小，则说明土的压缩性越高。

【例 4-1】 某饱和黏性土样进行室内压缩试验，已知土样的原始高度 $H_0 = 20\text{mm}$，初始孔隙比 $e_0 = 0.58$，当压力由 $p_1 = 100\text{kPa}$ 增加到 $p_2 = 200\text{kPa}$ 时，土样变形稳定后的高度相应由 19.3mm 减小为 18.8mm，试计算：

(1)与 p_1 及 p_2 相对应的孔隙比 e_1 及 e_2；

(2)该土样的压缩系数 a_{1-2} 与压缩模量 E_{s1-2}，并评价该土的压缩性。

解：(1)计算孔隙比 e_1 及 e_2

$p_1 = 100\text{kPa}$ 时，土样变形稳定后的高度：$H_1 = 19.3\text{mm}$，则土样变形稳定后的压缩量：$s_1 = H_0 - H_1 = 20 - 19.3 = 0.7\text{mm}$，相应的孔隙比 e_1 由式(4-1)计算，则

$$e_1 = e_0 - \frac{s_1}{H_0}(1 + e_0) = 0.58 - \frac{0.7}{20} \times (1 + 0.58) = 0.525$$

同样，当 $p_2 = 200\text{kPa}$ 时，土样变形稳定后的高度：$H_2 = 18.8\text{mm}$，则土样变形稳定后的压缩量：$s_2 = H_0 - H_2 = 20 - 18.8 = 1.2\text{mm}$，相应的孔隙比 e_2 为

$$e_2 = e_0 - \frac{s_2}{H_0}(1 + e_0) = 0.58 - \frac{1.2}{20} \times (1 + 0.58) = 0.485$$

(2)计算压缩系数 a_{1-2} 并评价该土的压缩性

由式(4-2)可知：$a_{1-2} = \dfrac{e_1 - e_2}{p_2 - p_1}$

式中，取 $p_1 = 100\text{kPa}$，$p_2 = 200\text{kPa}$，则

$$a_{1-2} = \frac{e_1 - e_2}{p_2 - p_1} = \frac{0.525 - 0.485}{200 - 100} = 0.4\text{MPa}^{-1}$$

由式(4-5)得

$$E_{s1-2} = \frac{1 + e_1}{a_{1-2}} = \frac{1 + 0.525}{0.4} = 3.8\text{MPa}$$

由于 $0.1\ \text{MPa}^{-1} < a_{1-2} = 0.4\ \text{MPa}^{-1} < 0.5\ \text{MPa}^{-1}$，故该土属于中等压缩性土。

3. 压缩指数 C_c

利用压缩试验的 $e - \lg p$ 曲线可以确定压缩指数 C_c，如图 4-6 所示，当压力较大时，$e - \lg p$ 曲线后段接近直线。

将 $e - \lg p$ 曲线直线段的斜率称为压缩指数，用 C_c 来表示，定义式

$$C_c = \frac{e_1 - e_2}{\lg p_2 - \lg p_1} = \frac{e_1 - e_2}{\lg(p_2/p_1)} \tag{4-6}$$

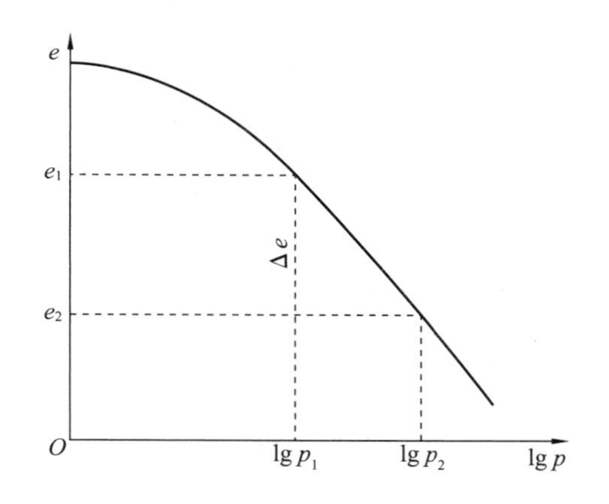

图 4-6　$e-\lg p$ 曲线确定压缩指数

式中，C_c 为压缩指数，无量纲；其他符号意义同前。

压缩指数 C_c 与压缩系数 a 不同，它在压力较大时为常数，不随压力变化而变化。C_c 值越大，土的压缩性越高。低压缩性土的 C_c 一般小于0.2，高压缩性土的 C_c 值一般大于0.4。

4. 回弹曲线、再压缩曲线与回弹指数 C_e

如前所述，常规的压缩曲线是在试验中连续递增加压获得的，在室内压缩试验过程中，如加压到某值 p_i 后不再加压[相应于图4-7(a)中 $e-p$ 压缩曲线 ab 段的 b 点]，而是逐级进行卸载直至零，可观察到土样的回弹，测得各卸载等级下土样回弹稳定后土样高度，进而换算得到相应的孔隙比，即可绘制出卸载阶段相应的孔隙比与压力的关系曲线，如图中的 bc 曲线，称为回弹曲线(或膨胀曲线)。

不同于一般的弹性材料，土的回弹曲线与初始加载的曲线 ab 不重合，卸载至零时，土样的孔隙比没有恢复到初始压力为零时的孔隙比 e_0。这表明土中残留了一部分压缩变形，称为残余变形。恢复了一部分压缩变形，称为弹性变形，即土的压缩变形是由弹性变形和残余变形两部分组成的。若接着重新逐级加压，则可测得土样在各级荷载作用下再压缩稳定后的孔隙比，相应地可绘制出再压缩曲线，如图4-7(a)中 cdf 曲线所示。可以看出，df 段像是 ab 段的延续，犹如其间没有经过卸载和再压缩的过程一样。在半对数压缩曲线上，即如图4-7(b)所示 $e-\lg p$ 曲线，也同样可以看到这种现象。

利用回弹-再压缩的 $e-\lg p$ 曲线可以定义回弹指数或再压缩指数，即回弹-再压缩的 $e-\lg p$ 曲线卸载段和再压缩段的平均斜率称为回弹指数或再压缩指数，用 C_e 表示。通常 $C_e \ll C_c$，一般黏性土的 $C_e \approx (0.1 \sim 0.2)C_c$。

研究土的回弹-再压缩的 $e-\lg p$ 曲线与确定回弹指数 C_e，对分析地基土应力历史对压缩变形的影响十分重要。

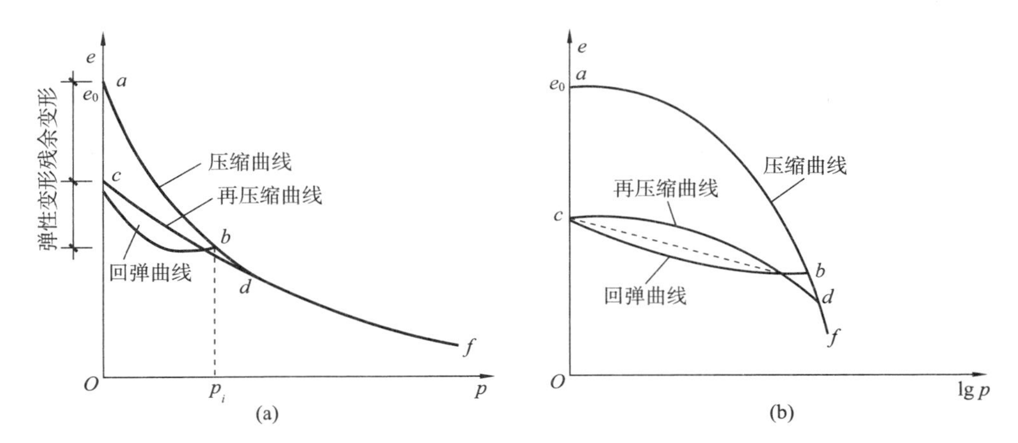

图4－7　土的回弹曲线和再压缩曲线

第三节　地基最终变形量计算

地基最终变形量是指地基在建筑物等外荷载作用下达到压缩稳定时的变形量，完全稳定后的地基变形量对于土木工程建筑的设计与施工具有重要意义。本节主要介绍常用的以土的压缩性为基础计算地基最终变形量的方法。

一、分层总和法

分层总和法是将基础底面下一定深度范围内的受压地基土层分成若干薄层，分别计算各薄层压缩量，然后叠加计算地基最终沉降量的方法。

1. 假定条件

分层总和法的基本假定：

(1)地基为均匀、连续半无限弹性体；

(2)地基土仅发生竖向压缩变形而无侧向变形，采用完全侧限条件下的压缩性指标计算沉降量；

(3)采用基础中心点下的地基附加应力计算地基沉降量；

(4)地基变形发生在基底下一定深度范围内，该深度以下土层的沉降量小到可以忽略不计。

2. 计算原理与公式

如图4－8所示，若在基底中心下取一截面为A的小土柱，土柱上作用有自重应力和附加应力。取基础底面下第i层土为研究对象，假定第i层土柱在压力p_{1i}(相当于自重应力)作用下，压缩稳定后的孔隙比为e_{1i}，土柱高度为H_i；当压力增大至p_{2i}(相当于自重应力与附加应力之和)时，压缩稳定后孔隙比为e_{2i}。按式(4－4)可求得该土柱中第i层的压缩变形量s_i。

$$s_i = \frac{e_{1i} - e_{2i}}{1 + e_{1i}} H_i$$

将求得的各土层的变形量叠加后可得到该土柱即其代表的地基最终沉降量 s。

$$s = \sum_{i=1}^{n} s_i = \sum_{i=1}^{n} \frac{e_{1i} - e_{2i}}{1 + e_{1i}} H_i \tag{4-7}$$

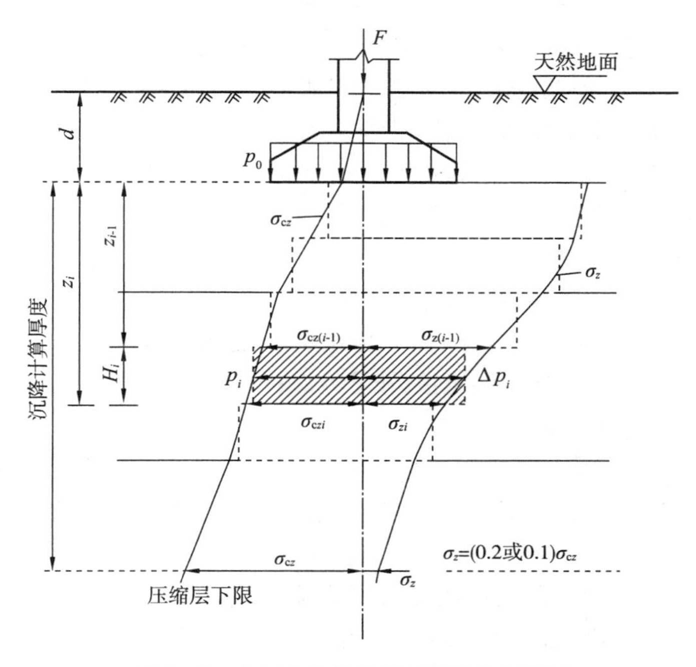

图 4-8　分层总和法计算地基最终沉降量

根据压缩系数 a 的定义及关系式 $E_s = \frac{1 + e_1}{a}$，上式还可写为

$$s = \sum_{i=1}^{n} \frac{a_i}{1 + e_{1i}} (p_{2i} - p_{1i}) H_i = \sum_{i=1}^{n} \frac{a_i}{1 + e_{1i}} \overline{\sigma}_{zi} H_i \tag{4-8}$$

$$s = \sum_{i=1}^{n} \frac{a_i}{1 + e_{1i}} (p_{2i} - p_{1i}) H_i = \sum_{i=1}^{n} \frac{\overline{\sigma}_{zi}}{E_{si}} H_i \tag{4-9}$$

式中　s——地基最终变形量，cm 或 mm；

n——地基沉降计算深度范围内的土层数；

p_{1i}——作用在第 i 层土上的平均自重应力 $\overline{\sigma}_{czi}$，kPa；

p_{2i}——作用在第 i 层土上的平均自重应力 $\overline{\sigma}_{czi}$ 与平均附加应力 $\overline{\sigma}_{zi}$ 之和，kPa；

e_{1i}——依据第 i 层土上、下层面自重应力的平均值 p_{1i} 从土的压缩曲线上得到的孔隙比；

e_{2i}——依据第 i 层土自重应力平均值 p_{1i} 与上、下层面地基附加应力的平均值 Δp_i 之和 p_{2i}，从土的压缩曲线上得到的孔隙比；

a_i——第 i 层土的压缩系数，kPa^{-1}或 MPa^{-1}；

E_{si}——第 i 层土的压缩模量，kPa 或 MPa；

H_i——第 i 层土的厚度，m。

3. 关于沉降计算深度 z_n

沉降计算深度(可压缩层厚度)z_n 是指基础沉降计算中需考虑压缩变形的地基土体的计算深度。沉降计算深度 z_n 采用“应力比法”通过试算确定。计算时需预先假定计算深度，然后比较此深度处的地基附加应力与自重应力，若两者之比满足 $\sigma_z/\sigma_{cz} \leqslant 0.2$，则假定计算深度即沉降计算深度 z_n，否则需继续向下试算直至满足要求为止。对于该深度以下存在高压缩性土，则应取地基附加应力与自重应力之比满足 $\sigma_z/\sigma_{cz} \leqslant 0.1$ 深度处作为沉降计算深度 z_n。

4. 计算步骤

采用分层总和法计算地基沉降量的步骤如下：

(1)地基土分层：即将基础地面下地基土分成若干薄层。分层的方法：天然土层层面及地下水位处应作为土层的分层界面；同时，分层厚度一般在 $0.4b$ 左右(b 为基底宽度)或取 1 ~2m。

(2)计算各分层界面处土层自重应力 σ_{czi}，土层自重应力应从天然地面算起。

(3)计算各分层界面处基底中心下竖向地基附加应力 σ_{zi}，地基附加应力应从基础底面算起。

(4)计算各分层土的平均自重应力和平均附加应力。

(5)确定地基沉降计算深度(z_n)：采用应力比法由试算确定。

(6)计算各分层土的沉降量 s_i：根据已知的地基资料选择计算公式，确定沉降计算深度 z_n 内各分层土的沉降量 s_i。如采用下式计算时

$$s_i = \frac{e_{1i} - e_{2i}}{1 + e_{1i}} H_i$$

式中，e_{1i}为与 p_{1i}对应的孔隙比，从土的压缩曲线上查得，p_{1i}由下式计算：$p_{1i} = \frac{\sigma_{cz(i-1)} + \sigma_{czi}}{2}$；$e_{2i}$为与 $p_{2i} = p_{1i} + \Delta p_i$ 对应的孔隙比，从土的压缩曲线上查得，其中 Δp_i 由下式计算：$\Delta p_i = \frac{\sigma_{z(i-1)} + \sigma_{zi}}{2}$。

计算地基的最终沉降量 s：将各分层土的沉降量 s_i 叠加，即得到：$s = \sum_{i=1}^{n} s_i$ 。

采用分层总和法计算地基沉降量的具体过程详见例 4 -2。

【例 4 -2】 某单独基础埋置深度 $d = 2$m，基础底面尺寸为：4m ×2m，上部结构的荷载 $F = 1168$kPa，地基基础剖面及有关计算指标如图 4 -9 及图 4 -10 所示，试用分层总和法计算地基最终沉降量。

解：

(1)地基分层：黏土与粉质黏土的分界面及地下水位面须作为计算分层面，同

时各分层土厚度均取为 1m。

(2)地基自重应力的计算 σ_{czi}：按 $\sigma_{czi}=\sum\gamma_i h_i$ 分别计算各分层界面处的自重应力，如图 4-9 所示。

0 点：$$\sigma_{cz}=18\times2=36\text{kPa}$$

2 点：$$\sigma_{cz}=36+19.5\times2=75\text{kPa}$$

4 点：$$\sigma_{cz}=75+(19.5-10)\times2=94\text{kPa}$$

各分层界面处自重应力计算结果见表 4-4。

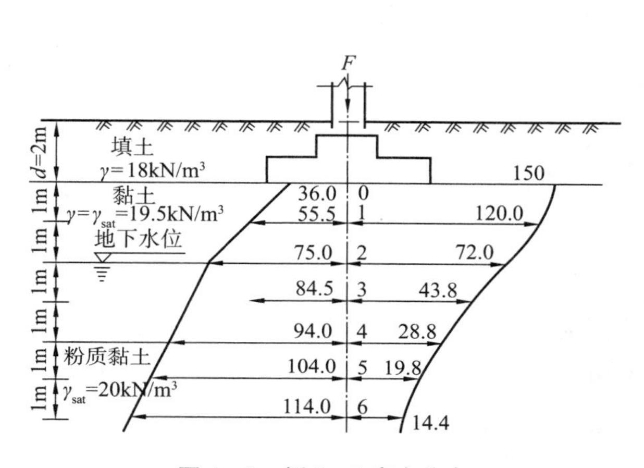

图 4-9 例 4-2 应力分布

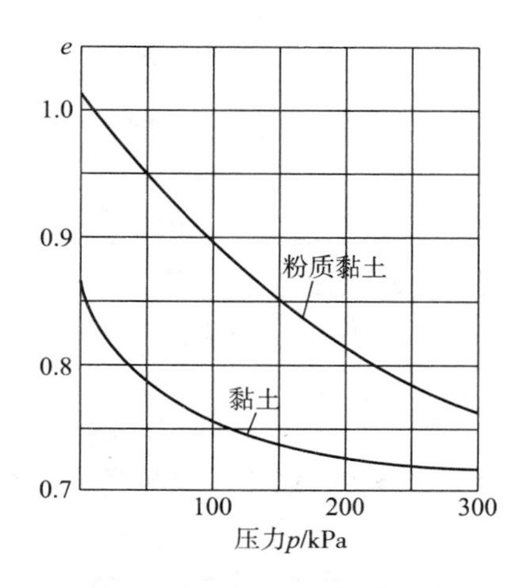

图 4-10 例 4-2 压缩曲线

(3)地基附加应力的计算 σ_{zi}：按第三章的有关方法计算各分层界面处基础中心点下的地基附加应力，结果见表 4-2。

①计算基底附加压力 p_0

$$p_0=\frac{F+\gamma_G\cdot A\cdot d}{A}-\gamma_0 d=150\text{kPa}$$

②计算地基附加应力 σ_{zi}

采用角点法计算各分层界面处基础中心点下的地基附加应力，公式为：$\sigma_z=4\alpha_c p_0$

0 点：已知 $l/b=2/1=2$，$z/b=0/1=0$，查得：$\alpha_c=0.25$

则 $$\sigma_z=4\times0.25\times150=150\text{kPa}$$

2 点：已知 $l/b=2/1=2$，$z/b=2/1=2$，查得：$\alpha_c=0.12$

则 $$\sigma_z=4\times0.12\times150=72\text{kPa}$$

4 点：已知 $l/b=2/1=2$，$z/b=4/1=4$，查得：$\alpha_c=0.048$

则 $$\sigma_z=4\times0.048\times150=28.8\text{kPa}$$

各分层界面处基础中心点下的地基附加应力计算结果见表 4-2。

(4)确定地基沉降计算深度 z_n：一般按 $\sigma_z/\sigma_{cz}\leqslant0.2$ 的要求确定沉降计算深度。

4m 深处：$\sigma_z/\sigma_{cz}=28.8/94=0.3>0.2$，不满足要求；

5m 深处：$\sigma_z/\sigma_{cz}=19.8/104=0.19<0.2$，满足要求。

所以，取地基沉降计算深度 $z_n=5m$。

(5)计算各分层土的变形量 s_i

①计算各分层土平均自重应力与平均地基附加应力

例如，第一层土：

$$p_{1i}=\frac{\sigma_{cz(i-1)}+\sigma_{czi}}{2}=\frac{36+55.5}{2}=46\text{kPa}$$

$$\Delta p_i=\frac{\sigma_{z(i-1)}+\sigma_{zi}}{2}=\frac{150+120}{2}=135\text{kPa}$$

$$p_{2i}=p_{1i}+\Delta p_i=46+135=181\text{kPa}$$

其余各层土计算结果列于表 4－2。

②各层土孔隙比的确定：按各分层 p_{1i} 和 p_{2i} 值从压缩曲线查取 e_{1i}、e_{2i} 如图 4－10 所示，结果如表 4－2 所示。

③各分层土沉降量的计算

第一层土：$$s_i=\frac{e_{1i}-e_{2i}}{1+e_{1i}}H_i=\frac{0.798-0.733}{1+0.798}\times1000=36.2\text{mm}$$

其余各分层土沉降量的计算结果列于表 4－2。

表 4－2　地基最终沉降计算表

土层	点号	深度 z_i/m	自重应力 σ_c/kPa	附加应力 σ_z/kPa	层厚 H_i/mm	平均自重应力/kPa	平均附加应力/kPa	自重应力+附加应力/kPa	受压前孔隙比 e_{1i}	受压后孔隙比 e_{2i}	s_i/mm	s/mm
黏土	0	0	36	150								
	1	1.0	55.5	120	1.0	46	135	181	0.798	0.733	36.2	
	2	2.0	75	72	1.0	65	96	161	0.790	0.739	28.5	
	3	3.0	84.5	43.8	1.0	80	58	138	0.780	0.748	18	
	4	4.0	94	28.8	1.0	89	36	125	0.775	0.750	14.1	
粉质黏土	5	5.0	104	19.8	1.0	99	24	123	0.895	0.870	13.2	110

注：表中所列深度 z_i 为从基础底面起算的计算深度。

(6)地基最终沉降计算

$$s=\sum s_i=\sum\frac{e_{1i}-e_{2i}}{1+e_{1i}}H_i=36.2+28.5+18+14.1+13.2=110\ (\text{mm})$$

二、应力面积法(规范法)

应力面积法是《建筑地基基础设计规范》(GB 50007—2011)提出的地基变形(沉

降）计算方法，也称为简化的分层总和法。它沿用了分层总和法分层计算地基变形（沉降）量的基本原理，引入了应力面积的概念、采用了平均附加应力系数 $\overline{\alpha}$ 推导变形（沉降）量计算的基本公式，在总结大量工程实践经验的前提下，重新规定了确定地基沉降计算深度（z_n）的标准及采用了地基沉降计算经验系数 ψ_s。

1. 计算原理与公式

如图 4－11 所示，若基底以下 $z_{i-1} \sim z_i$ 深度范围第 i 层土的压缩模量为 E_{si}（假设压缩模量 E_{si} 不随深度变化），则根据式（4－9）计算地基附加应力作用下第 i 层土的变形（沉降）量为

$$s_i' = \frac{\overline{\sigma}_{zi}}{E_{si}} H_i$$

式中，$\overline{\sigma}_{zi} H_i$ 为第 i 层土地基附加应力曲线所包围的面积（图 4－11 中阴影部分），用符号 A_{3456} 所示。

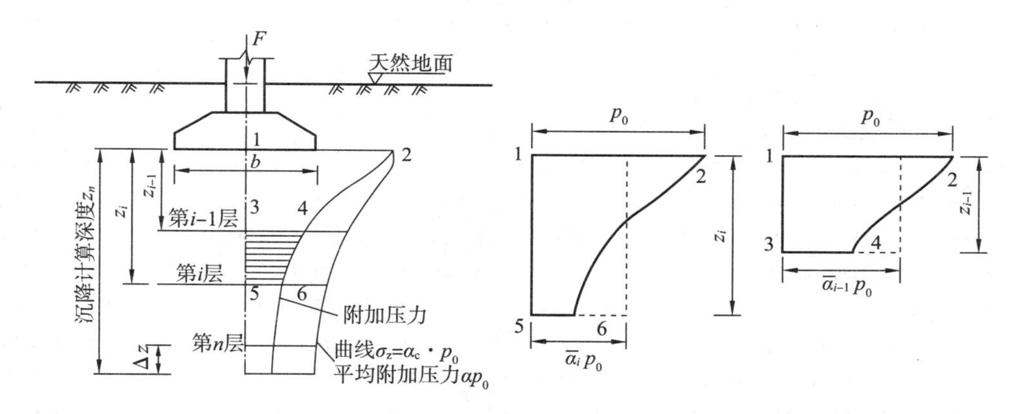

图 4－11　应力面积法计算地基最终沉降量

如图 4－11 所示，第 i 层土地基附加应力面积：$A_{3456} = A_{1234} - A_{1256}$，而应力面积：$A = \int_0^z \sigma_z \mathrm{d}z = \int_0^z \alpha_c p_0 \mathrm{d}z$，因此

$$s_i' = \frac{1}{E_{si}}\left(\int_0^{z_i} \sigma_z \mathrm{d}z - \int_0^{z_{i-1}} \sigma_z \mathrm{d}z\right)$$

为便于计算，引入平均附加应力系数 $\overline{\alpha}$，则

$$A_{1234} = \overline{\alpha}_i p_0 z_i = A_i，即：\overline{\alpha}_i = \frac{A_{1256}}{p_0 z_i} = \frac{A_i}{p_0 z_i}$$

$$A_{1256} = \overline{\alpha}_{i-1} p_0 z_{i-1} = A_{i-1}，即：\overline{\alpha}_{i-1} = \frac{A_{1256}}{p_0 z_{i-1}} = \frac{A_{i-1}}{p_0 z_{i-1}}$$

所以，$s' = \sum_{i=1}^{n} \frac{A_{1234} - A_{1256}}{E_{si}} = \sum_{i=1}^{n} \frac{A_i - A_{i-1}}{E_{si}} = \sum_{i=1}^{n} \frac{\Delta A_i}{E_{si}}$，即

$$s' = \sum_{i=1}^{n} \frac{p_0}{E_{si}} (\overline{\alpha}_i z_i - \overline{\alpha}_{i-1} z_{i-1}) \tag{4-10}$$

式中　n——地基变形(沉降)计算深度范围内所划分的土层数;

p_0——基底附加压力，kPa;

E_{si}——基础底面下第 i 层土的压缩模量，应取土的自重压力至土的自重压力与附加压力之和的压力范围计算，kPa 或 MPa;

z_i、z_{i-1}——基础底面至第 i 层和第 $i-1$ 层土底面的距离，m;

$\overline{\alpha}_i$、$\overline{\alpha}_{i-1}$——基础底面至第 i 层和第 $i-1$ 层土底面范围内的平均附加应力系数，对于矩形基础受均布荷载作用时角点下平均附加应力系数 $\overline{\alpha}$，按 $\frac{l}{b}$、$\frac{z}{b}$ 从表 4-3 查得；对于条形基础可取 $\frac{l}{b}=10$，查表 4-3。

必须指出，表 4-3 给出的是均布矩形荷载角点下的平均竖向附加应力系数，故非角点下的平均附加应力系数 $\overline{\alpha}$，需采用角点法计算，其方法同土中应力计算。

表 4-3　矩形基础角点平均附加应力系数 $\overline{a}$

$\frac{z}{b}$	$\frac{l}{b}$												
	1.0	1.2	1.4	1.6	1.8	2.0	2.4	2.8	3.2	3.6	4.0	5.0	10.0
0.0	0.2500	0.2500	0.2500	0.2500	0.2500	0.2500	0.2500	0.2500	0.2500	0.2500	0.2500	0.2500	0.2500
0.2	0.2496	0.2497	0.2497	0.2498	0.2498	0.2498	0.2498	0.2498	0.2498	0.2498	0.2498	0.2498	0.2498
0.4	0.2474	0.2479	0.2481	0.2483	0.2483	0.2484	0.2485	0.2485	0.2485	0.2485	0.2485	0.2485	0.2485
0.6	0.2423	0.2437	0.2444	0.2448	0.2451	0.2452	0.2454	0.2455	0.2455	0.2455	0.2455	0.2455	0.2455
0.8	0.2346	0.2472	0.2387	0.2395	0.2400	0.2403	0.2407	0.2408	0.2409	0.2409	0.2410	0.2410	0.2410
1.0	0.2252	0.2291	0.2313	0.2326	0.2335	0.2340	0.2346	0.2349	0.2351	0.2352	0.2352	0.2353	0.2353
1.2	0.2149	0.2199	0.2229	0.2248	0.2260	0.2268	0.2278	0.2282	0.2285	0.2286	0.2287	0.2288	0.2289
1.4	0.2043	0.2102	0.2140	0.2164	0.2190	0.2191	0.2204	0.2211	0.2215	0.2217	0.2218	0.2220	0.2210
1.6	0.1939	0.2006	0.2049	0.2079	0.2099	0.3113	0.2130	0.2138	0.2143	0.2146	0.2148	0.2150	0.2152
1.8	0.1840	0.1912	0.1960	0.1994	0.2018	0.2034	0.2055	0.2066	0.2073	0.2077	0.2079	0.2082	0.2084
2.0	0.1746	0.1822	0.1875	0.1912	0.1938	0.1958	0.1982	0.2996	0.2004	0.2009	0.2012	0.2015	0.2018
2.2	0.1659	0.1737	0.1793	0.1833	0.1862	0.1883	0.1911	0.1927	0.1937	0.1943	0.1947	0.1952	0.1955
2.4	0.1578	0.1657	0.1715	0.1757	0.1789	0.1812	0.1843	0.1862	0.1873	0.1880	0.1885	0.1890	0.1895
2.6	0.1503	0.1583	0.1642	0.1686	0.1719	0.1745	0.1779	0.1799	0.1812	0.1820	0.1825	0.1832	0.1838
2.8	0.1433	0.1514	0.1574	0.1619	0.1654	0.1680	0.1717	0.1739	0.1753	0.1763	0.1769	0.1777	0.1784
3.0	0.1369	0.1449	0.1510	0.1556	0.1592	0.1619	0.1658	0.1682	0.1698	0.1708	0.1715	0.1725	0.1733
3.2	0.1310	0.1390	0.1450	0.1497	0.1533	0.1562	0.1602	0.1628	0.1645	0.1657	0.1664	0.1675	0.1685
3.4	0.1256	0.1334	0.1394	0.1441	0.1478	0.1508	0.1550	0.1577	0.1595	0.1607	0.1616	0.1628	0.1639
3.6	0.1205	0.1282	0.1342	0.1389	0.1427	0.1456	0.1500	0.1528	0.1548	0.1561	0.1570	0.1583	0.1595
3.8	0.1158	0.1234	0.1293	0.1340	0.1378	0.1408	0.1452	0.1482	0.1502	0.1516	0.1526	0.1541	0.1554
4.0	0.1114	0.1189	0.1248	0.1294	0.1332	0.1362	0.1408	0.1438	0.1459	0.1474	0.1485	0.1500	0.1516
4.2	0.1073	0.1147	0.1205	0.1251	0.1289	0.1319	0.1365	0.1396	0.1418	0.1434	0.1445	0.1462	0.1479
4.4	0.1035	0.1007	0.1164	0.1210	0.1248	0.1279	0.1325	0.1357	0.1379	0.1396	0.1407	0.1425	0.1444
4.6	0.1000	0.1070	0.1127	0.1172	0.1209	0.1240	0.1287	0.1319	0.1342	0.1359	0.1371	0.1390	0.1410
4.8	0.0967	0.1036	0.1091	0.1136	0.1173	0.1204	0.1250	0.1283	0.1307	0.1324	0.1337	0.1357	0.1379
5.2	0.0906	0.0972	0.0260	0.1070	0.1106	0.1136	0.1183	0.1217	0.1241	0.1259	0.1273	0.1295	0.1320

表4－3(续)

$\frac{z}{b}$	$\frac{l}{b}$												
	1.0	1.2	1.4	1.6	1.8	2.0	2.4	2.8	3.2	3.6	4.0	5.0	10.0
5.6	0.0852	0.0916	0.0968	0.1010	0.1046	0.1076	0.1122	0.1156	0.1181	0.1200	0.1215	0.1238	0.1266
6.4	0.0762	0.0820	0.0869	0.0909	0.0942	0.0971	0.1016	0.1050	0.1076	0.1096	0.1111	0.1137	0.1171
7.2	0.0688	0.0742	0.0787	0.0825	0.0857	0.0884	0.0928	0.0962	0.0987	0.1008	0.1023	0.1051	0.1090
8.0	0.0627	0.0678	0.0720	0.0755	0.0785	0.0811	0.0853	0.0886	0.0912	0.0932	0.0948	0.0976	0.1020
8.8	0.0576	0.0623	0.0663	0.0696	0.0724	0.0749	0.0790	0.0821	0.0846	0.0866	0.0882	0.0912	0.0959
9.6	0.0533	0.0577	0.0614	0.0645	0.0672	0.0696	0.0734	0.0765	0.0789	0.0809	0.0825	0.0855	0.0905
10.4	0.0496	0.0537	0.0572	0.0601	0.0627	0.0649	0.0686	0.0716	0.0739	0.0759	0.0775	0.0804	0.0857
11.2	0.0463	0.0502	0.0535	0.0563	0.0587	0.0609	0.0644	0.0672	0.0695	0.0714	0.0730	0.0759	0.0813
12.0	0.0435	0.0471	0.0502	0.0529	0.0552	0.0573	0.0606	0.0634	0.0656	0.0674	0.0690	0.0719	0.0774
12.8	0.0409	0.0444	0.0474	0.0499	0.0521	0.0541	0.0573	0.0599	0.0621	0.0639	0.0654	0.0682	0.0739
13.6	0.0387	0.0420	0.0448	0.0472	0.0493	0.0512	0.0543	0.0568	0.0589	0.0607	0.0621	0.0649	0.0707
14.4	0.0367	0.0398	0.0425	0.0448	0.0468	0.0486	0.0516	0.0540	0.0561	0.0577	0.0592	0.0619	0.0677
16.0	0.0332	0.0361	0.0385	0.0407	0.0425	0.0442	0.0469	0.0492	0.0511	0.0527	0.0540	0.0567	0.0625
18.0	0.0297	0.0323	0.0345	0.0364	0.0381	0.0396	0.0422	0.0442	0.0460	0.0475	0.0487	0.0512	0.0570
20.0	0.0269	0.0292	0.0312	0.0330	0.0345	0.0359	0.0383	0.0402	0.0418	0.0432	0.0444	0.0468	0.0524

注：1. l 为基础长度，b 为基础宽度，z 为计算点离基础底面的垂直距离，均以米(m)为单位；

2. 关于沉降计算经验系数 ψ_s。

由于 s' 计算公式推导作了近似假定，难以综合反映某些复杂因素的影响。将计算结果与大量变形(沉降)观测资料结果比较发现：低压缩性的地基土，s' 计算值偏大；反之，高压缩性地基土，s' 计算值偏小。为此，应引入沉降计算经验系数 ψ_s，对式(4－10)进行修正，即

$$s = \psi_s s' = \psi_s \sum_{i=1}^{n} \frac{p_0}{E_{si}} (\bar{\alpha}_i z_i - \bar{\alpha}_{i-1} z_{i-1}) \tag{4-11}$$

式中　s—地基最终变形(沉降)量，cm 或 mm；

ψ_s—沉降计算经验系数，根据地区沉降观测资料及经验确定，无地区经验时，也可按表4－4取用。

表4－4　沉降计算经验系数 ψ_s

$\bar{E}_s$/MPa		2.5	4.0	7.0	15.0	20.0
基底附加压力	$p_0 \geqslant f_{ak}$	1.4	1.3	1.0	0.4	0.2
	$p_0 \leqslant 0.75 f_{ak}$	1.1	1.0	0.7	0.4	0.2

注：f_{ak} 为地基承载力的特征值。

表4－4中 $\bar{E}_s$ 为沉降计算深度范围内压缩模量的当量值，由式(4－12)计算

$$\overline{E}_s = \frac{\sum A_i}{\sum \frac{A_i}{E_{si}}} \tag{4-12}$$

式中，A_i 为第 i 层土附加应力系数沿土层厚度的积分值。

2. 关于沉降计算深度 z_n

《建筑地基基础设计规范》(GB 50007—2011)规定：应力面积法的沉降计算深度 z_n 采用“变形比法”通过试算确定。具体方法如下：

如图 4-11 所示，由假定的沉降计算深度向上取按表 4-5 规定的计算厚度 Δz，计算 Δz 厚度范围的变形量 $\Delta s_n'$，此变形量应满足下式要求：

$$\Delta s_n' \leqslant 0.025 \sum_{i=1}^{n} \Delta s_i' \tag{4-13}$$

式中 $\Delta s_i'$——在计算深度范围内，第 i 层土的计算变形值，mm；

$\Delta s_n'$——在由计算深度向上取厚度为 Δz 的土层计算变形值，mm。

表 4-5 Δz 值

b/m	$b \leqslant 2$	$2 < b \leqslant 4$	$4 < b \leqslant 8$	$b > 8$
Δz/m	0.3	0.6	0.8	1.0

实际工程中确定沉降计算深度 z_n 应注意如下问题：

①如确定的沉降计算深度下部仍有较软弱土层时，应继续往下进行计算，直到满足式(4-13)为止。

②当无相邻荷载影响，基础宽度在 1～30m 范围内时，地基沉降计算深度也可按简化式(4-14)计算。

$$z_n = b(2.5 - 0.4\ln b) \tag{4-14}$$

式中，b 为基础宽度，m。

③在沉降计算深度 z_n 范围内存在基岩时，z_n 取至基岩表面。

3. 计算步骤

采用应力面积法计算地基变形(沉降)量的步骤如下：

(1)地基土分层：仅取天然土层层面及地下水位处作为土层的分层界面；

(2)计算基底附加压力 p_0：按公式 $p_0 = \frac{F + \gamma_G Ad}{A} - \gamma_0 d$ 计算；

(3)计算各分层土的变形(沉降)量 s_i'；

①预估沉降计算深度 z_n：根据地基条件先假定沉降计算深度或按式(4-14)估算；

②计算各分层土的变形(沉降)量 s_i'：按公式 $s_i' = \frac{p_0}{E_{si}}(\overline{\alpha_i} z_i - \overline{\alpha_{i-1}} z_{i-1})$ 计算；

(4)确定地基沉降计算深度 z_n：如前所述采用“变形比”法确定，即要求满足：

$$\Delta s'_n \leqslant 0.025 \sum_{i=1}^{n} \Delta s'_i$$

(5)确定沉降计算经验系数 ψ_s：

①计算深度范围内压缩模量的当量值 $\overline{E}_s$：按公式(4－12)计算可得；

②确定沉降计算经验系数 ψ_s：依据沉降计算深度范围内压缩模量的当量值 $\overline{E}_s$，由表4－4 查取；

(6)计算地基的最终变形(沉降)量 s：将各分层土的沉降量叠加，即

$$s = \psi_s \sum s'_i = \psi_s s'$$

采用应力面积法计算地基变形(沉降)的具体过程详见例题4－3。

【例4－3】 某柱基础已知荷载 $F = 1176\text{kN}$，基础底面尺寸：4m×2m，基础埋深 $d = 1.5\text{m}$，地基基础剖面如图4－12 所示，试用“应力面积法”计算地基的最终变形(沉降)量。(设 $p_0 = f_{ak}$)

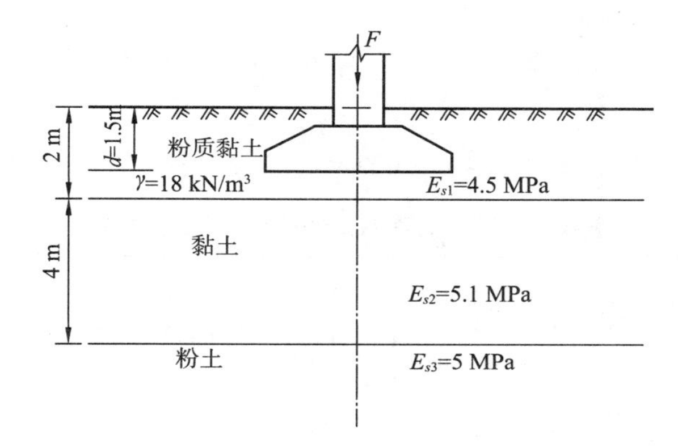

图4－12　例题4－3 示意图

解：

(1)地基分层：按地基土层的天然分层暂将地基土层分三层，即粉质黏土层、黏土层、粉土层。

(2)计算基底附加压力 p_0

$$p_0 = \frac{F+G}{A} - \gamma_0 d = \frac{1176 + 20 \times 4 \times 2 \times 1.5}{4 \times 2} - 18 \times 1.5 = 150\text{kPa}$$

(3)计算各分层土的变形(沉降)量 s'_i

①预估沉降计算深度 z_n。因为不存在相邻荷载的影响，故可按式(4－14)估算。

$$z_n = b(2.5 - 0.4\ln b) = 2 \times (2.5 - 0.4\ln 2) \approx 4.5\text{m}$$

按该深度，沉降量计算至黏土层底面。

②各分层土的变形(沉降)量 s'_i：按公式 $s'_i = \dfrac{p_0}{E_{si}}(\overline{\alpha_i} z_i - \overline{\alpha_{i-1}} z_{i-1})$ 计算

使用表4－3 确定平均附加应力系数 $\overline{\alpha}$ 时，因为需计算基础中心点下的沉降量，

因此查表时要应用“角点法”，即将基础分为四块相同的小面积，按 $l/b=\frac{l/2}{b/2}$ 与 $z/b=\frac{z}{b/2}$ 查表，查得的平均附加应力系数应乘以 4。

对于基础底面下第一层粉质黏土层：$z_1=0.5\text{m}$，$z_0=0$

$\frac{l}{b}=\frac{2}{1}=2$，$\frac{z_1}{b}=\frac{0.5}{1}=0.5$，得 $\bar{\alpha}_1=4\times0.2468=0.9872$

$\frac{l}{b}=\frac{2}{1}=2$，$\frac{z_0}{b}=\frac{0}{1}=0$，得 $\bar{\alpha}_0=4\times0.25=1.0$

所以，粉质黏土层变形（沉降）量

$$s'_1=\frac{p_0}{E_{s1}}(\bar{\alpha}_1z_1-\bar{\alpha}_0z_0)=\frac{150}{4.5\times10^3}(4\times0.2468\times0.5-4\times0.25\times0)=16.45\text{mm}$$

其他各分层土的变形（沉降）量计算，如表 4－6 所示。

（4）确定沉降计算深度 z_n

根据规范规定，由 $b=2\text{m}$ 从表 4－5 查出：$\Delta z=0.3\text{m}$，计算出：$\Delta s'_n=1.53\text{mm}$，如表 4－6 所示。

比较：$\Delta s'_n/\sum s'_i=1.53/68.64=0.022\leqslant0.025$，表明所取 $z_n=4.5\text{m}$ 符合要求。

表 4－6　用应力面积法计算地基最终沉降量

点号	z_i/m	$\frac{l}{b}$	$\frac{z}{b}$	$\bar{\alpha}_i$	$z_i\bar{\alpha}_i$ mm	$z_i\bar{\alpha}_i-z_{i-1}\bar{\alpha}_{i-1}$ mm	s'_i mm	$s'=\sum s'_i$ mm	$\Delta s'_n/s'$ $\leqslant0.025$
0	0	$\frac{4.0/2}{2.0/2}=2$	0	$4\times0.2500=1.000$	0				
1	0.5		0.5	$4\times0.2468=0.9872$	493.60	493.60	16.45		
2	4.2		4.2	$4\times0.1319=0.5276$	2215.92	1722.32	50.66		
3	4.5		4.5	$4\times0.1260=0.5040$	2268.00	52.0	1.53	68.64	0.022

（5）确定沉降经验系数 ψ_s

①计算沉降计算深度范围内压缩模量的当量值 $\bar{E}_s$ 值

$$\bar{E}_s=\frac{\sum A_i}{\sum\frac{A_i}{E_{si}}}=\frac{\sum\limits_{i=1}^{n}p_0(z_i\bar{\alpha}_n-z_{i-1}\bar{\alpha}_{i-1})}{\sum\limits_{i=1}^{n}\frac{p_0(z_i\bar{\alpha}_n-z_{i-1}\bar{\alpha}_{i-1})}{E_{si}}}=\frac{p_0(493.60+1722.32+520)}{p_0\left(\frac{493.60}{4.5}+\frac{1722.32}{5.1}+\frac{52.0}{5}\right)}$$

$$=4.95\approx5\ (\text{MPa})$$

②确定 ψ_s 值，由 $p_0=f_{ak}$，按表 4－4 内插求得：$\psi_s=1.2$

(6)计算地基最终变形(沉降)量 s：将各分层土的沉降量叠加，即

$$s=\psi_s\sum s_i'=\psi_s s'=1.2\times 68.64=82.4(\mathrm{mm})$$

三、应力历史对地基变形(沉降)的影响

所谓应力历史是指土层在形成和经历的地质历史发展过程中所经受的应力变化的历史，其中土层的先期固结压力对土层变形与强度性质影响较大。

1. 先期固结压力

土层在历史上所曾经承受过的最大固结压力(即最大竖向有效应力)，称为先期固结压力，用 p_c 表示。目前，先期固结压力 p_c 通常是根据室内压缩试验获得的 $e-\lg p$ 曲线来确定，较简便明了的方法是卡萨格兰德(A. Cassagrande)在 1936 年提出的经验作图法，确定方法如下(见图 4-13)：

(1)在 $e-\lg p$ 曲线拐弯处找出曲率半径最小的点 A，过 A 点作水平线 A_1 和切线 A_2。

(2)作 $\angle A_1A_2$ 的平分线 A_3，与 $e-\lg p$ 曲线直线段的延长线交于 B 点。

(3)B 点所对应的有效应力即为先期固结压力。

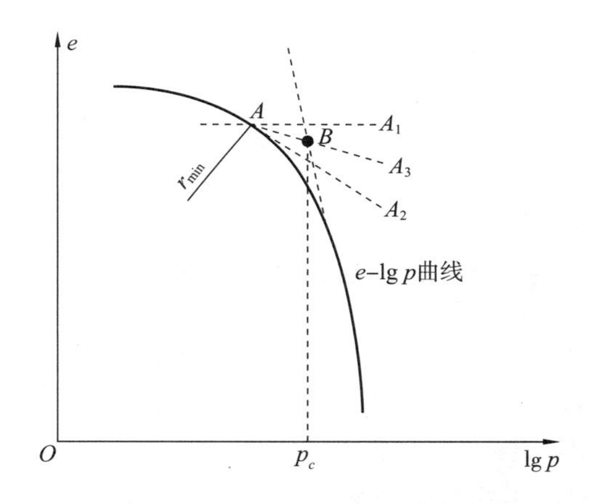

图 4-13　确定先期固结压力的卡萨格兰德经验作图法

必须指出，采用这种简易的经验作图法，要求试验取土质量较高，绘制 $e-\lg p$ 曲线时还应注意选用合适的比例，否则，很难找到曲率半径最小的点 A，也很难确定先期固结压力。

另外，某些结构性强的土，其室内 $e-\lg p$ 曲线也会有曲率突变的 B 点，但不是由于先期固结压力所致，而是结构强度的一种反映。这时 B 点并不代表先期固结压力，而是土的结构强度，当然土的结构强度主要与先期固结压力有关。因此，先期固结压力还应结合现场的调查资料综合分析确定。

2. 土的固结状态

工程中根据先期固结压力与当前自重应力的相对关系，将土层的天然固结状态划分为三种，即正常固结、超固结和欠固结。用超固结比 OCR 作为反映土层天然固

结状态的定量指标

$$\mathrm{OCR}=\frac{p_c}{p_0} \tag{4-15}$$

式中，p_0 为土层目前的自重应力，kPa。

天然土层按如下方法划分为正常固结土、超固结土和欠固结土：

正常固结土：　$p_c = p_0$　　OCR = 1.0

超固结土：　$p_c > p_0$　　OCR > 1.0

欠固结土：　$p_c < p_0$　　OCR < 1.0

如图4-14(a)所示，*A* 类土是正常固结土。*A* 类覆盖土层是逐渐沉积到现在地面的，由于经历了漫长的地质年代，在土的自重作用下已经达到固结稳定状态，其先期固结压力 p_c 等于目前覆盖土自重应力 $p_0=\gamma h$（γ 为均质土的天然重度，h 为现在地面下的计算点深度）。

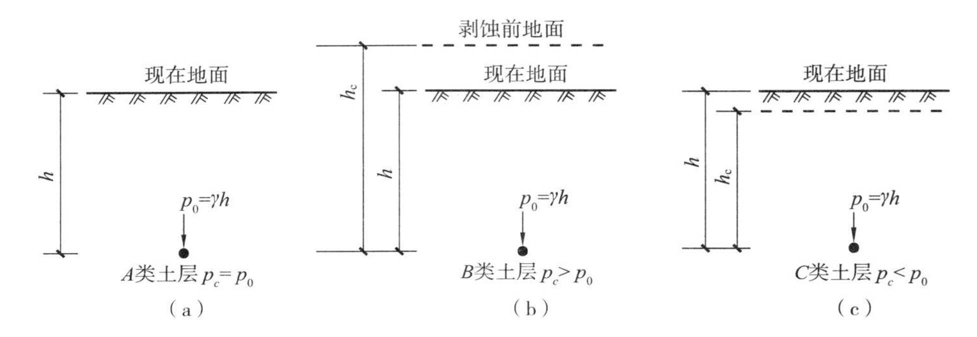

图4-14　沉积土层按先期固结压力 p_c 分类

如图4-14(b)所示，*B* 类土是超固结土。*B* 类覆盖土层在历史上本是相当厚的覆盖沉积层，在土的自重作用下也已达到稳定状态，图中虚线表示当时沉积层的地表，后来由于流水或冰川等的剥蚀作用而形成现在的地表，先期固结压为 $p_c=\gamma h_c$（h_c 为剥蚀前地面下的计算点深度）超过了目前的土自重应力 p_0，其OCR值越大就表示超固结作用越大。

如图4-14(c)所示，*C* 类土是欠固结土。*C* 类土层也和 *A* 类土层一样是逐渐沉积到现在地面的，但不同的是没有达到固结稳定状态。如新近沉积黏性土、人工填土等，由于沉积后历经时间不长，其自重固结作用未完成，图中虚线表示将来固结完毕后的地表，因此 p_c（这里 $p_c=\gamma h_c$，h_c 代表固结完毕后地面下的计算点深度）还小于目前土的自重应力 p_0。

3. 室内压缩曲线与原位压缩曲线

原位压缩曲线也称为现场原始压缩曲线，是指现场土层在其沉积过程中受上覆土重作用的原始压缩曲线。由于目前钻探取样的技术条件不够理想，土样取出地面后应力的释放、室内试验时切土等人工扰动等因素的影响，室内的压缩曲线已经不能代表地基中原位土层承受荷载后的 $e-p$ 关系。因此，必须对室内侧限压缩试验得到的压缩曲线进行修正，以得到尽量符合现场土实际压缩性的原位压缩曲线，更好地用于地基沉降的计算。

（1）正常固结土

如图 4－15（a）所示，假定土样取出后体积保持不变，则试验室测定的初始孔隙比 e_0 就代表取土深度处土的天然孔隙比，由于是正常固结土先期固结压力 p_c 等于取土深度处土的自重应力 p_0。所以，图 4－15（a）中 $E(e_0, p_0)$ 点反映了原位土的一个应力－孔隙比状态。此外，根据许多室内压缩试验，若将土样加以不同程度的扰动，所得出的不同的室内压缩 $e-\lg p$ 曲线的直线段，都大致交于 $e=0.42e_0$ 点。这说明对经受过较高压力、压密程度已经很高的土样，此时起始的各种不同程度的扰动对土的压缩性影响已没什么区别了，由此可推测原位压缩曲线也大致交于此点。因此，室内压缩曲线上的 D 点也表示原位土的一个应力－孔隙比状态。

连接点 E、D 的直线就是原位压缩曲线，其斜率 C_{cf}（区别于室内压缩试验得到的 C_c）就是原位土的压缩指数。

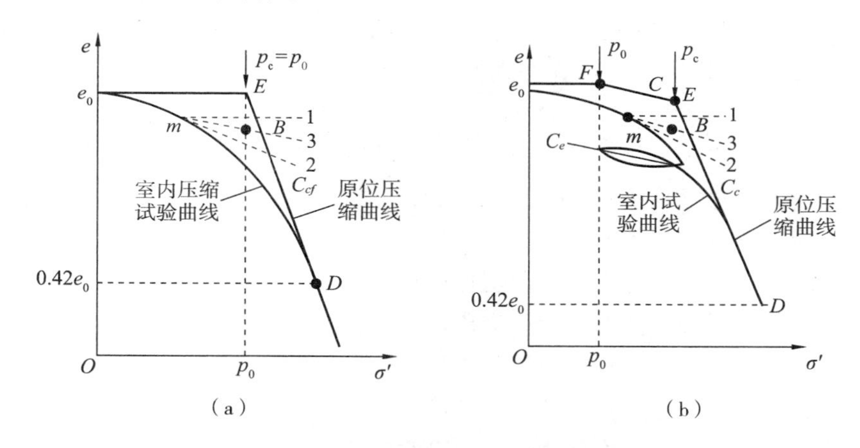

图 4－15　原位压缩曲线与原位再压缩曲线

（2）超固结土

对于超固结土确定原位压缩曲线时，在进行室内压缩试验过程中，当压力进入到 $e-\lg p$ 曲线的直线段时，需进行卸载回弹和再压缩循环试验，滞回圈的平均斜率即再压缩指数 C_e，如图 4－15（b）所示。

同样，室内测定的初始孔隙比 e_0 假定为自重应力作用下的孔隙比，因此点 $F(e_0、p_0)$ 代表取土深度处的应力－孔隙比状态，由于超固结土的前期固结压力大于当前取土点的土自重应力 p_0，在压力从 p_0 到 p_c 的过程中，原位土的变形特性必然具有再压缩的特性。因此，过点 F 作一斜率为室内回弹再压缩曲线的平均斜率的直线，交先期固结压力的作用线于点 E，当应力增加到先期固结压力以后，土样才进入正常固结状态，这样在室内压缩曲线上取孔隙比等于 $0.42e_0$ 的点 D。FE 为原位再压缩曲线，ED 为原位压缩曲线，相应地 FE 直线段的斜率 C_e 也称为原位回弹指数，ED 直线段的斜率 C_{cf} 为原位压缩指数。

必须指出，在上述分析中，将室内压缩试验得到的孔隙比 e_0 作为原位土体的孔隙比是不准确的，因为土样取出后由于应力释放，土样要发生回弹膨胀，所以试验测得的孔隙比将大于原位土的孔隙比。那么，所谓的原位压缩曲线、原位再压缩曲线并非真正的原位。但真正的原位孔隙比无法准确测定，这样得到的压缩指数值将偏大。

4. 考虑应力历史的地基变形(沉降)计算方法

前面介绍的分层总和法与应力面积法均是根据 $e-p$ 曲线进行变形(沉降)计算的，下面介绍考虑地基土的应力历史，根据压缩试验 $e-\lg p$ 曲线修正得到的原位压缩曲线进行变形(沉降)计算的方法。如前所述，原位压缩曲线可以很直观地反映出目前地基土所处的固结状态，从而可以清楚地考虑地基的应力历史对变形(沉降)的影响。

(1)正常固结土层的变形(沉降)计算

正常固结土($p_{0i}=p_{ci}$)的变形(沉降)由地基附加应力引起，孔隙比的变化 Δe_i 是从 p_{0i} 至 $p_{0i}+\Delta p_i$ 所引起的孔隙比变化，即孔隙比的变化是沿着图 4-16 曲线 bc 段发生的，所以固结沉降量 s_c 的计算公式为

$$s_c = \sum_{i=1}^{n} \varepsilon_i H_i = \sum_{i=1}^{n} \frac{\Delta e_i}{1+e_{oi}} H_i = \sum_{i=1}^{n} \frac{H_i}{1+e_{0i}} \left[C_{cfi} \lg \frac{p_{0i}+\Delta p_i}{p_{ci}} \right] \quad (4-16)$$

式中 ε_i——第 i 层土的侧限压缩应变；

H_i——第 i 层土的厚度；

Δe_i——第 i 层土孔隙比的变化；

e_{0i}——第 i 层土的初始孔隙比；

C_{cfi}——第 i 层土的原位压缩指数；

p_{0i}——第 i 层土自重应力平均值；

p_{ci}——第 i 层土先期固结压力平均值；

Δp_i——第 i 层土附加应力平均值。

(2)欠固结土层的变形(沉降)计算

欠固结土的沉降不仅仅包括地基附加应力所引起的变形(沉降)，而且还包括地基土在自重作用下尚未固结的那部分变形(沉降)。可近似地按与正常固结土同样的方法求得的原位压缩曲线来计算孔隙比的变化 Δe_i，如图 4-17 所示，即孔隙比的变化是沿着图 4-17 曲线 bc 段发生的，沉降量计算公式为

$$s_c = \sum_{i=1}^{n} \frac{H_i}{1+e_{oi}} \left[C_{cfi} \lg \frac{p_{oi}+\Delta p_i}{p_{ci}} \right] \quad (4-17)$$

式中变量意义同前。

(3)超固结土层的变形(沉降)计算

对于超固结土($p_{0i}<p_{ci}$)的固结变形(沉降)量 s_c 的计算分下列两种情况：

(1) $p_{0i}+\Delta p_i \geqslant p_{ci}$

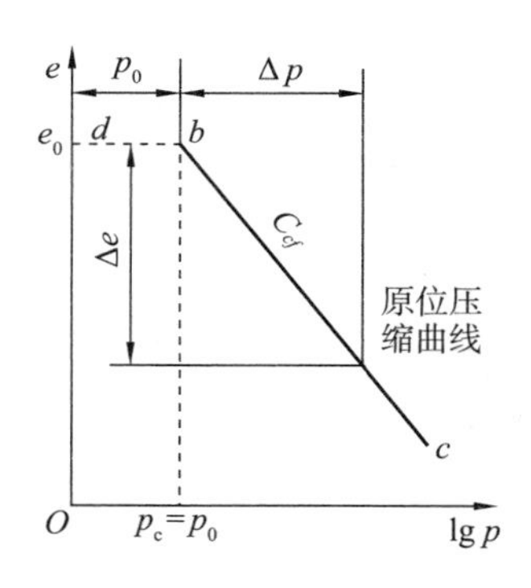

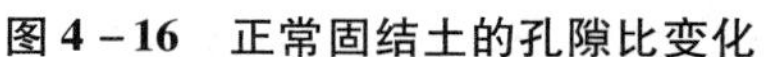
图 4-16 正常固结土的孔隙比变化

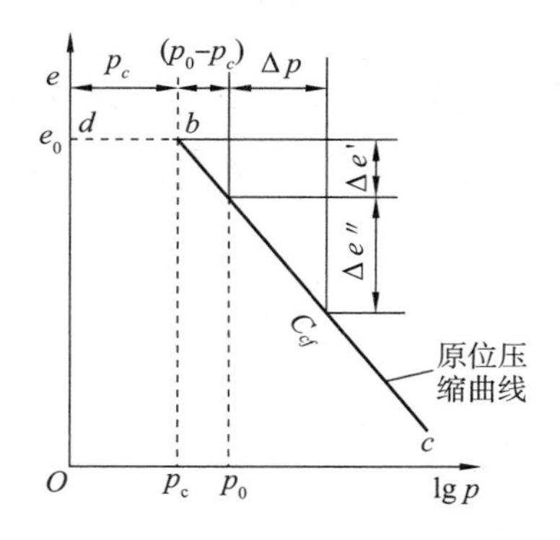

图 4-17 欠固结土的孔隙比变化

如图 4-18(a)所示，孔隙比的变化 Δe_i 包括两部分：一部分是现有土平均自重应力 p_{0i} 增至该土层先期固结压力 p_{ci} 的孔隙比变化，即沿着图 4-18(a)压缩曲线 b_1b 段发生的孔隙比变化为 $\Delta e'_i = C_{ei}\lg\dfrac{p_{ci}}{p_{0i}}$；另一部分是由先期固结压力 p_{ci} 增至 $p_{0i}+\Delta p_i$ 的孔隙比变化，即沿着压缩曲线 bc 段发生的孔隙比变化为 $\Delta e''_i = C_{cfi}\lg\dfrac{p_{0i}+\Delta p_i}{p_{ci}}$。所以，计算公式为

$$s_{cn} = \sum_{i=1}^{n}\frac{\Delta e_i}{1+e_{0i}}H_i = \sum_{i=1}^{n}\frac{\Delta e'_i + \Delta e''_i}{1+e_{0i}}H_i = \sum_{i=1}^{n}\frac{H_i}{1+e_{0i}}\left[C_{ei}\lg\frac{p_{ci}}{p_{0i}} + C_{cfi}\lg\frac{p_{0i}+\Delta p_i}{p_{ci}}\right] \tag{4-18}$$

式中 n——土层中 $p_{0i}+\Delta p_i \geqslant p_{ci}$ 的土层数；

Δe_i——第 i 层土总孔隙比的变化；

$\Delta e'_i$——第 i 层土由现有土平均自重应力 p_{0i} 增至该土层先期固结压力 p_{ci} 的孔隙比变化；

$\Delta e''_i$——第 i 层由先期固结压力 p_{ci} 增至 $p_{0i}+\Delta p_i$ 的孔隙比变化；

C_{ei}——第 i 层土的原位再压缩指数(回弹指数)。

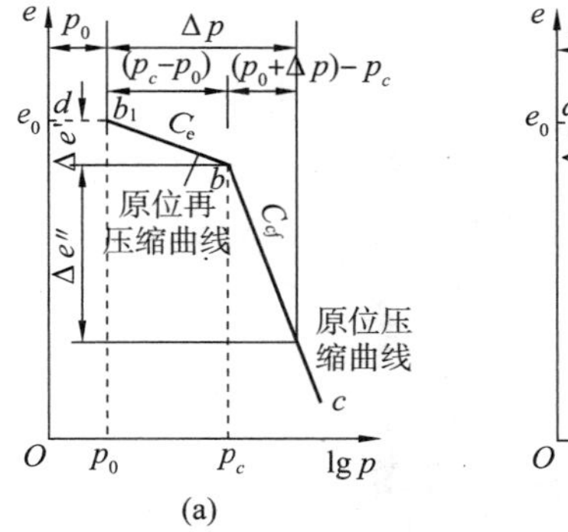

(a)

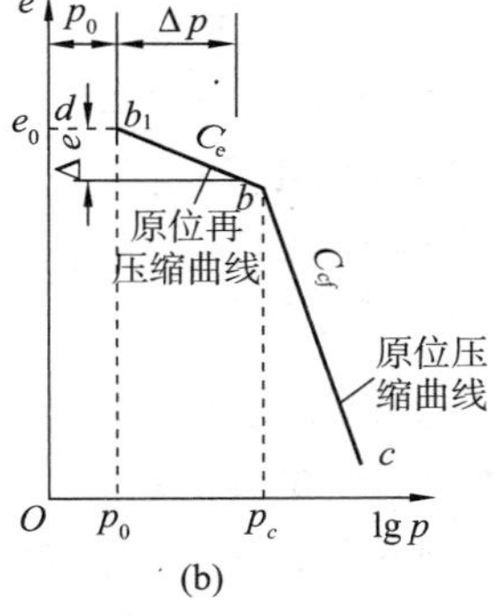

(b)

图 4-18 超固结土的孔隙比变化

(2) $p_{0i}+\Delta p_i<p_{ci}$

如图4－18(b)所示，孔隙比的变化 Δe_i 是从 p_{0i} 至 $p_{0i}+\Delta p_i$ 所引起的孔隙比变化，可见孔隙比变化只沿着图4－18(b)压缩曲线的 b_1b 段发生，所以固结沉降量的计算公式为

$$s_{cm}=\sum_{i=1}^{m}\frac{\Delta e_i}{1+e_{0i}}H_i=\sum_{i=1}^{m}\frac{H_i}{1+e_{0i}}\left[C_{cfi}\lg\frac{p_{0i}+\Delta p_i}{p_{0i}}\right] \tag{4-19}$$

式中，m 为土层中 $p_{0i}+\Delta p_i<p_{ci}$ 的分层数。

第四节　饱和黏性土地基变形与时间的关系

实际工程中，往往需要了解建筑物在施工期间或施工结束后某一时间的基础变形(沉降)量，以便控制施工速度或考虑保证建筑物正常使用应采取的安全措施。

对于碎石土等粗颗粒土的变形所需时间较短，一般可以认为施工结束时其变形已经稳定。但对于饱和黏性土变形达到稳定所需的时间较长，从保障建筑物的稳定与安全角度来说，研究此类土变形与时间的关系十分重要。本节以太沙基一维固结理论为基础，讨论饱和黏性土地基变形与时间的关系。

一、太沙基一维固结理论

一维固结是指饱和土层在渗透固结过程中孔隙水只沿一个方向渗流，同时土颗粒也只朝一个方向位移。太沙基的一维固结理论可用于求解一维侧限应力状态下，饱和黏性土地基受荷载作用发生渗流固结过程中任意时刻的土骨架及孔隙水分担的应力，如大面积均布荷载下薄压缩层地基的渗流固结，此种情况荷载面积远大于可压缩土层的厚度，地基中孔隙水主要沿竖向渗流。这一理论是研究饱和土变形与时间关系的理论基础。

1. 太沙基一维固结理论的基本假设

(1) 土是均质的、完全饱和的；

(2) 土颗粒和水是不可压缩的；

(3) 土层的压缩和土中水的渗流又沿竖向发生，是单向(一维)的；

(4) 土中水的渗流服从达西定律，且土的渗透系数 k 在渗流过程中保持不变；

(5) 孔隙比的变化与有效应力的变化成正比且压缩系数 a 在渗流过程中保持不变；

(6) 外荷载是一次骤然施加的。

2. 一维固结微分方程的建立

如图4－19(a)所示的饱和黏土层属于一维渗透固结的情况，其中厚度为 H 的饱和土层的顶面是透水的，底面是不透水的。该土层在自重作用下的固结变形已经完

成，只是由于透水面上一次施加的大面积连续均布荷载 p_0 才产生土层的固结变形。此连续均布荷载 p_0 引起的地基附加应力沿深度均匀分布为 $\sigma_z = p_0$，其在时间 $t=0$ 时全部由孔隙水承担，土层中起始孔隙水压力沿深度均为 $u=\sigma_z=p_0$。随时间的推移，$t>0$，由于土层下部边界不透水，孔隙水向上流出，土层中某点的孔隙水压力逐渐变小，而有效应力逐渐变大。上部边界孔隙水压力首先全部消散，而有效应力开始全部增长，向下形成消散曲线，即增长曲线。

设饱和黏土层其他条件符合基本假定，现从土层顶面以下 z 深度处取微单元体 $\mathrm{d}x\mathrm{d}y\mathrm{d}z$，如图 4－19(b)所示，研究其在 $\mathrm{d}t$ 时间内的变化。

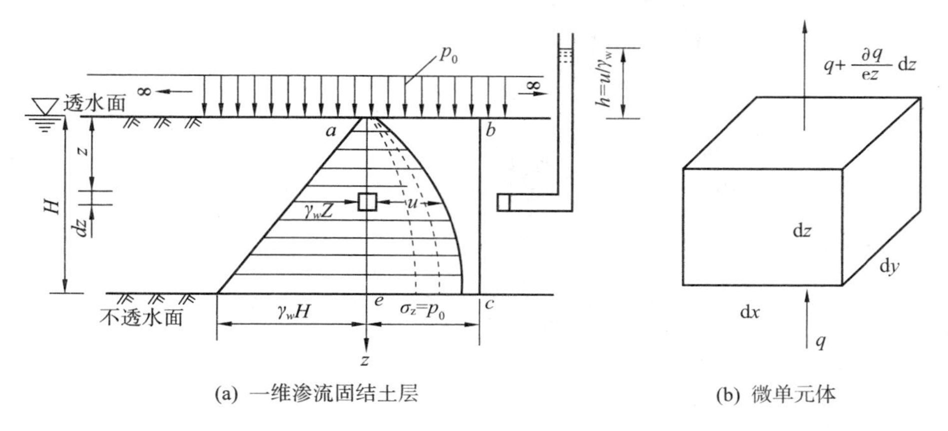

图 4－19　饱和黏土的一维渗流固结

根据土的压缩性可知，$\mathrm{d}t$ 时间内微元体内水量的变化与微元体内孔隙体积的变化相等，即 $\mathrm{d}Q=\mathrm{d}V_v$。

(1) $\mathrm{d}t$ 时间内微元体内水量 Q 的变化

$$\mathrm{d}Q=\frac{\partial Q}{\partial t}\mathrm{d}t=\left[q\mathrm{d}x\mathrm{d}y-\left(q-\frac{\partial q}{\partial z}\mathrm{d}z\right)\mathrm{d}x\mathrm{d}y\right]\mathrm{d}t=\frac{\partial q}{\partial z}\mathrm{d}x\mathrm{d}y\mathrm{d}z\mathrm{d}t \tag{4-20}$$

式中，q 为单位时间内流过单位横截面积的水量。根据达西定律，得

$$q=ki=k\frac{\partial h}{\partial z}=\frac{k}{\gamma_w}\frac{\partial u}{\partial z} \tag{4-21}$$

式中　i——水头梯度；

H——超静水头；

U——超孔隙水压力。

代入式(4－28)，得

$$\mathrm{d}Q=\frac{\partial q}{\partial z}\mathrm{d}x\mathrm{d}y\mathrm{d}z\mathrm{d}t=\frac{k}{\gamma_w}\cdot\frac{\partial^2 u}{\partial z^2} \tag{4-22}$$

(2) $\mathrm{d}t$ 时间内微单元体孔隙体积 V_v 的变化

$$\mathrm{d}V_v=\frac{\partial V_v}{\partial t}\mathrm{d}t=\frac{\partial(eV_s)}{\partial t}\mathrm{d}t=\frac{1}{1+e_1}\frac{\partial e}{\partial t}\mathrm{d}x\mathrm{d}y\mathrm{d}z\mathrm{d}t \tag{4-23}$$

式中　V_s——土颗粒体积，$V_s=\frac{1}{1+e_1}\frac{\partial e}{\partial t}\mathrm{d}x\mathrm{d}y\mathrm{d}z$，其值不随时间变化；

e_1——渗流固结前初始孔隙比。

根据侧限条件下孔隙比的变化与竖向有效应力变化的关系(即基本假设5)，得到

$$\mathrm{d}e=-a\mathrm{d}p=-a\mathrm{d}\sigma' \tag{4-24}$$

根据有效应力原理，得

$$\frac{\partial e}{\partial t}=-\frac{a\partial\sigma'}{\partial t}=-\frac{a\partial(\sigma-u)}{\partial t}=\frac{a\partial u}{\partial t} \tag{4-25}$$

上式在推导中利用了在一维固结过程中任意一点竖向总应力σ不随时间而变的条件。

代入式(4-23)，得

$$\mathrm{d}V_v=\frac{a}{1+e_1}\frac{\partial e}{\partial t}\mathrm{d}x\mathrm{d}y\mathrm{d}z\mathrm{d}t=\frac{a}{1+e_1}\frac{\partial u}{\partial t}\mathrm{d}x\mathrm{d}y\mathrm{d}z\mathrm{d}t \tag{4-26}$$

由$\mathrm{d}Q=\mathrm{d}V_v$，得

$$\frac{1}{1+e_1}\cdot\frac{\partial u}{\partial t}=\frac{k}{\gamma_w}\cdot\frac{\partial^2 u}{\partial^2 z} \tag{4-27}$$

令$C_v=\frac{k(1+e_1)}{a\gamma_w}=\frac{kE_s}{\gamma_w}$，则式(4-27)为

$$\frac{\partial u}{\partial t}=C_v\frac{\partial^2 u}{\partial^2 z} \tag{4-28}$$

上式即为太沙基一维固结微分方程。

式中　C_v——土的竖向固结系数，$\mathrm{cm^2/s}$或$\mathrm{m^2/a}$。

3. 一维固结微分方程的求解

太沙基一维固结微分方程可以根据饱和黏土层渗流固结的初始条件与边界条件，采用分离变量法求出其特解，其特解用傅里叶级数表示。

饱和黏土层渗流固结的初始条件与边界条件如表4-7所示。

表4-7　初始条件及边界条件

时间	坐标	初始条件
$t=0$	$0\leqslant z\leqslant H$	$u=\sigma_z=p_0$
时间	坐标	边界条件
$0<t\leqslant\infty$	$z=0$	$u=0$
$0<t\leqslant\infty$	$z=H$	$\frac{\partial u}{\partial z}=0$
$t=\infty$	$0\leqslant z\leqslant H$	$u=0$

太沙基一维固结微分方程特解为

$$u_{z,t}=\frac{4\sigma_z}{\pi}\sum_{m=1}^{\infty}\frac{1}{m}\sin\left(\frac{m\pi z}{2H}\right)\cdot e^{-\frac{m^2\pi^2}{4}T_v} \tag{4-29}$$

式中　m——正奇整数，（$m=1$、3、5…）；

e——自然对数底，$e=2.7182$；

T_v——时间因数，按 $T_v=\dfrac{C_v t}{H^2}$计算，无量纲；

H——饱和黏土层最远的排水距离，在单面排水条件下为土层厚度，在双面排水条件下为土层厚度的一半。

t——固结历时，单位为年(a)或秒(s)。

二、固结度

1. 基本概念

所谓固结度指土层在固结过程中，任一时间 t 固结沉降量 s_t 与其最终沉降量 s 之比。即

$$U_t=\frac{s_t}{s}$$

或

$$s_t=U_t\cdot s \tag{4-30}$$

根据有效应力原理，土的变形只取决于有效应力，因此，对于一维渗流固结，式(4－30)又可表示为

$$U_t=\frac{\frac{1}{E_s}\int_0^H\sigma'_{z,t}\mathrm{d}z}{\frac{1}{E_s}\int_0^H\sigma_z\mathrm{d}z}=\frac{\int_0^H\sigma_z\mathrm{d}z-\int_0^H u_{z,t}\mathrm{d}z}{\int_0^H\sigma_z\mathrm{d}z}=1-\frac{\int_0^H u_{z,t}\mathrm{d}z}{\int_0^H\sigma_z\mathrm{d}z} \tag{4-31}$$

式中，$E_s=\dfrac{1+e_1}{a}$，根据基本假设，在整个渗流固结过程中为常数。

由式(4－31)可知，土层的固结度又可表述为土层在固结过程中任一时刻土层各点上骨架承担的有效应力分布面积与起始孔隙水压力(或地基附加应力)分布面积之比，即

$$U_t=\frac{t\text{时刻有效应分布面积}}{\text{起始孔隙水压分布面积}}=1-\frac{t\text{时刻孔隙水压分布面积}}{\text{起始孔隙水压分布面积}} \tag{4-32}$$

式(4－31)表明土层的固结度反映了土中孔隙水压力向有效应力转化的完成程度。显然，固结度随固结过程逐渐增大，当 $t=0$ 时，$U_t=0$；而当 $t=\infty$ 时，$U_t=100\%$。

2. 固结度的计算

工程实践中，作用于饱和土层的地基附加应力(或起始孔隙水压力)分布情况往往比较复杂，可能遇到的饱和土层地基附加应力(或起始孔隙水压力)分布情况可近似地分为五种情况，如图4－20所示。

情况(1)：$\alpha=\dfrac{\sigma_{z0}}{\sigma_{z1}}=1$，相当于大面积均布荷载作用的薄压缩层地基；

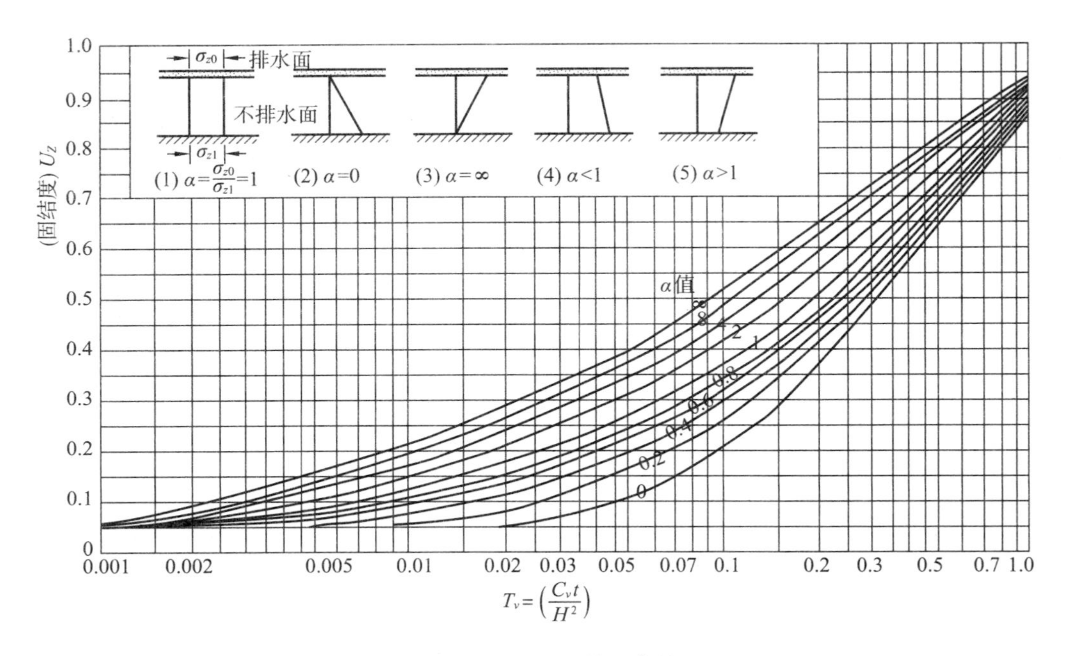

图 4－20　U_t-T_v 关系曲线

情况(2)：$\alpha=\dfrac{\sigma_{z0}}{\sigma_{z1}}=0$，相当于土层在自重应力作用下的固结；

情况(3)：$\alpha=\dfrac{\sigma_{z0}}{\sigma_{z1}}=\infty$，相当于基础底面积较小传至压缩层底面的地基附加应力接近于零；

情况(4)：$\alpha=\dfrac{\sigma_{z0}}{\sigma_{z1}}<1$，相当于在自重应力作用下尚未固结的土层上作用有基础传来的荷载；

情况(5)：$\alpha=\dfrac{\sigma_{z0}}{\sigma_{z1}}>1$，相当于基础底面积较大，传至压缩层底面的地基附加应力较小，接近于零。

实际工程中，计算地基固结度时，首先应考虑将实际的地基附加应力(或起始孔隙水压力)分布简化成图 4－20 中所示的合理计算形式，然后由式(4－31)求解固结度。

(1)单面排水条件

以图 4－20 所示的情况(1)为例，此情况与太沙基一维固结理论所研究的饱和土层地基附加应力(或起始孔隙水压力)分布相同，如图 4－19(a)所示。因此，将式(4－29)代入式(4－31)积分可得到附加应力(或起始超孔隙水压力)沿深度均匀分布情况下(即 $\alpha=1$)土层任一时刻 t 的固结度 U_t 为

$$U_t=1-\frac{8}{\pi^2}\cdot e^{-\frac{\pi^2}{4}T_v} \tag{4－33}$$

上式又写成

$$T_v = -\frac{4}{\pi^2}\ln\left[\frac{\pi^2}{8}(1-U_t)\right] \tag{4-34}$$

对于单面排水的其他四种情况，可根据不同的 $\alpha=\frac{\sigma_{z0}}{\sigma_{z1}}$ 值由图 4－20 中 U_t-T_v 关系曲线查取。

（2）双面排水条件

对于双面排水条件，无论地基附加应力（或起始超孔隙水压力）分布情况如何，均按单面排水的情况（1）计算固结度 U_t，即由式（4－33）计算土层任一时刻的固结度 U_t。必须指出，双面排水条件在计算时间因数 T_v 时，最远的排水距离 H 取土层厚度的一半。

三、饱和黏性土变形与时间关系的工程应用

研究饱和黏性土地基变形（沉降）与时间的关系可以解决两类工程问题：一是已知土层固结条件时可求出某一时间对应的固结度，从而计算出相应的地基变形（沉降）量 s_t；二是推算达到某一固结度（或某一变形量 s_t）所需的时间 t。

【例 4－4】 某饱和黏性土层的厚度为 8m，在连续均布荷载 $p_0=100\text{kPa}$ 作用下固结，已知土层的孔隙比 $e_1=1.0$，渗透系数 $k=0.02\text{m/a}$，压缩系数 $a=0.5\text{MPa}^{-1}$，土层单面排水和双面排水条件时，试求：（1）该土层的最终变形（沉降）量；（2）加荷一年的变形（沉降）量；（3）$s_t=120\text{mm}$ 时所需的时间。

解：（1）计算最终变形（沉降）量 s

$$s=\frac{a\overrightarrow{\sigma_z}}{1+e_1}H=\frac{ap_0}{1+e_1}H=\frac{0.5\times0.1}{1+1}\times8000=200\text{mm}$$

（2）加荷一年的变形（沉降）量 s_t

$$c_v=\frac{k(1+e_1)}{a\gamma_w}=\frac{0.02\times(1+1)}{0.0005\times10}=8\text{m}^2/\text{a}$$

①单面排水条件

$$T_v=\frac{C_vt}{H^2}=\frac{8\times1}{8^2}=0.125$$

由式（4－33），算得

$$U_t=1-\frac{8}{\pi^2}e^{-\frac{\pi^2}{4}T_v}=1-\frac{8}{3.14^2}\cdot e^{-\frac{3.14^2}{4}\times0.125}=0.4$$

由式（4－30），算得：$s_t=U_t\cdot s=0.4\times200=80\text{mm}$

②双面排水条件

最远排水距离 $H=8/2=4\text{m}$，则

$$T_v=\frac{C_vt}{H^2}=\frac{8\times1}{4^2}=0.5$$

由式（4－33），算得

$$U_t = 1 - \frac{8}{\pi^2} e^{-\frac{\pi^2}{4}T_v} = 1 - \frac{8}{3.14^2} \cdot e^{-\frac{3.14^2}{4} \times 0.5} = 0.8$$

由式(4-30)，算得 $s_t = U_t \cdot s = 0.8 \times 200 = 160\text{mm}$

(3)计算 $s_t = 120\text{mm}$ 时所需的时间

$$U_t = \frac{s_t}{s} = \frac{120}{200} = 0.6$$

由式(4-34)，算得

$$T_v = -\frac{4}{\pi^2}\ln\left[\frac{\pi^2}{8}(1 - U_t)\right] = -\frac{4}{3.14^2}\ln\left[\frac{3.14^2}{8} \times (1 - 0.6)\right] = 0.287$$

①单面排水条件

$$t = \frac{T_v H^2}{C_v} = \frac{0.287 \times 8^2}{1} = 18.4\text{a}$$

②双面排水条件

$$t = \frac{T_v H^2}{C_v} = \frac{0.287 \times 4^2}{1} = 4.6\text{a}$$

计算结果表明：

①相同土层相同时间内，单面排水条件变形量是双面排水条件变形量的1/2；

②相同土层达到相同的变形量时，双面排水条件所用的时间较短，仅为单面排水所需时间的1/4。

复习思考题

4-1　何谓土的压缩？何谓土的固结？两者有何区别？

4-2　引起土压缩的原因有哪些？研究土的压缩性时有何假定？

4-3　简述土的压缩系数、压缩指数、体积压缩系数和压缩模量的意义及其确定方法。

4-4　压缩曲线有哪两种表示方法？何谓回弹曲线、再压缩曲线？

4-5　何谓前期固结压力？如何判断黏性土的固结类型？

4-6　何谓单向渗透固结？单向渗透固结有哪些假设？

4-7　饱和土固结过程中，孔隙水压力和有效应力如何变化？

习　题

4-1　某土样的压缩试验记录如表4-8所示，试计算该土样的压缩系数 a_{1-2}、压缩模量 E_{s1-2}，并评价该土的压缩性。

表 4－8 土样的压缩试验记录

压力/kPa	0	50	100	200	400
孔隙比 e	0.982	0.964	0.952	0.936	0.919

4－2 某柱基上部结构传至基础顶面的荷载 $F=1120\text{kN}$，基础底面尺寸为：$4\text{m}\times2\text{m}$，基础埋深 $d=1\text{m}$。自地表起算地基分布情况：表层填土厚度 2m，$\gamma=17\text{kN/m}^3$，$E_{s1}=4.5\text{MPa}$；第二层黏土厚度 1m，$\gamma=18\text{kN/m}^3$，$E_{s2}=5\text{MPa}$；第三层细砂厚度较大，$\gamma=18.5\text{kN/m}^3$，$E_{s3}=6\text{MPa}$。试分别采用"分层总和法"与"应力面积法"计算该柱基最终变形（沉降）量。（设 $p_0=f_{ak}$）

4－3 某饱和黏性土层厚度 4m，表面作用大面积均布荷载 $p_0=200\text{kPa}$，地基中产生均匀分布的竖向附加应力，已知土层顶底面透水如图 4－21 所示，土的平均渗透系数 $k=0.25\text{cm/a}$，$e_1=1.0$，$a=0.5\text{MPa}^{-1}$。

试求：(1) 该土层的最终变形（沉降）量；

(2) 加荷一年的变形（沉降）量；

(3) 达到最终变形（沉降）量一半所需要的时间；

(4) 如果该饱和黏土层下卧不透水层，则达到最终变形（沉降）量一半所需要的时间。

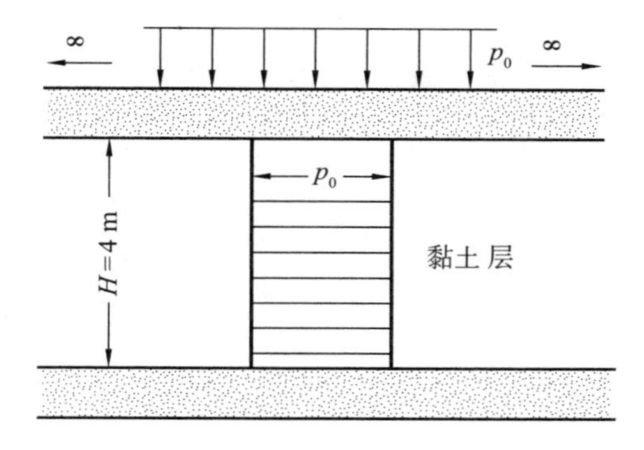

图 4－21 习题 4－3 图

第五章　土的抗剪强度

土的抗剪强度是指土体抵抗剪切破坏的极限能力。在外荷载作用下，土体中将产生剪应力和剪切变形。当某点由外力产生的剪应力达到土的抗剪强度时，土就沿着剪应力作用方向产生相对滑移，该点便发生剪切破坏。工程实践和室内试验都证明了土是由于受剪切而产生破坏，剪切破坏是土体强度破坏的重要特点。因此，土的强度问题实质就是土的抗剪强度问题。

在工程建设实践中，与土的抗剪强度有关的问题主要有以下三个方面：第一，土坡稳定性问题，包括土坝、路堤等人工填方土坡和山坡、河岸等天然土坡，以及挖方边坡等的稳定性问题，如图 5 - 1(a)所示；第二，土压力问题，包括挡土墙、地下结构物等周围的土体对其产生的侧向压力可能导致这些构造物发生滑动或倾覆，如图 5 - 1(b)所示；第三，地基的承载力问题，若外荷载很大，基础下面集中的塑性变形区扩展成一个连续的滑动面，会使得建筑物整体丧失稳定性，如图 5 - 1(c)所示。为了对建筑地基的稳定性进行力学分析和计算，需要深入研究土的强度问题，包括：了解土的抗剪强度的来源、影响因素、测试方法和指标的取值，研究土的极限平衡理论和土的极限平衡条件，掌握地基受力状况和确定地基承载力的途径。

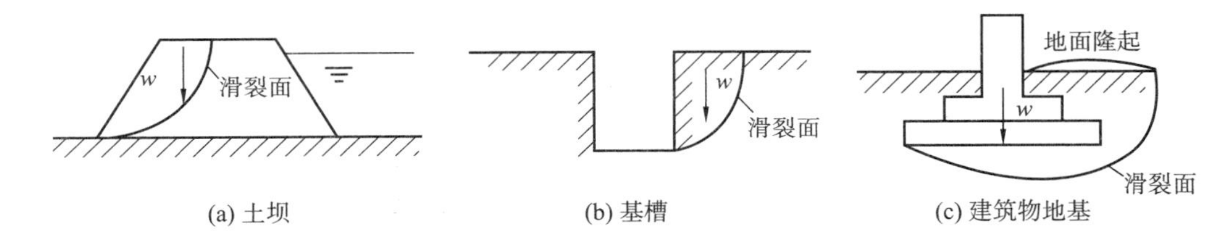

图 5 - 1　土坝、基槽和建筑物地基失稳示意图

第一节　抗剪强度的库仑定律

一、抗剪强度的库仑定律

为测定土体的抗剪强度，可采用直剪仪，如图 5 - 2(a)所示，对土样进行剪切试验。试验时，将试样装在剪力盒中，先在试样上施加一法向力 P，然后施加水平力 T，使上下盒错动，试样在上下盒接触面处受剪切，直到试样被剪坏。

根据试样的初始横截面积，可以计算得到试样剪切面上承受的法向应力 σ 和破

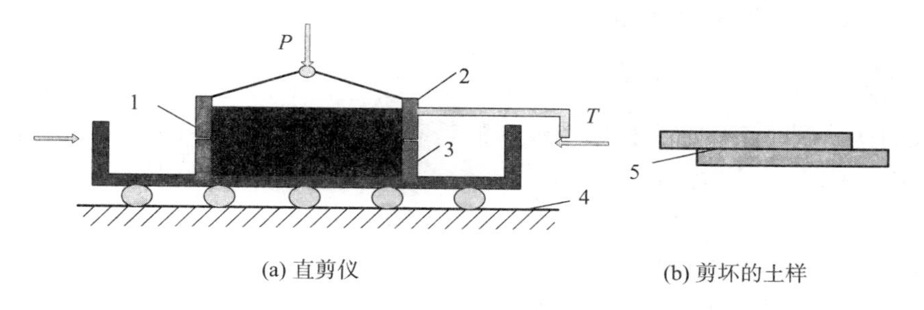

(a) 直剪仪　　(b) 剪坏的土样

图 5-2　直剪仪示意图

1—土样；2—上盒；3—下盒；4—底座；5—剪切面

坏时剪应力 τ（即抗剪强度 τ_f）。对同一土体取 n 个相同的试样进行试验，以法向应力 σ 为横轴，以抗剪强度 τ_f 为纵轴，将各试验点近似连接成一条直线，此直线称为抗剪强度(曲)线，如图 5-3 所示。

对于黏性土，抗剪强度方程为

$$\tau_f = \sigma\tan\varphi + c \tag{5-1}$$

对于无黏性土，抗剪强度方程为

$$\tau_f = \sigma\tan\varphi \tag{5-2}$$

式中　τ_f——土的抗剪强度，kPa；

σ——作用在剪切面上的法向应力，kPa；

φ——抗剪强度线与 σ 轴的夹角，称为土的内摩擦角，(°)；

c——抗剪强度线在纵轴上的截距，称为土的内聚力，又称黏聚力，kPa。

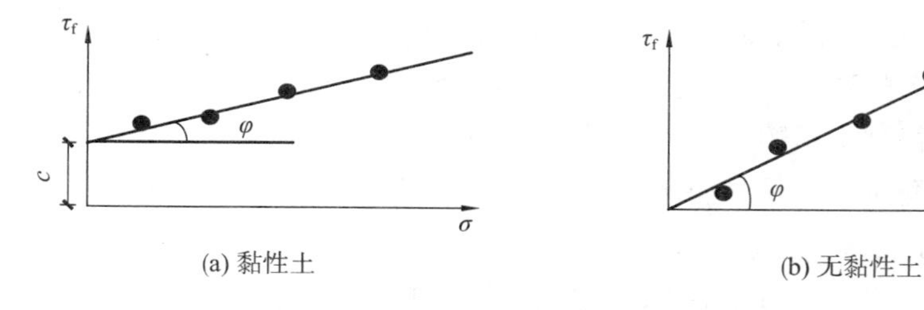

(a) 黏性土　　(b) 无黏性土

图 5-3　抗剪强度(曲)线

式(5-1)和式(5-2)就是土的抗剪强度的数学表达式。它们是法国学者库仑在18 世纪 70 年代提出的，也称为库仑定律。库仑定律表明，土的抗剪强度与作用在剪切面上的法向应力成正比。其中，c、φ 统称为土的抗剪强度指标。c、φ 是反映土的抗剪强度特性的两个重要强度参数，也是抗剪强度试验需要测定的两个物理量。

由式(5-1)可以看出，土的抗剪强度由两部分组成：一部分是土颗粒间的黏聚力，由颗粒间的胶结及各种作用力综合产生，是抵抗土颗粒间滑移的力，主要来自土体的结构；另一部分是摩擦力(与法向应力成正比)。因无黏性土黏聚力为零，故而其摩擦破坏的包络线是一条通过原点的直线。

二、有效应力表示的库仑定律

土中的应力有总应力和有效应力之分。1925年，太沙基提出了饱和有效应力原理，人们认识到真正引起土体剪切破坏的是有效应力。因此，将有效应力原理应用于抗剪强度定律，其表达式如下：

$$\tau_f = \sigma' \tan\varphi' + c' \tag{5-3}$$

式中 σ'——作用在剪切面上的有效法向应力，kPa；

φ'——土的有效内摩擦角，(°)；

c'——土的有效内聚力，kPa。

试验研究和工程实践表明，土的抗剪强度不仅与土的性质有关，还与试样排水条件、剪切速率应力状态和应力历史等诸多因素有关，尤其是排水条件的影响最大。

第二节　土的极限平衡理论

在荷载作用下，地基内任一点都将产生应力。根据土体抗剪强度的库仑定律，土中任意点在某一方向的平面上所受的剪应力达到土体的抗剪强度时，就称该点处于极限平衡状态。

$$\tau = \tau_f \tag{5-4}$$

式(5-4)称为土体的极限平衡条件。土体的极限平衡条件也就是土体的剪切破坏条件。在实际工程应用中，直接应用式(5-4)来分析土体的极限平衡状态是很不方便的。将通过某点的剪切面上的剪应力用该点的主平面上的主应力表示，而土体的抗剪强度以剪切面上的法向应力和土体的抗剪强度指标来表示，然后代入式(5-4)，经过简化后就可得到实用的土体的极限平衡条件。

土的极限平衡条件，是指土体处于极限平衡状态时土的应力状态(大、小主应力)和土的抗剪强度指标之间的关系式，即 σ_1、σ_3 与内摩擦角 φ 和黏聚力 c 之间的数学表达式。本节将介绍适用的土的强度理论，推导无黏性土和黏性土的极限平衡条件。为了便于理解，先从最简单的情况进行介绍。

一、土中任一点的应力状态

1. 最大主应力与最小主应力

假定土体是均匀的、连续的半空间材料，在地基中任意深度 z 处，任取一点 M 为研究对象，如图5-4(a)所示。因为土体并无外荷作用，只有土的自重作用，故在微元体各个面上没有剪应变，也就没有剪应力。凡是没有剪应力的面称为主应面，作用在主应面上的力称为主应力，因此，图5-4(b)中的 σ_1 为最大主应力，σ_3 为最小主应力，其中主应力 $\sigma_2 = \sigma_3$。

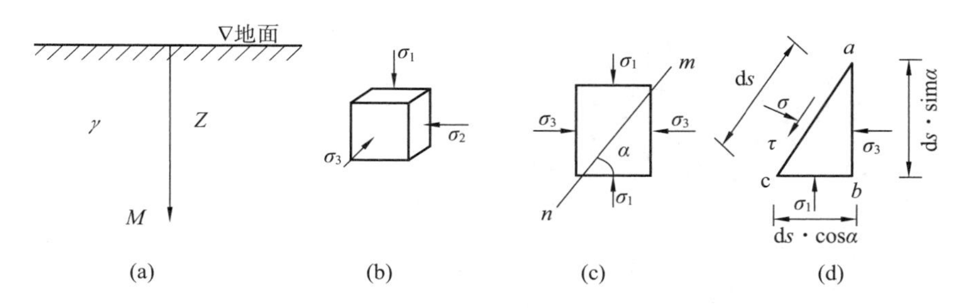

图 5-4　土中任一点的应力

2. 任意斜面上的应力

在微单元体内与大主应力 σ_1 作用面成任意角 α 的 mn 斜面上的法向应力 σ_α 和剪应力 τ_α 如图 5-4(c)和(d)所示。截取楔形脱离体 abc，将各力分别在水平方向和竖直方向进行分解(x 坐标向右为正，z 坐标向下为正)，根据静力平衡条件可得

$$\sum F_x = 0\ (\sigma \mathrm{d}s \cdot \sin\alpha - \tau \mathrm{d}s \cdot \cos\alpha - \sigma_3 \mathrm{d}s \cdot \sin\alpha = 0)$$

$$\sum F_z = 0\ (\sigma \mathrm{d}s \cdot \cos\alpha + \tau \mathrm{d}s \cdot \sin\alpha - \sigma_1 \mathrm{d}s \cdot \cos\alpha = 0)$$

据此解得斜面 mn 上的法向应力 σ_α 和剪切应力 τ_α 分别为

$$\sigma_\alpha = \frac{\sigma_1 + \sigma_3}{2} + \frac{\sigma_1 - \sigma_3}{2}\cos(2\alpha) \tag{5-5}$$

$$\tau_\alpha = \frac{\sigma_1 - \sigma_3}{2}\sin(2\alpha) \tag{5-6}$$

由式(5-5)、式(5-6)即可计算已知 α 角的截面上相应的法向应力 σ_α 和剪应力 τ_α。

3. 用摩尔应力圆表示斜面上的应力

由上式可知，在 σ_α 和 τ_α 已知的情况下，斜面 mn 上的法向应力 σ_α 和剪应力 τ_α 仅与斜截面倾角 α 有关。由式(5-5)、式(5-6)得

$$\left(\sigma_\alpha - \frac{\sigma_1 + \sigma_3}{2}\right)^2 + {\tau_\alpha}^2 = \left(\frac{\sigma_1 - \sigma_3}{2}\right)^2 \tag{5-7}$$

若以 σ 为横坐标轴、τ 为纵坐标轴，则式(5-7)表示圆心为 $\left(\frac{\sigma_1 + \sigma_3}{2},\ 0\right)$、半径为 $\frac{\sigma_1 - \sigma_3}{2}$ 的一个应力圆，该圆称为摩尔应力圆或摩尔圆(图 5-5)。现在用摩尔应力圆则可简便地计算任意 α 角时相应的 σ_α 与 τ_α 值，方法如下：

取 $\sigma-\tau$ 直角坐标系，在横坐标 $O\sigma$ 上，按一定的应力比例尺，确定 σ_1 和 σ_3 的位置，以($\sigma_1 - \sigma_3$)为直径作圆，即为摩尔应力圆，如图 5-5 所示。取摩尔应力圆的圆心为 O_1，自 O_1 逆时针转 2α 角，得半径 O_1A。A 点为摩尔应力圆圆周上一点，此点的坐标 (σ_α，τ_α)即为 M 点处与最大主应力面成 α 角的斜截面 mn 上的法向应力和剪应力值。

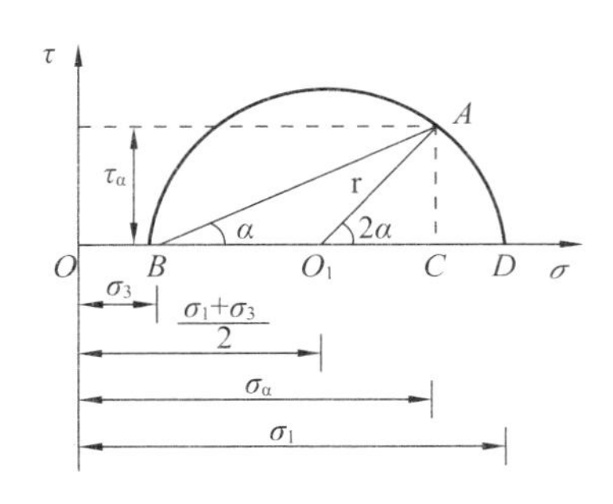

图 5－5　摩尔应力圆

由图 5－5 可知

$$\overline{OC}=\overline{OB}+\overline{BO_1}+\overline{O_1A}\cos(2\alpha)=\sigma_3+\frac{1}{2}(\sigma_1-\sigma_3)+\frac{1}{2}(\sigma_1-\sigma_3)\cos(2\alpha)$$

$$=\frac{1}{2}(\sigma_1+\sigma_3)+\frac{1}{2}(\sigma_1-\sigma_3)\cos(2\alpha)=\sigma_\alpha$$

$$\overline{AC}=\overline{O_1A}\sin(2\alpha)=\frac{1}{2}(\sigma_1-\sigma_3)\sin(2\alpha)=\tau_\alpha$$

由上式可知，用摩尔应力圆可表示土体中任一点沿着任意斜截面上的法向应力 σ 和剪应力 τ。

二、土的极限平衡条件

1. 地基中任意平面 *mn* 上的应力状态

在地基中取任意平面 mn，此平面上作用着总应力 σ_0。此总应力 σ_0 可分解为两个分力：垂直 mn 平面的法向应力 σ 和平行于 mn 面的剪应力 τ。

现将作用在平面 mn 上的剪应力 τ 与地基土的抗剪强度 τ_f 进行比较：当 $\tau<\tau_f$ 时，平面 mn 为稳定状态；当 $\tau>\tau_f$ 时，平面 mn 发生剪切破坏；当 $\tau=\tau_f$ 时，平面 mn 处于极限平衡状态。

2. 土的极限平衡条件

为判别某点土体是否被破坏，可将该点的摩尔应力圆与土的抗剪强度曲线画在同一坐标系中，观察应力圆与抗剪强度包络线之间的位置变化，如图 5－6 所示。随着土中应力状态的改变，应力圆与强度包络线之间的位置关系将发生三种变化情况，土中也将出现相应的三种平衡状态。

（1）当整个摩尔应力圆位于抗剪强度曲线的下方（图 5－6 应力圆Ⅰ）时，表明通过该点的任意平面上的剪应力都小于土的抗剪强度，此时该点处于稳定（弹性）平衡状态，不会发生剪切破坏。

（2）当摩尔应力圆与抗剪强度曲线相切时（图 5－6 应力圆Ⅱ），表明在相切点所代表的平面上，剪应力正好等于土的抗剪强度，此时该点处于极限平衡状态，相应的应力圆称为极限应力圆。

(3)当摩尔应力圆与抗剪强度曲线相割时(图5-6应力圆Ⅲ)，表明该点某些平面上的剪应力已超过了土的抗剪强度，此时该点已发生剪切破坏。由于此时地基应力将发生重分布，事实上该应力圆所代表的应力状态并不存在。

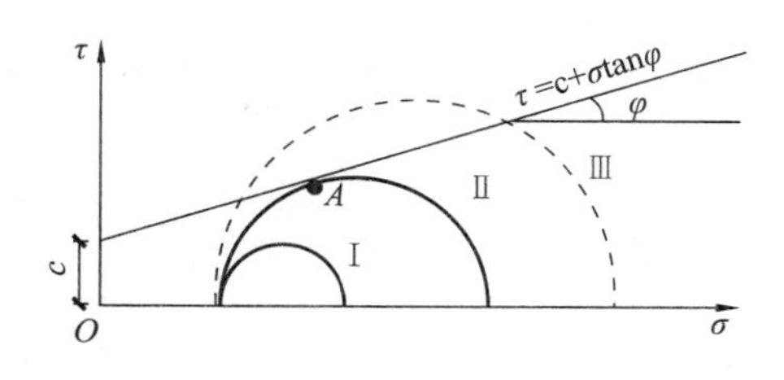

图5-6　摩尔应力圆与抗剪强度线的关系

由于摩尔应力圆与抗剪强度曲线关于σ轴对称，如果该点土体处于极限平衡状态，则过该点存在两个剪切极限平衡面(剪切破坏面)，土体中出现共轭的两组破坏面，如图5-7(b)所示。

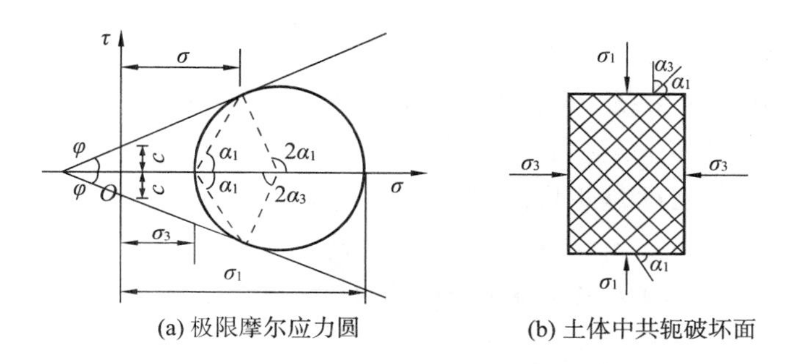

图5-7　土极限平衡面的位置

在图5-7(a)中，$2\alpha_1=90°+\varphi$，$2\alpha_3=90°-\varphi$，可知，破坏面与大主应力作用面之间的夹角$\alpha_1=45°+\dfrac{\varphi}{2}$，破坏面与小主应力作用面之间的夹角$\alpha_3=45°-\dfrac{\varphi}{2}$。

下面利用土体极限平衡状态的应力图，求解极限平衡条件。由图5-8的几何关系可知：

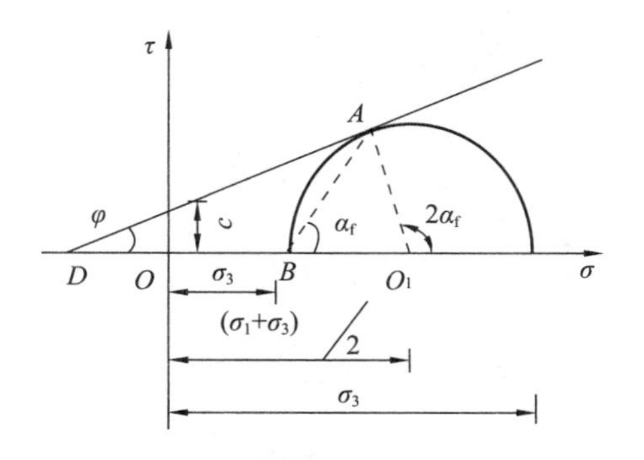

图5-8　极限平衡条件的求解

$$\sin\varphi = \frac{AO_1}{DO_1} = \frac{\frac{\sigma_1 - \sigma_3}{2}}{c\cot\varphi + \frac{1}{2}(\sigma_1 + \sigma_3)} \tag{5-8}$$

整理得到极限平衡状态条件：

$$\sigma_{1f} = \sigma_3 \tan^2(45° + \frac{\varphi}{2}) + 2c\tan(45° + \frac{\varphi}{2}) \tag{5-9}$$

或

$$\sigma_{3f} = \sigma_1 \tan^2(45° - \frac{\varphi}{2}) - 2c\tan(45° - \frac{\varphi}{2}) \tag{5-10}$$

式(5－9)、式(5－10)表示土体处于极限平衡状态下主应力之间应满足的条件，称为土的极限平衡条件，也称为摩尔－库仑强度理论的直线型破坏条件。

3. 摩尔强度理论

摩尔强度理论可以表述为：

(1)材料的破坏是由某一截面上的剪应力达到抗剪强度引起的；

(2)这个面上作用有正应力；

(3)材料的抗剪强度是正应力的函数 $\tau = f(\sigma)$，即材料极限摩尔应力圆的包络线。

库仑定律 $\tau = c + \sigma\tan\varphi$ 是摩尔包络线的直线形式，也称为摩尔－库仑强度准则。

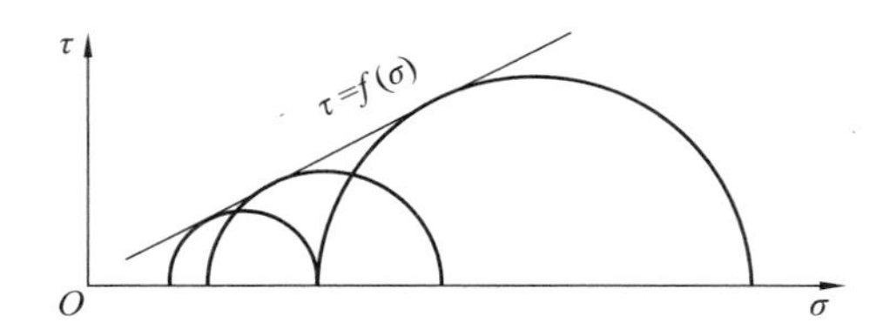

图 5－9　摩尔强度包线

【例 5－1】 地基中某一单元土体上的大主应力 $\sigma_1 = 380\text{kPa}$，小主应力 $\sigma_3 = 160\text{kPa}$。通过试验测得该土样的抗剪强度指标 $c = 16\text{kPa}$，$\varphi = 18°$。试问：(1)该单元土体处于何种状态？(2)是否会沿剪应力最大的面发生破坏？

解：(1)判别单元土体所处的状态

方法一：设达到极限平衡状态时所需小主应力为 σ_{3f}，则由式(5－10)得

$$\begin{aligned}\sigma_{3f} &= \sigma_1 \tan^2(45° - \frac{\varphi}{2}) - 2c\tan(45° - \frac{\varphi}{2}) \\ &= 380 \times \tan^2(45° - \frac{18°}{2}) - 2 \times 16 \times \tan(45° - \frac{18°}{2}) \\ &= 177.34\text{kPa} > 160\text{kPa}\end{aligned}$$

因为 σ_{3f} 大于该单元土体的实际小主应力 σ_3，所以极限应力圆半径将小于实际应力圆半径，该单元土体处于剪切破坏状态。

方法二：若设达到极限平衡状态时所需大主应力为 σ_{1f}，则由式(5－9)得

$$\sigma_{1f}=\sigma_3\tan^2(45°+\frac{\varphi}{2})+2c\tan(45°+\frac{\varphi}{2})$$

$$=160\times\tan^2(45°+\frac{18°}{2})+2\times16\times\tan(45°+\frac{18°}{2})$$

$$=347.15\text{kPa}<380\text{kPa}$$

按照极限应力圆半径与实际应力圆半径相比较的判别方式，同样能得到土体处于剪切破坏状态的结论。

(2)判断是否沿剪应力最大的面发生剪切破坏

在剪应力最大面处，α 应该等于45°，最大剪应力为

$$\tau_{max}=\frac{\sigma_1-\sigma_3}{2}=\frac{1}{2}\times(380-160)=110(\text{kPa})$$

剪应力最大面上的正应力为

$$\sigma=\frac{\sigma_1+\sigma_3}{2}+\frac{\sigma_1-\sigma_3}{2}\cos(2\alpha)$$

$$=\frac{1}{2}\times(380+160)+\frac{1}{2}\times(380-160)\cos90°=270(\text{kPa})$$

该面上的抗剪强度

$$\tau_f=c+\sigma\tan\varphi=16+270\times\tan18°=103.7(\text{kPa})$$

因为在剪应力最大面上的剪应力满足 $\tau_f<\tau_{max}$，所以不会沿该面发生剪切破坏。

第三节　土的抗剪强度指标

一、土的抗剪强度指标测定

测定土的抗剪强度指标的试验称为剪切试验。土的剪切试验包括实验室的室内试验和现场(原位)试验。常用的室内试验有直接剪切试验、三轴试验、无侧限抗压强度试验等，优点是造价低，边界条件容易控制；缺点是土样受扰动较大。常用的现场原位试验有承压板载荷试验、十字板剪切试验、旁压试验等，优点是可靠性高；缺点是造价高，边界条件不容易控制。

1. 直剪试验

(1)试验原理

直接剪切试验简称直剪试验，是一种快速有效求解抗剪强度指标的方法，在一般工程中普遍使用。直接剪切试验的主要仪器为直剪仪，分为应变控制式和应力控制式两种。前者是等速推动试样产生位移，测定相应的剪应力。后者则是对试件分级施加水平剪应力测定相应的位移。我国普遍采用的是应变控制式直剪仪。如图5－10所示，该仪器的主要部件由固定的上盒和活动的下盒组成，土样放在盒内

上下两块透水石之间。试验时，由杠杆系统通过加压活塞和透水石对土样施加某一垂直压力 p，然后等速转动手轮对下盒施加水平推力，使试样在上下盒的水平接触面上产生剪切变形，直至破坏。剪应力的大小可借助于上盒接触的量力环的变形值计算确定。

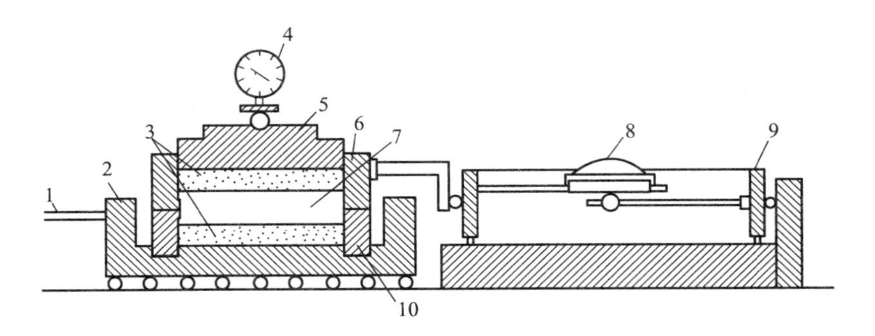

图 5－10　应变控制式直剪仪

1—轮轴；2—底座；3—透水石；4，8—测微表；

5—活塞；6—上盒；7—土样；9—量力环；10—下盒

在剪切过程中，随着上下盒相对剪切变形的发展，土样中的抗剪强度逐渐发挥出来，直到剪应力等于土的抗剪强度时，土样剪切破坏。因此，土样的抗剪强度可用剪切破坏时的剪应力来度量。试验中通常对同一种土取 3～4 个试样，分别在不同的法向应力下剪切破坏，可将试验结果绘制成抗剪强度 τ_f 与法向应力 σ 之间的关系，如图 5－11 所示。

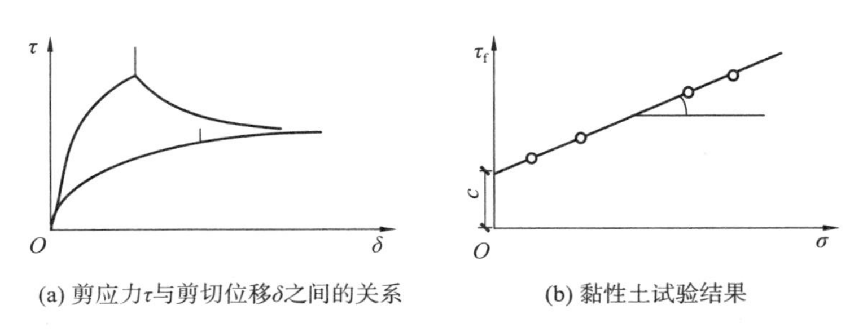

(a) 剪应力τ与剪切位移δ之间的关系　　(b) 黏性土试验结果

图 5－11　直接剪切试验结果

(2) 直剪试验方法分类

大量实验和工程实验证明，土的抗剪强度指标与土体受力后排水固结情况密切相关。

①快剪。快剪试验是在对试样施加竖向压力后，立即以 0.8mm/min 的剪切速率快速施加水平剪应力使试样剪切破坏。一般从加荷到土样剪坏只需 3～5min。得到的抗剪强度指标用 c_q、φ_q 表示。

②固结快剪。固结快剪是在对试样施加竖向压力后，让试样充分排水固结，待沉降稳定后，再以 0.8mm/min 的剪切速率快速施加水平剪应力使试样剪切破坏。得

到的抗剪强度指标用 c_{cq}、φ_{cq} 表示。

③慢剪。慢剪是在对试样施加竖向压力后，让试样充分排水固结，待沉降稳定后，以小于0.02mm/min 的剪切速率施加水平剪应力直至土样剪切破坏。试样在受剪过程中一直充分排水和产生体积变形，得到的抗剪强度指标用 c_s、φ_s 表示。

(3)直接剪切试验的缺点

直接剪切仪存在以下缺点：

①剪切面限定于上下盒之间的平面，而不是沿土样最薄弱的面剪切破坏；

②剪切面上剪应力分布不均匀，土样剪切破坏时先从边缘开始，在边缘发生应力集中现象；

③在剪切过程中，土样剪切面逐渐缩小，而在计算抗剪强度时却是按土样的原截面计算的；

④试验时不能严格控制排水条件，不能测量孔隙水压力，在进行不排水剪切时，试件仍有可能排水，特别是对于饱和黏性土，其抗剪强度受排水条件的影响显著。

直接剪切试验结果虽然不够理想，但是由于它具有构造简单、操作方便的优点，故仍为一般工程所采用。

2. 三轴压缩试验

三轴压缩试验是测定土抗剪强度的一种较为完善的方法。三轴压缩仪由压力室、轴向加荷系统、周围压力系统、孔隙水压力量测系统组成，如图5-12所示。压力室是三轴压缩仪的主要组成部分。它是一个由金属上盖、底座和透明有机玻璃圆筒组成的密闭容器。

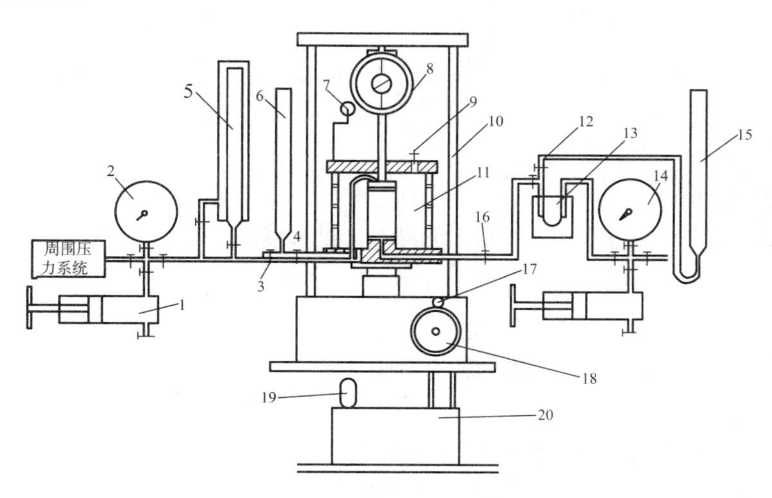

图5-12　三轴仪组成示意图

1—调压筒；2—周围压力表；3—周围压力阀；4—排水阀；5—体变管；6—排水管；7—变形量表；8—量力环；9—排气孔；10—轴向加压设备；11—压力室；12—量管阀；13—零位指示器；14—孔隙压力表；15—量管；16—孔隙压力阀；17—离合器；18—手轮；19—马达；20—变速箱

(1)试验原理

三轴剪切试验所用土样是圆柱形。一组试验需3~4个试样，分别在不同的周围压力下进行。试验时，先对试样施加均布的周围压力 σ_3，此时土内无剪应力。然后施加轴压增量，水平向 $\sigma_2=\sigma_3$ 保持不变。在偏应力 $\Delta\sigma_1(\Delta\sigma_1=\sigma_1-\sigma_3)$ 的作用下试样中产生剪应力，当 $\Delta\sigma_1$ 增加时，剪应力也随之增加，当增大到一定数值时，试样被剪坏。由土样破坏时的 σ_1 和 σ_3 所作的应力圆是极限应力圆。同一组土的3~4个试样在不同的 σ_3 条件下进行试验，同理可作出3~4极限应力圆、作极限应力圆的公切线，则为该土样的抗剪强度包络线，由此便可求得土样的抗剪强度指标 c、φ 的值。

(2)三轴剪切试验方法分类

①不固结不排水剪试验(UU试验)

试样在施加周围压力和随后施加偏应力直至剪坏的整个试验过程中，都不允许排水。UU试验得到的抗剪强度指标用 c_u、φ_u 表示。这种试验方法所对应的实际工程条件相当于饱和软黏土中快速加荷时的应力状况。

②固结不排水剪试验(CU试验)

在施加周围应力 σ_3 时将排水阀门打开，允许试样充分排水，待固结稳定后关闭阀门，再施加偏应力，使试样在不排水的条件下剪切破坏。CU试验得到的抗剪强度指标用 c_{cu}、φ_{cu} 表示。其适用的实际工程条件为一般正常固结土层在工程竣工或在使用阶段受到大量、快速的活荷载或新增荷载作用下所对应的受力情况。

③固结排水剪试验(CD试验)

在施加周围应力和随后施加偏应力直至剪切破坏的整个过程中都将排水阀门打开，并给予充分的时间让试样中的孔隙水压力能够完全消散。CD试验得到的抗剪强度指标用 c_{cd}、φ_{cd} 表示。

(3)三轴剪切试验的缺点

①试验操作比较复杂，对试验人员的操作技术要求比较高；

②常规三轴剪切试验中的试样所受的力是轴对称的，与工程实际中土体的受力情况不太相符。

3. 无侧限抗压强度试验

做三轴试验时，如果对土样不施加周围压力，而只施加轴向压力，则土样剪切破坏的最小主应力 $\sigma_{3f}=0$，最大主应力 $\sigma_{1f}=q_u$，此时绘出的摩尔极限应力圆如图5-13所示。q_u 称为土的无侧限抗压强度。

对于饱和软黏土，可以认为 $\varphi=0$，此时其抗剪强度线与 σ 轴平行，且有 $c_u=\frac{q_u}{2}$。因此，可用无侧限抗压试验测定饱和软黏土的强度。该试验多在无侧限抗压仪上进行。

本试验只适用于饱和黏性土。由于没有施加周围压力，因而根据试验结果只能做出一个极限应力圆。其抗剪强度包络线为一水平线，抗剪强度指标为

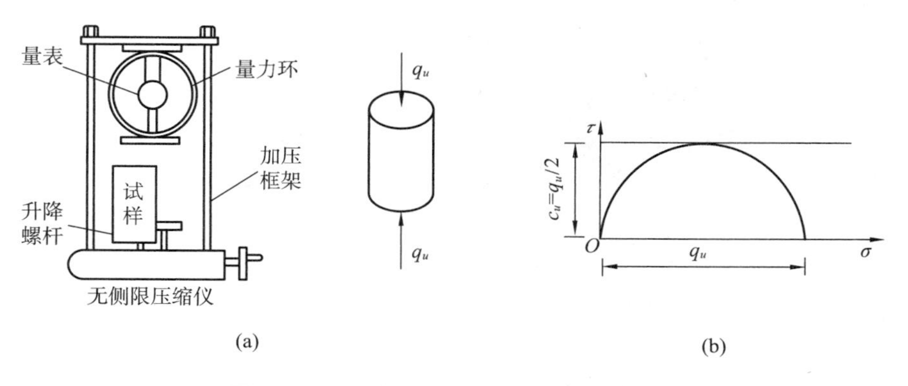

图 5－13　无侧限抗压强度试验极限应力圆

$$c_u = \frac{q_u}{2} = \tau_u \qquad (5-11)$$

4. 十字板剪切试验

十字板剪切仪示意图如图 5－14 所示。在现场试验时，先钻孔至需要试验的土层深度以上 750mm，再将装有十字板的钻杆放入钻孔底部，并插入土中 750mm，施加扭矩使钻杆旋转直至土体剪切破坏。土体的剪切破坏面为十字板旋转所形成的圆柱面。土的抗剪强度可按式(5－11)计算。

$$\tau_f = k_c(p_c - f_c) \qquad (5-12)$$

式中　p_c——土发生剪切破坏时的总作用力，由弹簧秤读数求得，N；

f_c——钻轴杆及设备的机械阻力，在空载时由弹簧秤事先测得，N/mm²；

k_c——十字板常数，按式(5－12)计算

$$k_c = \frac{2R}{\pi D^2 H\left(1 + \frac{D}{3H}\right)} \qquad (5-13)$$

式中，H、D 分别为十字板的高度和直径，mm；R 为转盘的半径，mm。

十字板剪切试验的优点是不需钻取原状土样，对土的结构扰动较小，它适用于软塑状态的黏性土。

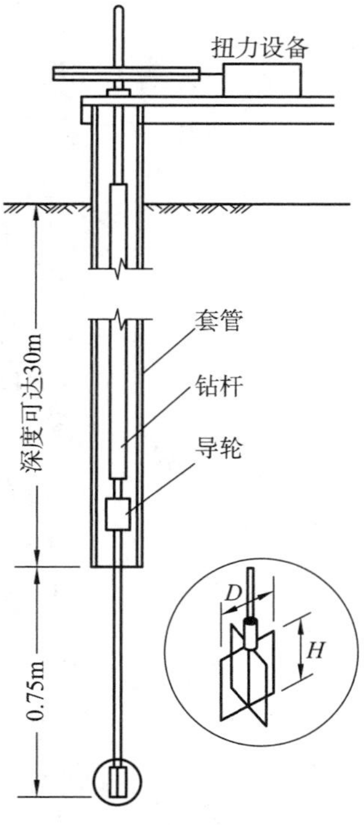

图 5－14　十字板剪切仪示意图

二、不同排水条件下抗剪强度指标比较

我们知道，随着饱和黏性土固结度的增加，土颗粒之间的有效应力也随之增大。由于黏性土的抗剪强度公式（$\tau_f = c + \sigma\tan\varphi$）中的法向应力应采用有效应力 σ'，因

此，饱和黏性土的抗剪强度与土的固结程度密切相关。在确定饱和黏性土的抗剪强度时，要考虑土的实际固结程度。试验表明，土的固结程度与土中孔隙水的排水条件有关。在试验时必须考虑实际工程地基土中孔隙水排出的可能性。根据实际工程地基的排水条件，室内抗剪强度试验分别采用以下三种方法：不固结不排水剪（快剪）、固结不排水剪（或固结快剪）和固结排水剪（慢剪）。试验方法不同，得到的抗剪强度指标不同。

对于饱和黏性土，不固结不排水剪试验（UU 试验）所得出的抗剪强度包络线基本上是一条水平线图（如图 5－15 所示），$\varphi_u=0$，$c_u=(\sigma_1-\sigma_3)/2$。

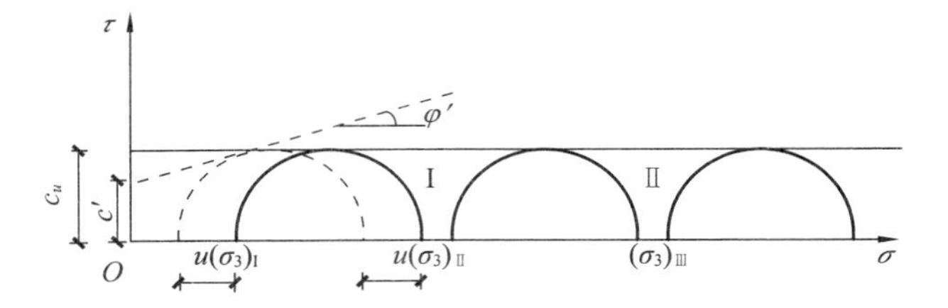

图 5－15　饱和黏土不固结不排水剪（UU）抗剪强度包络线

在固结不排水剪试验（CU 试验）中，可测得剪切过程中的孔隙水压力的数值，由此可求得有效应力。土样剪坏时的有效最大主应力 σ'_{1f}和最小主应力 σ'_{3f}分别为

$$\left.\begin{aligned}\sigma'_{1f}&=\sigma_{1f}-u_f\\ \sigma'_{3f}&=\sigma_{3f}-u_f\end{aligned}\right\}\tag{5-14}$$

式中　σ_{1f}、σ_{3f}——土样剪切破坏时的最大、最小主应力；

u_f——土样剪切破坏时的孔隙水压力。

用有效应力从 σ'_{1f}和 σ'_{3f}可绘制出有效摩尔应力圆和土的有效抗剪强度包络线，如图 5－16 所示，其中，虚线为有效应力强度包络线，实线为总应力强度包络线。显然，有效摩尔应力圆与总摩尔应力圆的大小一样，只是当土样剪切破坏时的孔隙水压力 $u_f>0$ 时，前者在后者的左侧，距离为 u_f；而当 $u_f<0$ 时，则在其右侧。

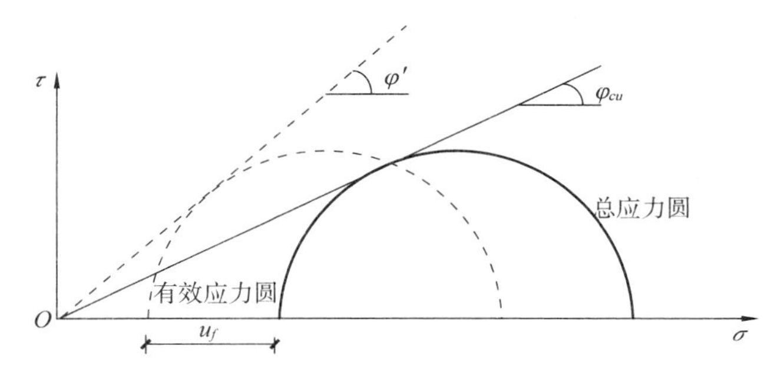

图 5－16　固结不排水剪（CU）强度包络线

在固结排水剪试验（CD 试验）的全过程中让土样充分排水（将排水阀门开启），使土样中不产生孔隙水压力，图 5－17 是一组排水试验结果。

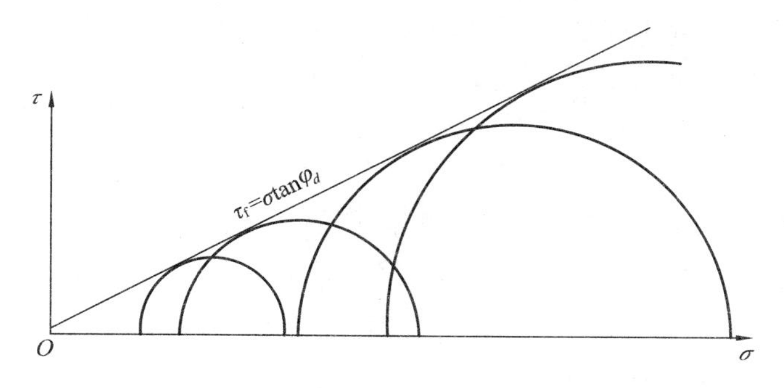

图 5－17　固结排水剪(CD)强度包线

在实际工程中应当具体采用上述哪种试验方法，要根据地基土的实际受力情况和排水条件而定。表 5－1 给出了试验过程中孔隙水压力 u 及含水量 w 的变化。近年来，国内房屋建筑施工周期缩短，结构荷载增长速率较快，因此，验算施工结束时的地基短期承载力时，建议采用不固结不排水剪，以保证工程的安全。对于施工周期较长、结构荷载增长速率较慢的工程，宜根据建筑物的荷载及预压荷载作用下地基的固结程度，采用固结不排水剪。

表 5－1　试验过程中的孔隙水压力 u 及含水量 w 的变化

试验方法	加荷情况	
不固结不排水剪 (UU)	$u_1=\sigma_3$(不固结) $w_1=w_0$(含水量不变)	$u_2=A(\sigma_1-\sigma_3)$(不排水) $w_2=w_0$(含水量不变)
固结不排水剪 (CU)	$u_1=0$(固结) $w_1<w_0$(含水量减小)	$u_2=A(\sigma_1-\sigma_3)$(不排水) $w_2=w_1$(含水量不变)
固结排水剪 (CD)	$u_1=0$(固结) $w_1<w_0$(含水量减小)	$u_2=0$(排水) $w_2<w_1$(正常固结土排水) $w_2>w_1$(超固结土吸水)

注：此处所用符号是英文字的第一个字母：U——不固结或不排水(unconsolidation or undrained)；C——固结(consolidation)；D——排水(drained)。

三、抗剪强度指标选择

在实际工程中，地基条件与加荷情况不一定非常明确，如加荷速度的快慢、土层的厚薄、荷载大小以及加荷过程等都没有定量的界限值，而常规的直剪试验与三轴压缩试验是在理想化的室内试验条件下进行，与实际工程之间存在一定的差异。因此，在选用强度指标前需要认真分析实际工程的地基条件与加荷条件，并结合类似工程的经验加以判断，选用合适的试验方法与强度指标。

1. 试验方法

相对于三轴压缩试验而言，直剪试验的设备简单，操作方便，故目前在实际工程中使用比较普遍。然而，直剪试验中只是用剪切速率的“快”与“慢”来模拟试验中的“不排水”和“排水”，对试验排水条件的控制是很不严格的，因此，在有条件的情况下应尽量采用三轴压缩试验方法。

2. 有效应力强度指标

用有效应力法及相应指标进行计算时，概念明确，指标稳定，是一种比较合理的分析方法，只要能比较准确地确定孔隙水压力，就应该推荐采用有效应力强度指标。当土中的孔隙水压力能通过试验、计算或其他方法加以确定时，宜采用有效应力法。有效应力强度指标可用三轴固结排水剪、三轴固结不排水剪(测孔隙水压力)测定。

3. 不固结不排水剪指标

土样进行不固结不排水剪试验时，所施加的外力将全部由孔隙水压力承担，土样完全保持初始的有效应力状况，所测得的强度即为土的天然强度。在对可能发生快速加荷的正常固结黏性土上的路堤进行短期稳定分析时，可采用不固结不排水的强度指标；对于土层较厚、渗透性较小、施工速度较快的工程进行施工期或竣工时短期稳定分析时，也可采用不固结不排水剪的强度指标。

4. 固结不排水剪指标

土样进行固结不排水剪试验时，周围固结压力将全部转化为有效应力，而施加的偏应力将产生孔隙水压力。在对土层较薄、渗透性较大、施工速度较慢的工程进行分析时，可采用固结不排水剪的强度指标。

土的抗剪强度指标的工程数值范围大致为：砂土的内摩擦角变化范围不是很大，中砂、粗砂、砾砂内摩擦角一般为32°~40°；粉砂、细砂一般为28°~36°。

黏性土的抗剪强度指标变化范围很大，内摩擦角的变化范围为0°~30°，黏聚力则可以由小于10kPa变化到200kPa以上。

第四节　孔隙水压力系数及应力路径

一、三轴压缩试验中的孔隙水压力

根据有效应力原理($\sigma=\sigma'+u$)，先求出土中总应力，欲求有效应力的关键在于孔隙水压力。为此，斯开普顿(A. W. Skemp-ton，1954)提出用孔隙水压力系数表示孔隙水压力的发展和变化。

下面结合图5－18说明饱和黏土在三轴压缩试验过程中孔隙水压力的变化。假设图5－18中试样在围压 σ_c 下已发生排水固结，固结稳定后试样中超静孔隙水压力 $u_0=0$，根据有效应力原理，此时试样中的有效应力 $\sigma'=\sigma_c$。常规三轴不固结不排水压缩试验中，作用在试样上的荷载分两次施加：先给试样施加围压增量 $\Delta\sigma_3$，然后在围压不变条件下在轴向施加主应力增量差（$\Delta\sigma_1-\Delta\sigma_3$）。在不排水、不排气条件下，$\Delta\sigma_3$ 和（$\Delta\sigma_1-\Delta\sigma_3$）施加引起的超静孔隙水压力增量分别为 Δu_3、Δu_1。

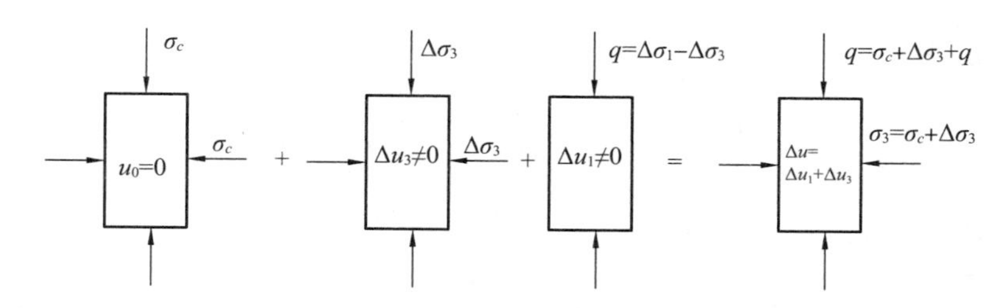

图5－18　饱和黏性土三轴压缩不固结、不排水试验围压加载示意图

第一次加载时，三个主应力方向的应力增量均为 $\Delta\sigma_3$，加载后三个主应力方向的总应力为 $\Delta\sigma_1=\Delta\sigma_2=\Delta\sigma_3=\sigma_c+\Delta\sigma_3$，其中超静孔隙水压力为 Δu_3。

第二次加载时，只在轴向施加主应力增量差（$\Delta\sigma_1-\Delta\sigma_3$），加载后侧向主应力的总应力为 $\sigma_2=\sigma_3=\sigma_c+\Delta\sigma_3$，竖向主应力的总应力为 $\sigma_1=\sigma_c+\Delta\sigma_3+\Delta\sigma_1-\Delta\sigma_3=\sigma_c+\Delta\sigma_1$，其中超静孔隙水压力增量为 Δu_1。

于是，整个加载过程中产生的超静孔隙水压力为

$$\Delta u=\Delta u_3+\Delta u_1 \tag{5-15}$$

二、孔隙水压力系数

1. 孔隙水压力系数的定义

斯开普顿分别用两个孔隙水压力系数 A 和 B 描述两次加载过程中产生的超静孔隙水压力。

第一次加载中，把围压增量下的孔隙水压力变化 Δu_3 与围压增量 $\Delta\sigma_3$ 之比定义为孔隙水压力系数 B，即

$$B=\Delta u_3/\Delta\sigma_3 \tag{5-16}$$

第二次加载中，把主应力差作用下的孔隙水压力变化 Δu_1 与主应力差（$\Delta\sigma_1-\Delta\sigma_3$）之比定义为孔隙水压力系数 $\overline{A}$，即

$$\overline{A}=\Delta u_1/(\Delta\sigma_1-\Delta\sigma_3) \tag{5-17}$$

将式（5－14）和式（5－15）代入式（5－16），得到

$$\Delta u=B\Delta\sigma_3+\overline{A}(\Delta\sigma_1-\Delta\sigma_3)=B[\Delta\sigma_3+\overline{A}(\Delta\sigma_1-\Delta\sigma_3)/B] \tag{5-18}$$

令 $A=\overline{A}/B$，则

$$\Delta u = B[\Delta\sigma_3 + A(\Delta\sigma_1 - \Delta\sigma_3)] \tag{5-19}$$

A 是另一个孔隙水压力系数。

式(5－18)可以改写为

$$\Delta u = B\Delta\sigma_1[\Delta\sigma_3/\Delta\sigma_1 + A(1 - \Delta\sigma_3/\Delta\sigma_1)] = B\Delta\sigma_1[A + (1 - A)\Delta\sigma_3/\Delta\sigma_1] \tag{5-20}$$

两边同时除以 $\Delta\sigma_1$，得到

$$\Delta u/\Delta\sigma_1 = B[A + (1 - A)\Delta\sigma_3/\Delta\sigma_1] \tag{5-21}$$

如果令 $\Delta u/\Delta\sigma_1 = \overline{B}$，则

$$\overline{B} = B[A + (1 - A)\Delta\sigma_3/\Delta\sigma_1] \tag{5-22}$$

孔隙水压力系数 $\overline{B}$ 表示孔隙水压力增量与主应力增量的比值。

2. 测定

在三轴不排水剪切试验中，各加载阶段的超静孔隙水压力增量 Δu_3 和 Δu_1 可以测量，因此，孔隙水压力系数 B 和 A 或 $\overline{A}$ 可以按式(5－15)、式(5－16)计算。

对饱和土而言，由于 $B = 1$，则 $A = \overline{A}$。两个加载阶段产生的超静孔隙水压力增量分别为

$$\Delta u_3 = \Delta\sigma_3$$

$$\Delta u_1 = A(\Delta\sigma_1 - \Delta\sigma_3)$$

因此，饱和土的不固结不排水剪切试验中，总的超静孔隙水压力增量为

$$\Delta u = \Delta\sigma_3 + A(\Delta\sigma_1 - \Delta\sigma_3)$$

在固结不排水剪切试验中，试样在 $\Delta\sigma_3$ 下固结，因此，开始剪切前超静孔隙水压力 Δu_3 已经消散为零，于是，总的超静孔隙水压力增量为

$$\Delta u = \Delta u_1 = A(\Delta\sigma_1 - \Delta\sigma_3)$$

固结排水剪切试验中，不仅要求开始剪切前 Δu_3 消散为零，而且要求剪切过程中 Δu_1 也始终保持为零，因此，总的超静孔隙水压力增量为

$$\Delta u = 0$$

有了上述三轴压缩试验各阶段的超静孔隙水压力，便可以得到各个孔隙水压力系数。

3. 讨论

孔隙水压力系数 B 反映试样在围压增量 $\Delta\sigma_3$ 下超静孔隙水压力的变化。在饱和土的不固结、不排水剪切试验中，由于孔隙水和土体颗粒都认为是不可压缩的，因此，$\Delta\sigma_3$ 的施加完全由孔隙水承担，即 $B = 1$，这样 B 也常被用作判断试样是否完全饱和的指标。测定土体的有效应力强度指标时，常要求 B 接近于1。干土中，由于孔隙气的压缩性比土骨架高很多，$\Delta\sigma_3$ 将完全由土骨架承担，即 $B = 0$。非饱和土的 B 介于0与1之间。

常规三轴压缩试验中，$\Delta\sigma_3$ 保持不变，因此，在不固结阶段 Δu_3 也不变，这样

B 为定值。试验中 A 不是定值，其大小随偏应力增加而呈非线性变化，高压缩性土的 A 值大。超固结土在固结不排水剪切试验中，会产生负的孔隙水压力，因此，A 也会是负值。同一种土的 A 值会受应变大小、初始应力状态和应力历史等因素影响，一般文献中会给出大多数土的孔隙压力系数 A 的参考值，但此处建议根据土体的实际应力历史及应力、应变条件，由三轴压缩试验直接测出 A 值。

三、应力路径

剪切过程中，试样在某一个特定面上的应力状态变化可以用一组摩尔圆表示。由于试验中应力不是单调变化的，而是有时增加有时减小，这样的变化过程用摩尔圆表示就不是很方便，如果把几个试样的摩尔圆画在一张图上，就更不清晰了。为了便于表述，一般不作摩尔圆，而将该面上的应力变化用应力坐标图中应力点的移动轨迹表示，这种轨迹称为应力路径。

通常在摩尔圆上选择一个特征应力点代表整个应力圆，常用的特征点是应力圆的顶点，由图 5－19(a)可知，其坐标为 $p=(\sigma_1+\sigma_3)/2$ 和 $q=(\sigma_1-\sigma_3)/2$。按照应力变化顺序把这些点连接起来就是应力路径，如图 5－19(b)所示，并用箭头指明应力状态的变化方向。

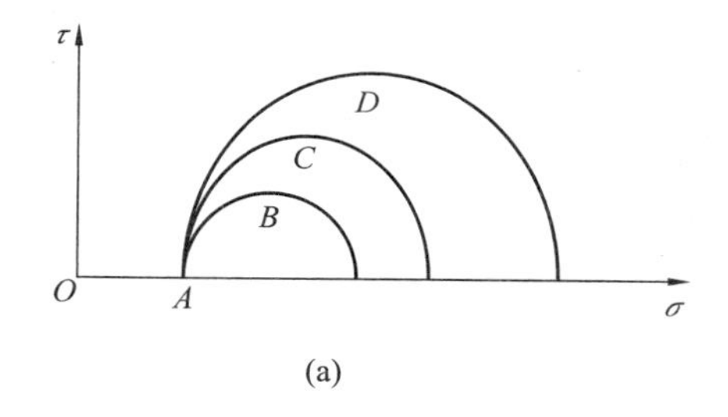

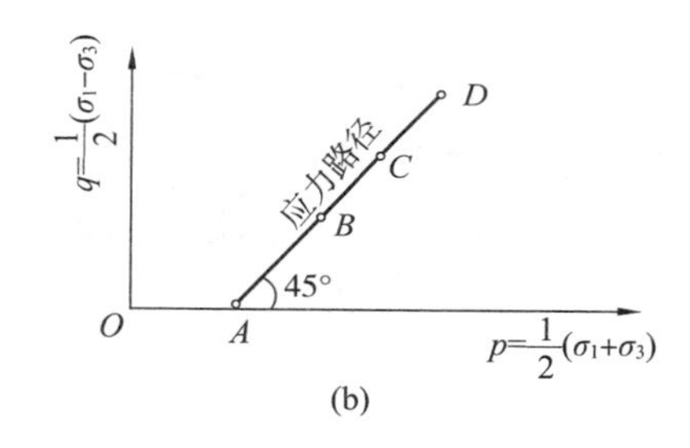

图 5－19　应力路径示意图

摩尔圆有总应力圆与有效应力圆之分，将连接极限总应力圆顶点的直线称为 K_f 线，将连接极限有效应力圆顶点的直线称为 K'_f 线。

三轴固结不排水试验中，正常固结黏土在不排水剪切时产生正的孔隙水压力，因此，有效应力路径总在总应力路径的左边。如图 5－20 所示，试样在 A 点固结后

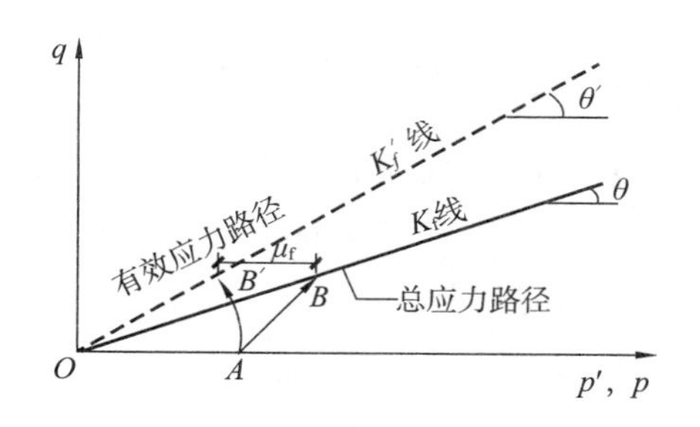

图 5－20　正常固结黏土三轴固结不排水试验应力路径

开始不排水剪切试验，随着轴向压力的施加，试样的总应力路径从 A 点开始，沿着与横坐标逆时针方向成45°的直线到 B 点剪破，而有效应力路径则从 A 点开始沿曲线到 B' 点剪破，直线 AB 与曲线 AB' 之间的水平距离就是试样在受剪过程中的孔隙水压力，μ_f 为剪切破坏时的孔隙水压力。

三轴固结不排水试验中，弱超固结试样在受剪过程中与正常固结土一样也产生正的孔隙水压力，那么，有效应力路径（图 5－21 中 AB'）也在总应力路径（图 5－21 中 AB）左边。强超固结试样开始剪切时出现正的孔隙水压力，然后逐渐转为负值，故有效应力路径开始在总应力路径（图 5－21 中 CD）左边，后来逐渐转移到右边（图 5－21 中 CD'），到 D 点处剪破。

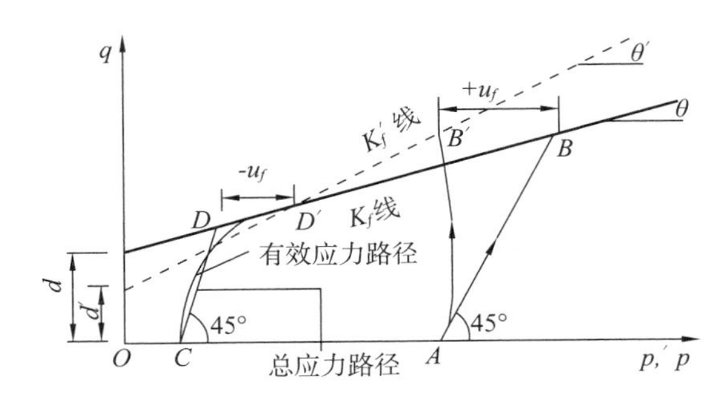

图 5－21　超固结土三轴固结不排水试验应力路径

根据图 5－22 中应力路径 K_f 线与抗剪强度包络线之间的几何关系，很容易得到应力路径 K_f 线的截距 d、倾角 θ 与强度指标 c、φ 的关系为

$$\sin\varphi = \tan\theta \tag{5-23a}$$

$$c\cos\varphi = d \tag{5-23b}$$

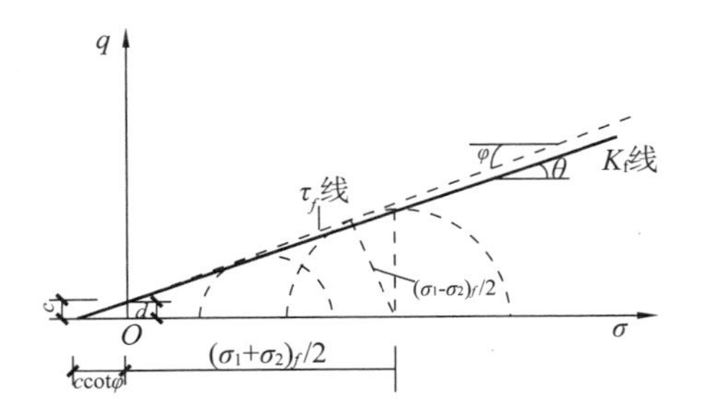

图 5－22　K_f 线与抗剪强度包线的关系

同样可以得到 K'_f 线的截距 d'、倾角 θ' 与强度指标 c'、φ' 的关系为

$$\sin\varphi' = \tan\theta' \tag{5-24a}$$

$$c'\cos\varphi' = d' \tag{5-24b}$$

复习思考题

5－1　什么叫土的抗剪强度？

5－2　砂土与黏性土的抗剪强度表达式有何不同？

5－3　为什么说土的抗剪强度不是一个定值？

5－4　何谓土的极限平衡条件？

5－5　土体中发生剪切破坏的平面是不是剪应力最大的平面？在什么情况下，破坏面与最大剪应力面是一致的？一般情况下，破裂面与大主应力作用面的角度为多少？

5－6　影响土的抗剪强度的因素有哪些？

5－7　用库仑定律和摩尔应力圆原理说明：当 σ_1 不变时，σ_3 越小越易破坏；当 σ_3 不变时，σ_1 越大越易破坏。

习　题

5－1　设砂土地基中某点的大主应力 $\sigma_1=400\text{kPa}$，小主应力 $\sigma_3=200\text{kPa}$，砂土的内摩擦角 $\varphi=25°$，黏聚力 $c=0$，试判断该土是否被破坏。

5－2　已知某土体的抗剪强度指标 $c=10\text{kPa}$，$\varphi=30°$，作用在地基上的最大主应力 $\sigma_1=400\text{kPa}$，而最小主应力 σ_3 为多少时，该处会发生剪切破坏？

5－3　已知某土体的抗剪强度指标 $c=20\text{kPa}$，$\varphi=22°$，作用在地基上某一平面的应力 $\sigma=100\text{kPa}$，$\tau=60.4\text{kPa}$，试问该应力状态下能否发生剪切破坏？

5－4　地基中某一单元土体上的大主应力 $\sigma_1=400\text{kPa}$，小主应力 $\sigma_3=180\text{kPa}$。通过试验测得土的抗剪强度指标为 $c=18\text{kPa}$，$\varphi=20°$。试问：(1)土中最大剪应力是多少？(2)土中最大剪应力面是否已被剪破？(3)该土处于何种状态？

5－5　一组三个饱和黏性土试样，做三轴固结不排水剪切试验，试验结果见表5－2，试用作图法求该土样的总应力和有效应力强度指标 c_{cu}、φ_{cu}，c'、φ'。

表5－2　习题5－5的试验结果

固结压力 σ_3/kPa	剪破时	
	σ_1/kPa	u_f/kPa
100	205	63
200	385	110
300	570	150

第六章　地基承载力

第一节　地基的破坏形态

一、概述

地基承载力是指地基土承受荷载的能力。在建筑物荷载作用下，地基可能发生两类破坏：

(1)地基在建筑物荷载作用下产生不均匀变形或过大变形，导致建筑物严重下沉、倾斜、挠曲，从而使建筑物失去使用价值；

(2)建筑物的荷载过大，使得地基内出现剪切破坏(塑性变形)区，当剪切破坏区不断扩大而形成连续的滑移面时，基础下面的土体将沿着滑移面整体滑动，即地基丧失了稳定性，从而导致建筑物发生倾倒、坍塌等灾难性破坏。

因此，在建筑物荷载作用下，地基的变形不能超过建筑物的允许变形范围，同时建筑物的荷载也不能超出地基所容许的承载能力范围。地基承载力问题是土力学与基础工程中一个重要的研究课题，其目的是为了掌握地基的承载力规律，在充分发挥地基承载能力的同时，确保地基不致因荷载作用而发生剪切破坏，以及产生过大变形而影响建筑物的正常使用，从而使建筑物在使用期内能安全、正常地发挥其应有的功能。

二、地基破坏模式

建筑物因地基承载力不足而引起的破坏，通常是由地基土的剪切破坏所致，已有的研究表明，浅基础的地基破坏模式有三种：整体剪切破坏、局部剪切破坏和冲切剪切破坏。

1. 整体剪切破坏

整体剪切破坏是一种在浅基础荷载作用下地基产生连续剪切滑动面的地基破坏形式，其概念最早由普朗德尔提出。它的破坏特征是：当荷载较小时，地基产生近似线弹性变形，其荷载－沉降曲线($p-s$ 曲线)呈线性；当荷载达到一定数值时，基础边缘以下的土体首先发生剪切破坏，随着荷载的继续增大，剪切破坏的区域也逐渐扩大，此时的 $p-s$ 曲线由直线转为弯曲；当剪切破坏区在地基中形成连续的滑动面时，基础就会急剧下沉并向一侧倾斜甚至倾倒，基础两侧的地面向上隆起，最终地基发生整体剪切破坏而失去继续承载的能力。描述这种破坏模式的典型 $p-s$ 曲线具有明显的转折点，如图 6－1(a)所示。在整体剪切破坏前一般不会发生过大的沉降，它是一种典型的因土体强度不足而导致的破坏，破坏具有一定的突然性。整体剪切破坏一般在密砂和坚硬的黏土中最有可能发生。

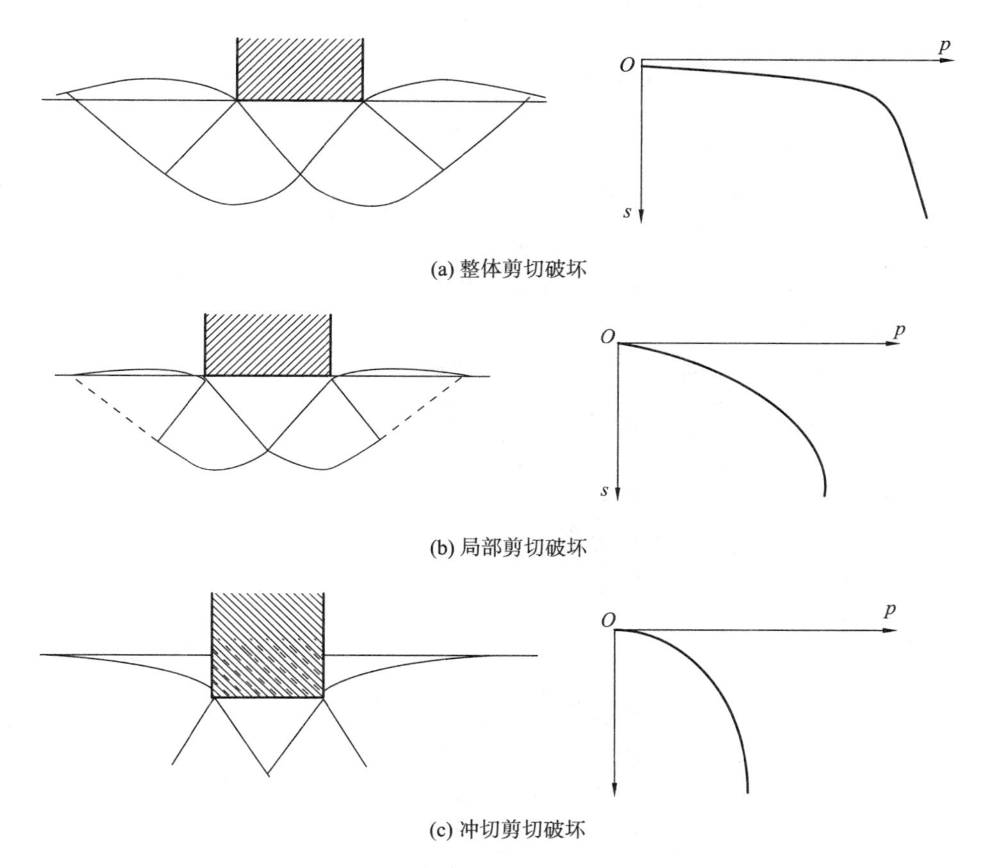

图 6－1　地基破坏模式

2. 局部剪切破坏

局部剪切破坏是一种在浅基础荷载作用下地基某一范围内发生剪切破坏的地基破坏模式。它的破坏特征是：在荷载作用下，地基在基础边缘以下的土体开始发生剪切破坏，之后随着荷载的继续增大，地基沉降增大，剪切破坏区也继续扩大，基础两侧土体有部分隆起，但剪切破坏区没有发展到地面，基础没有明显的倾斜和倒塌。地基由于产生过大的沉降而丧失继续承载能力。在相应的 $p-s$ 曲线中，曲线转折点没有整体剪切破坏那么明显，其直线段范围较小，因此，局部剪切破坏是一种以变形为主要特征的破坏模式，如图 6－1(b)所示。

3. 冲切剪切破坏

冲切剪切破坏也称刺入剪切破坏，它是一种在浅基础荷载作用下地基土发生垂直剪切破坏，使地基产生较大沉降的地基破坏模式。它的破坏特征是：当荷载较小

时，基础下土体发生压缩变形，随着荷载的增大，基础周围土体开始产生剪切破坏，基础沿着周边切入到地基土层中，不出现明显的破坏区和滑动面，基础没有明显的倾斜，基础两侧地面也无隆起现象。在相应的 $p-s$ 曲线中没有明显转折点，是一种典型的以变形为主要特征的破坏模式，如图 6－1(c)所示。在压缩性大的松砂、软土地基中容易发生冲切剪切破坏。

三、地基破坏模式的影响因素与判别

地基的破坏模式与多种因素有关，地基土的性质(如土的种类、密度、含水率、压缩性、抗剪强度等)以及基础条件(如基础形式、埋深、尺寸等)都会对地基破坏模式产生影响。土的压缩性是影响地基破坏模式的主要因素，若土的压缩性较低，土体相对比较密实，一般容易发生整体剪切破坏；若土的压缩性较高，则往往会发生局部剪切破坏或冲切剪切破坏。

地基的破坏模式除与地基土的性质、基础条件有关外，还与外荷载的加载方式、加载速率以及应力水平等因素有关。修建于密实土层中的基础，当基础埋置较深或受到瞬时冲击荷载时，地基也会发生冲切剪切破坏；修建于正常固结饱和软黏土上的基础，当快速加载时，由于孔隙水来不及排出，土体不能及时产生压缩变形，地基将会发生整体剪切破坏，而若荷载施加很慢，则可能会发生冲切剪切破坏。因此，对于具体工程可能发生的地基破坏模式，需考虑各方面的因素后再综合确定。

四、地基的破坏过程

现场载荷试验根据各级荷载及其相应的相对稳定沉降值，可得荷载与沉降的关系曲线($p-s$ 曲线)。由 $p-s$ 曲线可知，无论地基以哪种模式被破坏，其破坏过程一般经历了三个阶段：压密阶段、剪切阶段和破坏阶段。下面以地基的整体剪切破坏模式为例，描述地基的破坏过程，如图 6－2 所示。

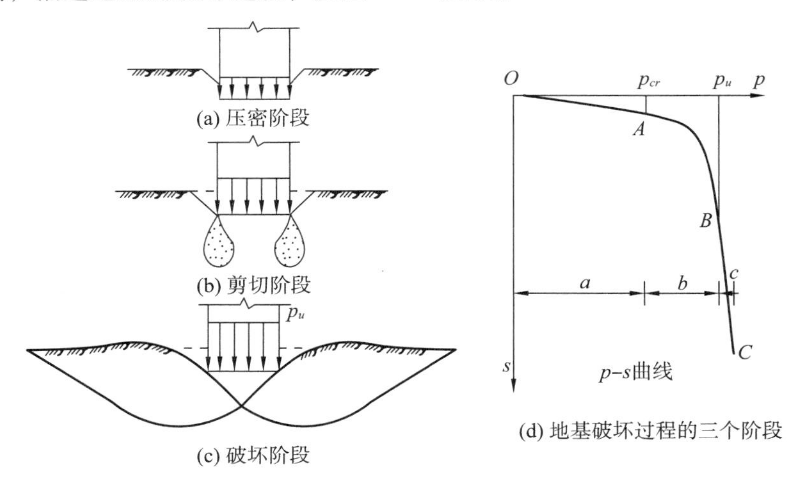

图 6－2　地基土中应力状态的三个阶段

1. 压密阶段

又称直线变形阶段，对应于 $p-s$ 曲线的 OA 段。

这个阶段的外荷载较小，地基土中各点的剪应力均小于土的抗剪强度，上体处于弹性平衡阶段，地基土以压缩变形为主。此时将 $p-s$ 曲线上对应于直线段结束点 A 的荷载称为比例界限荷载，或称临塑荷载，一般记为 p_{cr}。它是一个相当于从压密阶段过渡到剪切阶段的界限荷载。

2. 剪切阶段

又称塑性变形阶段，对应于 $p-s$ 曲线的 AB 段。

当荷载超过比例界限荷载后，从基础两侧底边缘处开始，局部区域土中的剪应力等于该处土的抗剪强度，土体处于塑性极限平衡状态，$p-s$ 曲线不再保持线性关系，沉降速率（$\Delta s/\Delta p$）随着荷载的增大而增大。随着荷载的增大，基础下的塑性变形区逐渐扩大，但塑性区并未在地基中连成一片，地基仍有一定的稳定性，但已濒临失稳。此时将 $p-s$ 曲线上对应于 B 点的荷载称为极限荷载 p_u，它是一个相当于从剪切段过渡到破坏阶段的界限荷载。

3. 破坏阶段

又称塑性流动阶段，对应于 $p-s$ 曲线的 BC 段。

该阶段基础以下两侧的地基塑性变形区贯通并连成一片，基础两侧土体隆起，基础急剧下沉。这个阶段地基土的变形不是由土的压缩引起，而是由地基土的塑性流动引起的，其结果是基础往一侧倾倒，地基整体失去稳定性。

上述地基的三个变形阶段完整地描述了地基的破坏过程，同时也说明了在不同的阶段，地基土强度的发挥程度。临塑荷载和极限荷载对研究地基的承载力具有重要的意义，下文将基于浅基础的整体剪切破坏模式来详细分析和推导临塑荷载和极限荷载的计算公式。

第二节　地基的界限荷载

一、地基塑性变形区边界方程

假设一宽度为 b、埋深为 d 的条形基础，由建筑物荷载引起的基底压力为 p，如图 6-3 所示。条形基础两侧的荷载 $q=r_0d$，γ_0 为基础埋置深度范围内土层的加权平均重度，地下水位以下取有效重度。因此，基底附加压力应该是 $p_0=p-q$。

根据弹性理论，条形荷载作用下，地基中任意一点 M 处产生的附加大小应力应该表示为

$$\Delta\sigma_1=\frac{p_0}{\pi}(\beta_0+\sin\beta_0) \tag{6-1}$$

$$\Delta\sigma_3=\frac{p_0}{\pi}(\beta_0-\sin\beta_0) \tag{6-2}$$

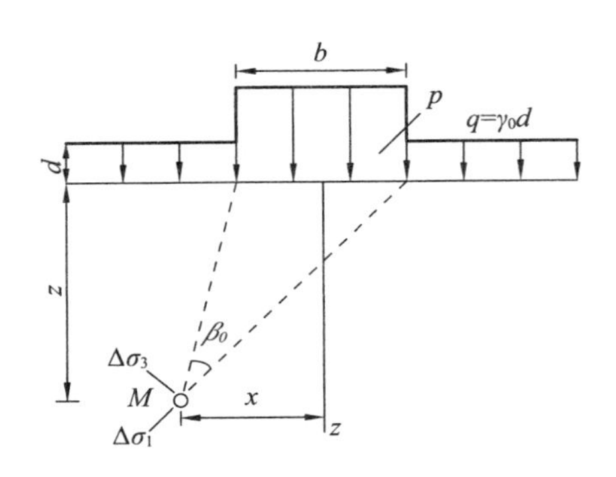

图 6－3　均布条形荷载作用下地基中的主应力

式中　p_0——基底附加压力，kPa；

β_0——基底中任意一点 M 与均布条形荷载两端点的夹角，rad(弧度)。

$\Delta\sigma_1$ 的作用方向与 β_0 的角平分线一致，作用在 M 点的应力，除了由条形荷载引起的附加应力外，还有土体自重应力$(q+\gamma z)$，γ 为持力层土的重度，地下水位以下取有效重度。

由于土自重应力的主应力方向与由条形荷载引起的附加主应力方向不一致，所以为了推导方便，假设地基土原有自重应力场的静止侧压力系数 $K_0=1$，因此，地基中任意点 M 的大、小主应力分别为

$$\sigma_1=\frac{p_0}{\pi}(\beta_0+\sin\beta_0)+q+\gamma z \tag{6-3}$$

$$\sigma_3=\frac{p_0}{\pi}(\beta_0-\sin\beta_0)+q+\gamma z \tag{6-4}$$

式中　q——基础两侧的荷载，$q=\gamma_0 d$，d 为基础埋深；

γ——地基持力层土的重度，地下水位以下取有效重度。

根据土的极限平衡理论，当 M 点的应力达到极限平衡状态时，其大、小主应力应满足

$$\sin\varphi=\frac{\sigma_1-\sigma_3}{\sigma_1+\sigma_3+2\cot\varphi} \tag{6-5}$$

将式(6－3)、式(6－4)代入式(6－5)可得

$$z=\frac{p-q}{\gamma\pi}\left(\frac{\sin\beta_0}{\sin\varphi}-\beta_0\right)-\frac{1}{\gamma}(c\cot\varphi+q) \tag{6-6}$$

式中，c、φ 分别为 M 点处土的黏聚力和内摩擦角。

式(6－6)即为满足极限平衡条件的地基塑性变形区边界方程，它表示塑性区边界上任意一点的深度 z 与 β_0 角之间的关系。如果荷载 p、基础埋深 d 以及土的性质指标 γ、c、φ 均为已知，则可根据式(6－6)给出塑性区的边界线，如图 6－4 所示。

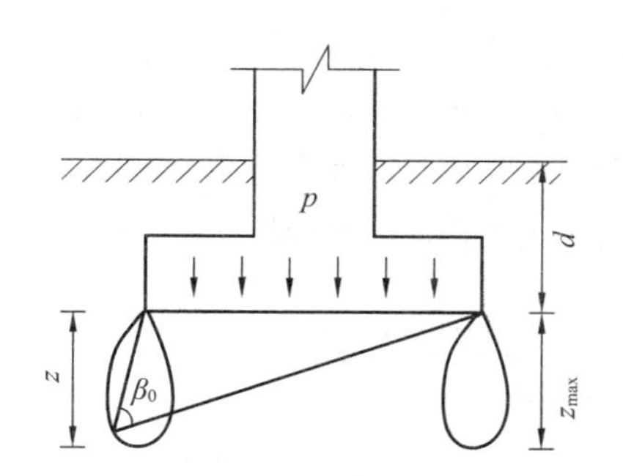

图6-4　条形基础底面边缘的塑性区

二、地基的临塑荷载和临界荷载

1. 临塑荷载

临塑荷载是指基础边缘地基中刚要出现塑性变形区时基底单位面积上所承担的荷载，它是相对于地基土中应力状态从压密阶段过渡到剪切阶段的界限荷载。根据塑性变形区边界方程即可推导出地基的临塑荷载计算公式。

随着基础荷载的增大，在基础两侧以下土中的塑性变形区对称地扩大。塑性变形区开展的最大深度 z_{max} 可由 $\frac{dz}{d\beta_0}=0$ 求得，即

$$\frac{dz}{d\beta_0}=\frac{p-q}{\gamma\pi}\left(\frac{\cos\beta_0}{\sin\varphi}-1\right)=0 \tag{6-7}$$

则有 $\cos\beta_0=\sin\varphi$，即 $\beta_0=\frac{\pi}{2}-\varphi$。将式(6-7)代入式(6-6)得

$$z_{max}=\frac{p-q}{\gamma\pi}\left(\cot\varphi+\varphi-\frac{\pi}{2}\right)-\frac{1}{\gamma}(c\cot\varphi+q) \tag{6-8}$$

由式(6-8)可知，在其他条件不变的情况下，当基底压力 p 增大时，z_{max} 也相应增大，即塑性区变形开展得越深。根据临塑荷载的定义，$z_{max}=0$ 时所对应的荷载即为临塑荷载，令式(6-8)等于零，可得临塑荷载的公式如下：

$$p_{cr}=\frac{\pi(c\cot\varphi+q)}{\cot\varphi+\varphi-\frac{\pi}{2}} \tag{6-9}$$

或

$$p_{cr}=cN_c+qN_q \tag{6-10}$$

式中，N_c、N_q 为承载力系数，$N_c=\frac{\pi\cot\varphi}{\cot\varphi+\varphi-\frac{\pi}{2}}$，$N_q=\frac{\cot\varphi+\varphi+\frac{\pi}{2}}{\cot\varphi+\varphi-\frac{\pi}{2}}$。

2. 临界荷载

工程实践表明，即使地基中产生塑性变形区，只要塑性变形区的开展范围不超过一定的限度，就不会影响建筑物的安全和正常使用。因此，采用不允许地基产生塑性变形区的临塑荷载作为地基承载力，往往不能充分发挥地基的承载能力，且过

于保守。但究竟允许地基中的塑性变形区发展到多大范围才合适，这与建筑物的重要性、荷载的性质和大小、基础形式、地基土的物理力学特性等因素有关。已有的工程经验表明，在轴心荷载作用下，塑性变形区允许最大开展深度 $z_{max}=b/4$；在偏心荷载作用下，塑性变形区允许最大开展深度 $z_{max}=b/3$。相应的地基承载力用 $p_{1/4}$、$p_{1/3}$ 表示，称为临界荷载。

将 $z_{max}=b/4$ 或 $z_{max}=b/3$ 代入式(6－8)得

$$p_{1/4}=\frac{\pi\left(c\cot\varphi+q\,\frac{1}{4}\gamma b\right)}{\cot\varphi+\varphi-\frac{\pi}{2}}+q \tag{6-11}$$

或

$$p_{1/3}=cN_c+qN_q+\gamma bN_{1/4} \tag{6-12}$$

$$p_{1/3}=\frac{\pi\left(c\cot\varphi+q+\frac{1}{4}\gamma b\right)}{\cot\varphi+\varphi-\frac{\pi}{2}}+q \tag{6-13}$$

或

$$p_{1/3}=cN_c+qN_q+\gamma bN_{1/3} \tag{6-14}$$

上式中

$$N_{1/4}=\frac{\pi}{4\left(\cot\varphi-\frac{\pi}{2}+\varphi\right)} \tag{6-15}$$

$$N_{1/3}=\frac{\pi}{3\left(\cot\varphi-\frac{\pi}{2}+\varphi\right)} \tag{6-16}$$

分析式(6－11)、式(6－12)、式(6－13)和式(6－14)可知，地基的临界荷载大小随 c、φ、q、γ、b 的增大而增大。

关于地基的临塑荷载 p_{cr}，临界荷载 $p_{1/3}$、$p_{1/4}$，在实际应用过程中需要注意下列问题：

①p_{cr}、$p_{1/3}$ 和 $p_{1/4}$ 的计算公式都是在条形基础受均布荷载的条件下推导而得出的，若用于矩形基础或圆形基础，会有一定的误差，但结果偏于安全。

②在推导 p_{cr}、$p_{1/3}$ 和 $p_{1/4}$ 的计算公式的过程中，均假定 $K_0=1$。实际上，土的自重主应力方向一般为竖向和水平方向，外荷载产生的附加应力与土的自重应力是不能按式(6－4)、式(6－5)那样直接叠加的。

③在推导 p_{cr}、$p_{1/3}$ 和 $p_{1/4}$ 计算公式的过程中，荷载形式是中心垂直均布荷载。如果实际工程中为偏心荷载或倾斜荷载，则应对计算公式进行一定的修正，特别是当荷载偏心较大时，上述公式不宜直接采用。

④在推导 $p_{1/3}$ 和 $p_{1/4}$ 计算公式的过程中，土中已出现塑性变形区，但仍按弹性力学公式计算土中应力，这在理论上是相互矛盾的，但当塑性变形区不大时，由此引起的误差在工程上是可以接受的。

⑤在推导 p_{cr}、$p_{1/3}$ 和 $p_{1/4}$ 计算公式的过程中，认为地基土是均质的。在实际工程中，地基土往往是非均质的，尤其是沿着竖直方向，随着深度的增加，地基土的性质会出现变化。若采用式(6－9)～式(6－14)计算地基承载力，其中的 γ_m 应采用基

底以上各土层有效重度的加权平均值。

【例6-1】 已知地基土的重度 $\gamma=10\text{kN/m}^3$，黏聚力 $c=16\text{kPa}$，内摩擦角 $\varphi=18°$。若条形基础宽度 $b=2.1\text{m}$，埋置深度 $d=1.5\text{m}$，试求该地基的 p_{cr}、$p_{1/3}$ 和 $p_{1/4}$ 值。

解：(1)根据内摩擦角确定承载力系数

$$\varphi=18°=\frac{\pi}{180°}\times18°=0.314(\text{rad})$$

$$N_q=\frac{\cot\varphi+\varphi+\frac{\pi}{2}}{\cot\varphi+\varphi-\frac{\pi}{2}}=\frac{\cot18°+0.314+\frac{\pi}{2}}{\cot18°+0.314-\frac{\pi}{2}}=2.72$$

$$N_c=\frac{\pi\cot\varphi}{\cot\varphi+\varphi-\frac{\pi}{2}}=\frac{\pi\cot18°}{\cot18°+0.314-1.57}=5.31$$

$$N_{1/4}=\frac{\pi}{4\left(\cot\varphi-\frac{\pi}{2}+\varphi\right)}=\frac{\pi}{4\times(\cot18°-1.57+0.314)}=0.43$$

$$N_{1/3}=\frac{\pi}{3\left(\cot\varphi-\frac{\pi}{2}+\varphi\right)}=\frac{\pi}{3\times(\cot18°-1.57+0.314)}=0.57$$

(2)计算临塑荷载和临界荷载

$$p_{cr}=cN_c+N_q\gamma_m d=5.31\times16+2.72\times18\times1.5=158.4(\text{kPa})$$

$$p_{1/4}=p_{cr}+N_{1/4}\gamma b=158.4+0.43\times18\times2.1=174.7(\text{kPa})$$

$$p_{1/3}=p_{cr}+N_{1/3}\gamma b=158.4+0.57\times18\times2.1=179.9(\text{kPa})$$

第三节　地基极限承载力

当地基土体中的塑性变形区发展形成连续贯通的滑移面时，地基所能承受的最大荷载，称为地基的极限承载力，亦称地基极限荷载。目前，地基极限承载力的理论计算公式很多，但归纳起来，其求解方法主要有两大类。

1. 极限平衡理论法

根据土体的极限平衡理论，计算土中各点达到极限平衡时的应力和滑动面方向，并建立微分方程，根据边界条件求出地基达到极限平衡时各点的精确解。在计算过程中，假定地基土是刚塑性体，当应力小于土体的屈服应力时，土体不产生变形；当达到屈服应力时，塑性变形不断发展，直至土体发生破坏。这类方法在求解时存在数学上的困难，仅能对某些边界条件下比较简单的情况得出解析解。

2. 静力平衡法

先假定地基土在极限平衡状态下滑动面的形状，然后根据滑动土体的静力平衡条件求解极限承载力。按这类方法求解得到的极限承载力计算公式比较简便，在工程实践中应用较为广泛。

本节主要介绍按极限平衡理论法求解的普朗德尔－赖斯纳极限承载力以及按静力平衡法求解的太沙基极限承载力等公式。

一、普朗德尔－赖斯纳极限承载力

普朗德尔(L. Plandtl, 1920)根据极限平衡理论研究了刚性体压入均匀、各向同性、无质量的介质时，当介质达到破坏时的滑动面形状及相应的极限承载力公式。由于当初普朗德尔在研究该问题时没有考虑基础埋深的影响，所以赖斯纳(H. Reissner, 1924)在普朗德尔研究成果的基础上，考虑了基础埋深的影响，对其极限承载力的理论计算公式做了进一步的完善。他们在理论公式的推导过程中做了如下假定：

①地基土是均匀、各向同性、无质量的介质(即 $\gamma=0$)。

②基础底面光滑，即假设基础底面与地基土之间无摩擦力存在。因此，基底水平面为大主应力面，竖直面为小主应力面。

③当基础埋置深度较浅时，可以将基底平面当成地基表面，将这个表面以上的土体当成作用在基础两侧的均布上覆荷载 $\gamma_0 d$，如图 6－5(a)所示。

根据极限平衡理论和上述假定的边界条件，得出条形基础下地基发生整体剪切破坏时滑动面的形状如图 6－5(b)所示。滑动面和基底平面所包围的区域分为 5 个部分，即一个Ⅰ区，两个左右对称的Ⅱ区和两个Ⅲ区。

Ⅰ区：主动朗肯区，位于基础底面下的中心楔体，该区的大主应力 σ_1 的作用方向为竖向，小主应力 σ_3 的作用方向为水平向，所以破坏面与水平面成$\left(\frac{\pi}{4}+\frac{\varphi}{2}\right)$角。

Ⅱ区：普朗德尔区，由一组对数螺旋曲线 $\gamma_0 e^{\theta\tan\varphi}$ 为弧形边界的扇形，其中心角为直角，如图 6－5(a)所示。

Ⅲ区：被动朗肯区，该区大主应力 σ_1 的作用方向为水平向，小主应力 σ_3 的作用方向为竖向，故破坏面与水平面成$\left(\frac{\pi}{4}-\frac{\varphi}{2}\right)$角。

为了推求地基的极限承载力 p_u，将图 6－5(b)中的一部分滑动土体 *Obce* 视为刚体，然后考察 *Obce* 刚体的静力平衡条件。最后得到地基极限承载力计算公式为

$$p_u = cN_c + qN_q \tag{6-17}$$

式中　N_c、N_q——地基极限承载系数，均是地基内摩擦角 φ 的函数，即

$$N_c = \cot\varphi\left[e^{\pi\tan\varphi}\tan^2\left(\frac{\pi}{4}+\frac{\varphi}{2}\right)-1\right]$$

$$N_q = e^{\pi\tan\varphi}\tan^2\left(\frac{\pi}{4}+\frac{\varphi}{2}\right)$$

由于没有考虑地基土的重量、基础埋深范围内侧面土的抗剪强度等因素的影响，其计算结果与实际工程有较大差距。但普朗德尔－赖斯纳公式具有重要的理论价值，它奠定了极限承载力理论的基础。其后，太沙基(K. Terzaghi, 1943)、迈耶霍夫

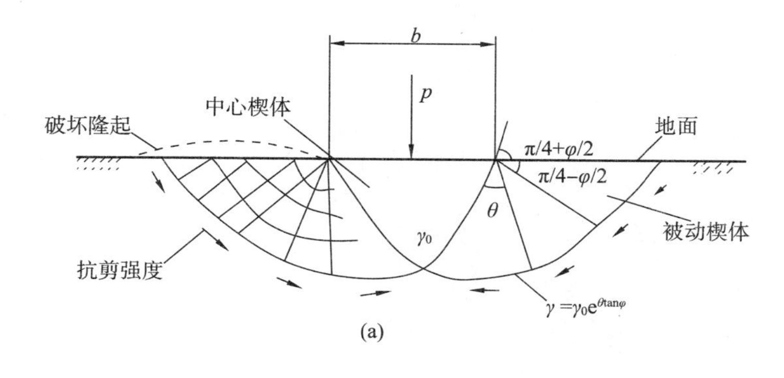

(a)

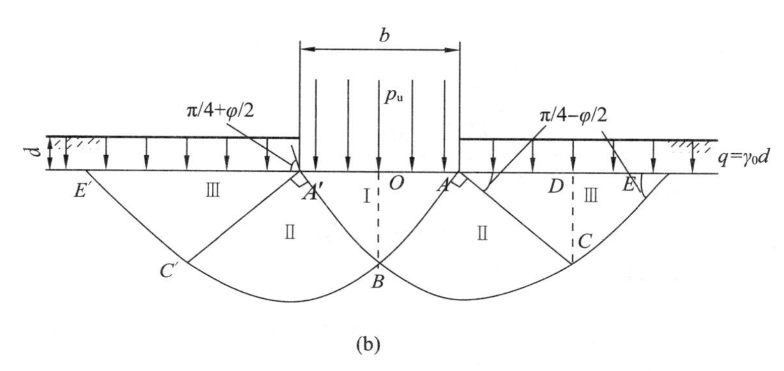

(b)

图 6－5 普朗德尔－赖斯纳地基整体剪切破坏模式

(G. G. Meyerhoff, 1951)、汉森(J. B. Hansen, 1961)、魏锡克(A. S. Vesle, 1963)等先后在此基础上做了修正和发展，使极限承载力公式逐步得到完善。

二、太沙基极限承载力

1943 年，太沙基对普朗德尔－赖斯纳地基极限承载力理论进行了修正。太沙基在推导地基极限承载力公式过程中做了更为切合实际的假定，具体假定内容如下：

(1)地基土是有重量的，即 $\gamma \neq 0$；

(2)基础底面粗糙，即与地基土之间存在摩擦力；

(3)基底以上两侧的土体为均布荷载，不考虑基底以上土体的抗剪强度；

(4)基础发生整体剪切破坏；

(5)地基中滑动面的形状如图 6－6(a)所示。

根据以上假定，地基滑动土体也可以分为三个区：

Ⅰ区：基底以下的楔体 $AA'B$，由于假定基底是粗糙的，基底与地基土之间存在摩擦力，阻碍了该部分土体的侧向剪切位移，因此该区土体形成一个弹性压密区(或称弹性核)，在荷载作用下随基础一起向下移动。若基底完全光滑，按极限平衡理论，弹性核的两个侧面 AB 和 $A'B$ 与水平面的夹角 φ 均为$\left(\frac{\pi}{4}+\frac{\varphi}{2}\right)$；若基底完全

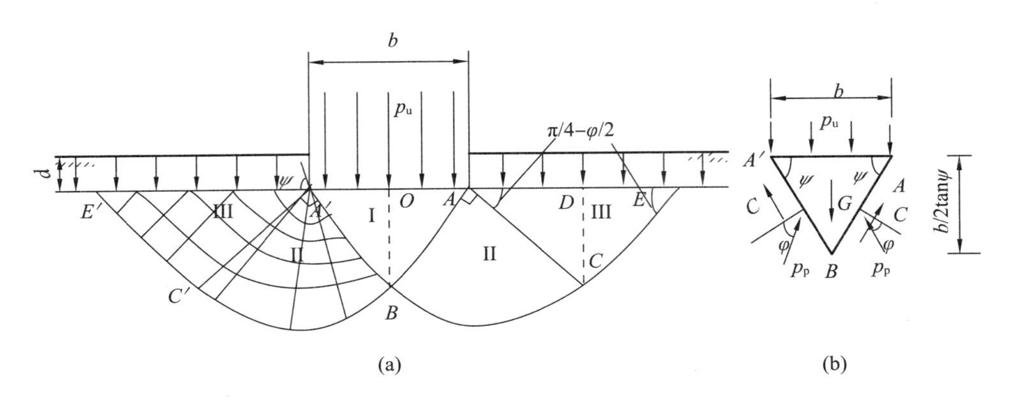

图 6-6 太沙基地基极限承载力

粗糙，AB 和 $A'B$ 与水平面的夹角 Ψ 应为 φ，所以，Ψ 一般介于 φ 与$\left(\frac{\pi}{4}+\frac{\varphi}{2}\right)$之间，与基底的粗糙程度有关。

Ⅱ区：对数螺旋线过渡区，由两组滑移线构成，其中一组是通过点 A（A'）的辐射线、另一组是对数螺旋线 $BC(BC')$。

Ⅲ区；被动朗肯区，滑移面 $AC(A'C')$ 与水平面的夹角为$\left(\frac{\pi}{4}-\frac{\varphi}{2}\right)$。

除弹性核外，滑动区域范围Ⅱ、Ⅲ区内的所有土体均处于极限平衡状态，取弹性核为隔离体，如图 6-6(b)所示，考虑单位基础长度，根据隔离体竖直方向力的平衡，可求得地基的极限承载力公式为

$$p_u=(2p_p/b)\cos(\psi-\varphi)+c\tan\psi-\frac{1}{4}\gamma b\tan\psi \tag{6-18}$$

式中 p_u——作用在弹性核边界面 AB 和 $A'B$ 上的被动土压力合力，kN；

b——基础宽度，m；

ψ——弹性楔体与水平面的夹角，(°)；

φ——地基土的内摩擦角，(°)；

c——地基土的黏聚力，kPa；

γ——土基土重度，kN/m^3。

若 p_p 为已知，就可按上式求得极限承载力 p_u。p_p 是由土的黏聚力 c、基础两侧荷载 q 和地基土的重度 γ 引起的。对于完全粗糙的基底，太沙基把弹性楔体侧面 ab 视作挡土墙，分三步求反力 p_p，即

(1)当 c 与 γ 均为零时，求出仅由荷载 q 引起的反力 p_{pq}；

(2)当 γ 与 q 均为零时，求出仅由土的黏聚力 c 引起的反力 p_{pr}；

(3)当 c 与 q 均为零时，求出仅由土的重度 r 引起的反力 p_{pr}。

然后根据叠加原理得反力 $p_p=p_{pq}+p_{pc}+p_{pr}$，代入式(6-18)，整理得

$$p_u=cN_c+qN_q+\frac{1}{2}\gamma bN_r \tag{6-19}$$

式中　N_c、N_q、N_γ——地基承载力系数，土的内摩擦角 φ 的函数，

$$N_q=\frac{e^{\left(\frac{3}{2}\pi-\varphi\right)\tan\varphi}}{2\cot^2\left(\frac{\pi}{4}+\frac{\varphi}{2}\right)},\ N_c=(N_q-1)\cot\varphi,\ N_\gamma=\frac{\tan\varphi}{2}\left(\frac{K_{pr}}{\cos^2\varphi}-1\right);$$

K_{pr}——被动土压力系数，由太沙基通过绘制复杂的图表确定。

各系数与 φ 的关系可由图 6－7 查取。

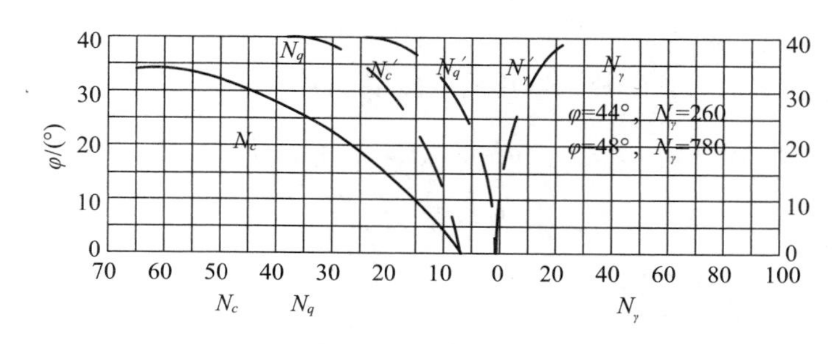

图 6－7　太沙基地基承载力系数

上述太沙基承载力公式是基于地基发生整体剪切破坏得到的。对于地基发生局部剪切破坏的情况，太沙基建议对土的强度指标进行折减，即 $c^*=2c/3$，$\tan\varphi^*=\frac{2\tan\varphi}{3}$，$\varphi^*=\arctan[(2\tan\varphi)/3]$。再用修正后的 c^*、φ^* 计算地基局部剪切破坏时的地基承载力。

$$p_u=\frac{2}{3}cN'_c+qN'_q+\frac{1}{2}\gamma bN'_\gamma \tag{6-20}$$

式中，N'_γ、N'_c、N'_q 分别为修正后的地基承载力系数，可以由修正后的内摩擦角 φ^* 直接查图 6－7 得到。

式(6－19)和式(6－20)仅适用于条形基础，对于方形和圆形基础，太沙基建议按照下列修正后的公式计算地基极承载力。

方形基础(宽度为 b)：

整体剪切破坏

$$p_u=1.2cN_c+qN_q+0.4\gamma bN_\gamma \tag{6-21}$$

局部剪切破坏

$$p_u=0.8cN'_c+qN'_q+0.4\gamma bN'_\gamma \tag{6-22}$$

圆形基础(半径为 b)：

整体剪切破坏

$$p_u=1.2cN_c+qN_q+0.6\gamma bN_\gamma \tag{6-23}$$

局部剪切破坏

$$p_u=0.8cN'_c+qN'_q+0.6\gamma bN'_\gamma \tag{6-24}$$

对于矩形基础，可在正方形基础($b/l=1.0$)和条形基础($b/l\rightarrow1.0$)计算的极限

承载力之间用插值法求得。

三、汉森极限承载力

太沙基理论中考虑的是轴心荷载作用，而实际工程中，理想的轴心荷载作用情况不是很多，在很多时候荷载是偏心的，甚至是倾斜的，还要复杂得多。汉森(J. B. Hansen)在太沙基理论的基础上，考虑了基础形状、埋置深度、荷载倾斜与偏心、地面倾斜、基底倾斜等因素的影响(图6－8)。每种修正均需在承载力系数N_γ、N_c、N_q上乘以相应的修正系数，修正后的极限承载力公式为

$$p_u = cN_cS_cd_ci_cg_cb_c + qN_qS_qd_qi_qg_qb_q + \frac{1}{2}\gamma bN_\gamma S_\gamma d_\gamma i_\gamma g_\gamma b_\gamma \qquad (6-25)$$

式中 N_c、N_γ、N_q——地基承载力系数。

$$N_q = \tan^2\left(\frac{\pi}{4}+\frac{\varphi}{2}\right)e^{\pi\tan\varphi},\ N_c = (N_q-1)\cot\varphi,\ N_\gamma = 1.8(N_q-1)\tan\varphi \qquad (6-26)$$

式中 S_c、S_γ、S_q——基础形状修正系数；

d_c、d_γ、d_q——考虑埋深范围内土强度的深度修正系数；

i_c、i_γ、i_q——荷载倾斜修正系数；

g_c、g_γ、g_q——地面倾斜修正系数；

b_c、b_γ、b_q——基础地面倾斜修正系数。

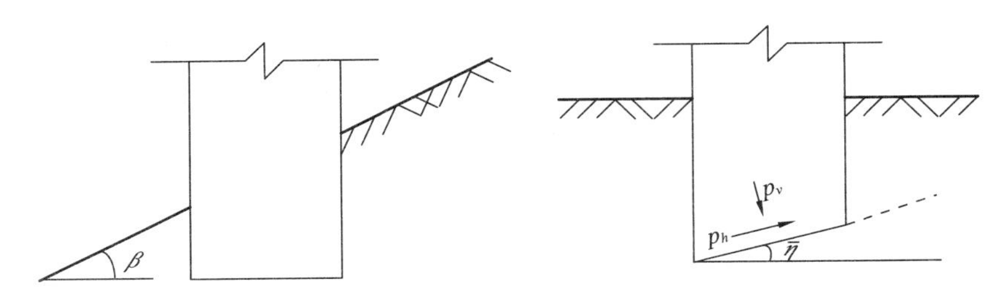

图6－8 地基倾斜与基底倾斜

四、关于地基极限承载力的讨论

确定地基极限承载力的理论公式很多，但基本上都是在普朗德尔解的基础上经过不同的修正发展起来的，适用于一定的条件和范围。对于平面问题，若不考虑基础形状和荷载的作用方式，则地基极限承载力的一般计算公式为

$$p_u = cN_c + qN_q + rbN_r \qquad (6-27)$$

上式表明，地基极限承载力由换算成单位基础宽度的三部分土体抗力组成，即滑裂土体自重所产生的摩擦抗力、基础两侧均布荷载所产生的抗力、滑裂面上黏聚力c所产生的抗力。

在上述三部分抗力中，第一种抗力的大小除了取决于土的重度γ和内摩擦角φ外，还取决于滑裂土体的体积。由于滑裂土体的体积与基础的宽度大体上是成平方

的关系，因而极限承载力将随基础宽度 b 的增加而线性增加。第二种抗力和第三种抗力的大小，首先取决于超载 q 和土的黏聚力 c，其次取决于滑裂面的形状和长度。由于滑裂面的长度大体上与基础宽度按相同的比例增加，因而，由黏聚力 c 所引起的极限承载力不受基础宽度的影响。

另外，承载力系数 N_γ、N_q 和 N_c 的大小取决于滑裂面的形状，而滑裂面的大小首先取决于 φ 值，因此 N_γ、N_q 和 N_c 都是 φ 的函数。不同的承载力公式对滑裂面的形状有着不同的假定，使不同承载力公式的承载力系数不尽相同，但它们都有相同的趋势，分析它们的趋势，可得到以下结论：

(1) N_γ、N_q 和 N_c 随内摩擦角 φ 值的增加而变化较大，特别是 N_γ 值。当 $\varphi=0$ 时，$N_\gamma=0$，这时可不计土体自重对承载力的影响。随着 φ 值的增加，N_γ 值增加较快，这时土体自重对承载力的影响增加。

(2) 对于无黏性土($c=0$)，基础的埋置深度对承载力起着重要作用，若基础埋置深度太浅，则地基承载力会显著下降。

不同极限承载力公式是在不同的假定情况下推导出来的，因此，在确定地基承载力容许值时所选用的安全系数不尽相同。当使用太沙基极限承载力公式计算时，安全系数取3；当使用汉森公式计算时，对于无黏土，安全系数可取2，对于黏性土，安全系数可取3。

应当指出的是，所有极限承载力公式都是在土体刚(塑)性的假定条件下推导出来的。实际上，土体在荷载作用下不但会发生压缩变形，而且会发生剪切变形，这是目前极限承载力公式共同存在的主要问题。因此，当地基变形较大时，用极限承载力公式计算的结果有时并不能反映地基土的实际情况。

第四节　规范法确定地基承载力

对于大多数桥涵和房屋建筑的地基基础，在无条件利用上述方法时，还可采用各地区和有关产业部门所制定的《建筑地基基础设计规范》，这些规范所提供的数据和方法，大多是根据土工试验、工程实践和地基荷载试验总结出来的，具有一定的安全储备。

一、《建筑地基基础设计规范》地基承载力特征值计算

一方面，当荷载增加时，随着地基变形的相应增长，地基承载力也在逐渐变大，很难界定出一个真正的“极限值”；另一方面，建筑物的使用有一个功能要求，就是变形不得达到或超过按正常使用的限值。因此，《建筑地基基础设计规范》(GB 50007—2011)在2011年修订时，将地基设计时选用的承载力指标改为特征值。所谓地基承载力特征值是指由载荷试验测定的地基土压力变形曲线线性变形段内规

定的变形所对应的压力值，其最大值为比例界限值，它表示正常使用极限状态计算时采用的地基承载力的值，其含义为在发挥正常使用功能时所允许采用的抗力设计值。

《建筑地基基础设计规范》(1974)建立了土的物理力学性指标与地基承载力关系，《建筑地基基础设计规范》(1989)仍保留了地基承载力表，但在使用上加以适当限制。承载力表是用大量的试验数据，通过统计分析得到的。承载力表的主要优点是使用方便，在大多数地区可能基本适合或偏保守，但也不排除个别地区可能不安全。由于我国幅员辽阔，土质条件各异，用几张表格很难概括全国的规律。随着设计水平的提高和对工程质量要求的趋于严格，变形控制已是地基设计的重要原则，因此《建筑地基基础设计规范》(2011)中取消了承载力表，但仍保留了根据土的抗剪强度指标确定地基承载力的计算公式。

1. 按照土的抗剪强度指标确定地基承载力

当偏心距 e 小于或等于 0.033 倍基础底面宽度时，可根据土的抗剪强度指标确定地基承载力特征值，并满足变形要求可按下式计算：

$$f_a = M_b \gamma b + M_d \gamma_m d + M_c c_k \qquad (6-28)$$

式中 f_a——由土的抗剪强度指标确定的地基承载力特征值，kPa；

M_b、M_d、M_c——承载力系数，按表 6-1 确定；

b——基础地面宽度，m，大于 6m 时按 6m 取值，小于 3m 时，按 3m 取值；

c_k——基底下方一倍短边宽深度内土的黏聚力标准值，kPa；

d——基础的埋深，m。

表 6-1 承载力系数 M_b、M_d、M_c

φ_k	M_b	M_d	M_c	φ_k	M_b	M_d	M_c
0	0	1.00	3.14	2	0.03	1.12	3.32
4	0.06	1.25	3.51	6	0.10	1.39	3.71
8	0.14	1.55	3.93	10	0.18	1.73	4.17
12	0.23	1.94	4.42	14	0.29	2.17	4.69
16	0.36	2.43	5.00	18	0.43	2.72	5.31
20	0.51	3.06	5.66	22	0.61	3.44	6.04
24	0.80	3.87	6.45	26	1.10	4.37	6.90
28	1.40	4.93	7.40	30	1.90	5.59	7.95
32	2.50	6.35	8.55	34	3.40	7.21	9.22
36	4.20	8.25	9.97	38	5.80	10.84	11.73
40	7.20	10.84	11.73				

注：φ_k 为基底下方一倍短边宽深度内土的内摩擦角标准值。

2. 土的抗剪强度指标标准值确定方法

土的抗剪强度指标可采用原状土室内剪切试验、无侧限抗压强度试验、现场剪切试验、十字板剪切试验等方法测定，当采用室内剪切试验确定时，应选择三轴压缩试验中的不固结不排水试验。经过预压固结的地基可采用固结不排水试验，每层土的试验数量不得少于六组。

（1）抗剪强度指标标准值计算

$$\varphi_m = \psi_\varphi \varphi_m \tag{6-29}$$

$$c_k = \psi_c c_m \tag{6-30}$$

式中，φ_m 为内摩擦角，（°）；c_m 为黏聚力的试验平均值，kPa。

（2）内摩擦角和黏聚力的统计修正系数 ψ_φ，ψ_c

$$\psi_\varphi = 1 - \left(\frac{1.704}{\sqrt{n}} + \frac{4.678}{n^2}\right)\delta_\varphi \tag{6-31}$$

$$\psi_c = 1 - \left(\frac{1.704}{\sqrt{n}} + \frac{4.678}{n}\right)\delta_c \tag{6-32}$$

式中，δ_φ、δ_c 分别为内摩擦角和黏聚力的变异系数。

（3）根据室内 n 组三轴压缩试验的结果，计算某一土性指标的变异系数 δ、试验平均值 μ 和标准差 σ

$$\delta = \sigma / \mu \tag{6-33}$$

$$\mu = \frac{\sum_{i=1}^{n} \mu_i}{n} \tag{6-34}$$

$$\sigma = \sqrt{\frac{\sum_{i=1}^{n} \mu_i^2 - n\mu^2}{n-1}} \tag{6-35}$$

式中，μ_i 为第 i 组试验结果值。

二、《铁路桥涵地基和基础设计规范》地基容许承载力的确定

《铁路桥涵地基和基础设计规范》（TB 10093—2017）对于中小型桥、涵洞，当受现场条件限制，或载荷试验和原位测试有困难时，现行的公路与铁路桥涵地基基础设计规范仍保留了地基承载力表，供技术人员查阅。表中数据为基本承载力，指当基础宽度 $b \leqslant 2$m、埋置深度 $h \leqslant 3$m 时地基的容许承载力，以 σ_0 表示，当基础宽度大于 2m，深度大于 3m 时，则基本承载力 σ_0 须进行宽度和深度修正，以求容许承载力[σ]。由于我国幅员辽阔，自然条件复杂，表中的基本承载力数据不能广泛适用。对于具体工程若进行专门研究，或当地已有成熟经验，确定地基容许承载力时将不受表中数据限制。对于重要桥梁或地质条件复杂的桥梁应根据载荷试验或其他原位测试的方法确定。

1. 基本承载力 σ_0 表

(1)碎石类土：根据土的类别和密实程度确定基本承载力，见表6－2。

表6－2　碎石类土地地基的基本承载力 σ_0

土名	密实程度		
	松散	中密	密实
	σ_0/kPa		
卵石土	300～500	600～1000	1000～1200
碎石土	200～400	500～800	800～1000
圆砾土	200～300	400～600	600～800
角砾土	200～300	300～500	500～700

注：①由硬质岩组成，填充砂土者取高值；由软质岩组成，填充黏性土者取低值。

②半胶结的碎石土，可按密实的同类土的 σ_0 值提高10%～30%。

③松散的碎石土在天然河床中很少遇见，需特别注意鉴定。

④漂石、块石的 σ_0 值，可参照卵石、碎石适当提高。

(2)砂性土：根据土的密实度和湿度情况确定基本承载力，见表6－3。

表6－3　砂类土地基的基本承载力 σ_0

土名	湿度	密实度			
		疏松(松散)	稍密	中密	密室
		σ_0/kPa			
砾砂、粗砂	与湿度无关	200	370	430	550
中砂	与湿度无关	150	330	370	450
细砂	稍湿或潮湿(水上)	100	230	270	350
	饱和(水下)	—	190	210	300
粉砂	稍湿或潮湿(水上)	—	190	210	300
	饱和(水下)	—	90	110	200

注：括号中表述为公路桥涵地基基础设计规范中的表述。

(3)粉土地基：根据土的天然孔隙比 e 和天然含水率 w 确定地基承载力，见表6－4。

表6－4　粉土地基的地基承载力

e	w/%					
	10	15	20	25	30	35
	σ_0/kPa					
0.5	400	380	355	—	—	—
0.6	300	290	280	270	—	—

表6-4(续)

e	w/%					
	10	15	20	25	30	35
	σ_0/kPa					
0.7	250	235	225	215	205	—
0.8	200	190	180	170	165	—
0.9	260	150	145	140	130	125

(4)Q_3 及其以前冲、洪积黏性土(老黏性土)地基，根据压缩模量 E_s 确定基本承载力，见表6-5。

表6-5　Q_3 及其以前冲、洪积黏性土地基的基本承载力 σ_0

压缩模量 E_s/kPa	10	15	20	25	30	35	40
σ_0/kPa	380	430	470	510	550	580	630

注：对于老黏性土，当 E_s < 10MPa 时，基本承载力按一般黏性土确定。

(5)Q_4 及冲、洪积黏性土(一般黏性土)地基：根据液性指数 I_L 和天然孔隙比 e 确定基本承载力，见表6-6。

表6-6　Q_4 及冲、洪积黏性土地基承载力 σ_0

e	I_L												
	0	0.1	0.2	0.3	0.4	0.5	0.6	0.7	0.8	0.9	1.0	1.1	1.2
	σ_0/kPa												
0.5	450	440	430	420	400	380	350	310	270	240	220	—	—
0.6	420	410	400	380	360	340	310	280	250	220	200	190	—
0.7	400	370	350	330	310	290	270	240	220	290	170	160	150
0.8	380	330	300	280	260	240	230	210	180	160	150	140	130
0.9	320	280	260	240	220	210	190	180	160	140	130	120	100
1.0	250	230	220	210	190	170	160	150	140	120	110	—	—
1.1	—	—	160	150	140	130	120	110	100	90	—	—	—

注：当土中含有粒径大于2mm且质量占含水量30%以上时，σ_0 可适量提高。

另外，对于残积黏性土、冻土、黄土及新近沉积的黏性土，规范亦给出了参考值，使用时可参阅相关规范。

2. 地基容许承载力的确定

当基础宽度 $b>2$m，埋深 $h>3$m，且 $h/b\leqslant 4$ 时，地基的容许承载力需在基本承载力的基础上进行深宽修正。

$$[\sigma]=\sigma_0+k_1\gamma_1(b-2)+k_2\gamma_2(h-3) \tag{6-36}$$

式中 $[\sigma]$——地基的容许承载力，kPa；

σ_0——地基的基本承载力，kPa；

k_1、k_2——宽度、深度修正系数，按持力层土的类型决定，可参看表 6－7；

γ_1——基底以下持力层土的天然容重，kN/m³，若持力层在水面以下且为透水者，应取浮容重；

b——基础宽度，m，当大于 10m 时，按 10m 计算；

γ_2——基底以上土的加权平均容重，kN/m³，换算时若持力层在水面以下，且不透水时，不论基底以上土的透水性质如何，一律取饱和容重，当透水时，水中部分土层则应取浮容重；

h——基础埋置深度，m，对于一般受水流冲刷的墩台，由一般冲刷线算起，不受水流冲刷者，由天然地面算起；位于挖方内时，由开挖后的地面算起。

表 6－7　宽度、深度修正系数

系数	黏性土				砂类土								碎石类土			
	Q_4 冲积土、洪积土		Q_3 及以前冲积土、洪积黏性土	残积土、黏土、黄土	粉砂		细砂		中砂		砾砂细砂		砾石圆砾角砾		卵石	
	$I_L<0.5$	$I_L\geq 0.5$			中密	密实	中密	密实	中密	密实	中密	密实	中密	密实	中密	密实
k_1	0	0	0	0	1	1.2	1.5	2	2	3	3	4	3	4	3	4
k_2	2.5	1.5	2.5	1.5	2	2	3	4	4	5.5	5	6	5	6	6	10

注：对于稍密和松散状态的砂、碎石土，k_1、k_2 值可采用表列中数值的 50%。

【例 6－2】 某鱼塘中的铁路桥基础尺寸 4.5m×2.8m，鱼塘中水深约 1.0m，塘底下有厚度为 0.4m 的淤泥层，淤泥层下有深度为 8m 的 Q_4 洪积土，$\gamma=18\text{kN/m}^3$，黏土 $I_L=0.24$。基础埋置深度在塘底下 4.0m，持力层承载力基本容许值 $\sigma_0=180\text{kPa}$，则该基础经修正后的地基承载力容许值为多少？

解：根据《铁路桥涵地基和基础设计规范》，$I_L=0.24<0.25$，对 Q_4 洪积土，基底宽度、深度修正系数 k_1、k_2 分别为 0、0.25。

$$
\begin{aligned}
[\sigma] &= \sigma_0 + k_1\gamma_1(b-2) + k_2\gamma_2(h-3) \\
&= 180 + 0\times 18.5\times(2.8-2) + 2.5\times 18.5\times(4-3) \\
&= 226.25\text{kPa}
\end{aligned}
$$

地基不透水，容许承载力按平均常水位至一般冲刷线的水深每米再增大 10kPa。

$$[\sigma]=[\sigma]+1.0\times 10=226.5+10=236.5(\text{kPa})$$

复习思考题

6－1　地基破坏模式有几种？各自的破坏特征如何？

6－2　何谓地基塑性变形区？如何按照地基塑性变形区开展深度确定p_{cr}和$p_{1/4}$？

6－3　何谓临塑荷载、临界荷载、极限荷载？

习　题

6－1　黏性土地基上条形基础的宽度$b=2\text{m}$，埋置深度$d=1.5\text{m}$，地下水位在基础埋置高程处。地基土的物理参数：土颗粒比重$G_s=2.70$，孔隙比$e=0.70$，地下水位以上地基土的饱和度$s_r=80\%$；地基土的强度指标：$c=10\text{kPa}$，$\varphi=20°$，求地基的临塑荷载p_{cr}，临界荷载$p_{1/4}$、$p_{1/3}$。

6－2　已知某条形基础$b=10\text{m}$，基础埋深$d=2.0\text{m}$，地基的天然重度$\gamma=16.5\text{kN/m}^3$，黏聚力$c=15\text{kPa}$，内摩擦角$\varphi=15°$，试计算：①地基的临塑荷载p_{cr}和临界荷载$p_{1/4}$；②按太沙基极限荷载公式计算地基的极限承载力值p_u；③如地下水位在基础底面处($\gamma'=8.7\text{kN/m}^3$)，求此时地基的临塑荷载p_{cr}和临界荷载$p_{1/4}$。

6－3　黏性土地基上条形基础宽度$b=2\text{m}$，埋置深度$d=1.5\text{m}$，地基土的参数：$\gamma=17.6\text{kN/m}^3$，$c=10\text{kPa}$，$\varphi=20°$，按普朗德尔－赖斯纳公式求地基的极限承载力。

6－4　条形基础宽度$b=1.5\text{m}$，基础埋深$d=3\text{m}$，地基土的参数：$\gamma=17.6\text{kN/m}^3$，$c=8\text{kPa}$，$\varphi=24°$，$E_s=10\text{MPa}$，$u=0.35$，按太沙基极限承载力公式求地基的极限承载力。

第七章　土压力与挡土墙

第一节　概　述

土压力通常是指挡土墙后的填土因自重或外荷载作用对墙背产生的侧压力。由于土压力是挡土墙的主要外荷载，因此，设计挡土墙时首先要确定土压力的性质、大小、方向和作用点。土压力的计算是一个比较复杂的问题，它随着挡土墙可能位移的方向分为主动土压力、被动土压力和静止土压力。

一、土压力的分类

作用在挡土结构上的土压力，按挡土结构的位移方向、大小及土体所处的三种平衡状态，可分为静止土压力 E_0、主动土压力 E_a 和被动土压力 E_p 三种。

1. 静止土压力

当挡土墙静止不动时，土体由于墙的侧限作用而处于弹性平衡状态，此时墙后土体作用在墙背上的土压力称为静止土压力[见图 7－1(a)]。

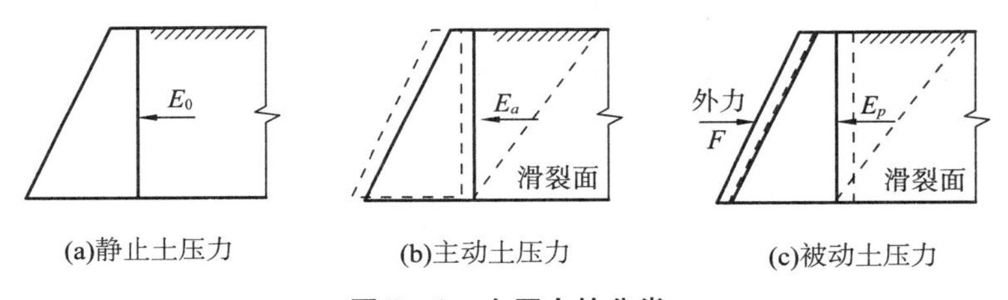

(a)静止土压力　(b)主动土压力　(c)被动土压力

图 7－1　土压力的分类

2. 主动土压力

挡土墙在墙后土体的推力作用下，向前移动，墙后土体随之向前移动。土体内阻止移动的强度发挥作用，使作用在墙背上的土压力减小。当墙向前移动达到极限平衡状态时，墙背上作用的土压力减至最小，此时作用在墙背上的最小土压力称为主动土压力[见图 7－1(b)]。

3. 被动土压力

挡土墙在较大的外力作用下，向后移动推向填土，则填土受墙的挤压，使作用在墙背上的土压力增大，当墙向后移动达到被动极限平衡状态时，墙背上作用的土压力增至最大，此时作用在墙背上的最大土压力称为被动土压力[见图 7－1(c)]。

大部分情况下作用在挡土墙上的土压力值均介于上述三种状态下的土压力值之间。实验研究表明：在相同条件下，主动土压力小于静止土压力，而静止土压力又小于被动土压力，即 $E_a < E_0 < E_p$。

二、研究土压力的目的

研究土压力的目的，主要包括以下几个方面：

①设计挡土构筑物，如挡土墙、地下室侧墙、桥台和贮仓等；

②地下构筑物和基础的施工、地基处理方面；

③地基承载力的计算，岩石力学和埋管工程等领域。

三、影响土压力的因素

1. 挡土墙的位移

挡土墙的位移（或转动）方向和位移量的大小是影响土压力大小的最主要的因素，产生被动土压力的位移量大于产生主动土压力的位移量。

2. 挡土墙的形状

挡土墙剖面形状包括墙背为竖直或是倾斜，墙背为光滑或粗糙。不同的情况，土压力的计算公式不同，计算结果也不一样。

3. 填土的性质

挡土墙后填土的性质包括填土的松密程度，即重度、干湿程度等。土的强度指标如内摩擦角和黏聚力的大小，以及填土的形状（水平、上斜或下斜）等，都将影响土压力的大小。

土坡可分为天然土坡和人工土坡，由于某些外界不利因素，土坡可能发生局部土体滑动而失去稳定性，土坡的坍塌常造成严重的工程事故，并危及人身安全。所以，应验算边坡的稳定性及采取适当的工程措施。

第二节　静止土压力

如前所述，当挡土墙静止不动，土体处于弹性平衡状态时，土对墙的压力称为静止土压力，用 E_0 表示。在实际工程计算中，建筑物地下室的外墙、地下水池的侧壁、涵洞的侧壁以及不产生任何位移的挡土构筑物，其侧壁所受到的土压力均可按静止土压力计算。

静止土压力可按以下所述方法计算，在填土表面下任意深度 z 处取一微小单元体（见图 7－2），其上作用着竖向的土自重应力 γz，则该处的静止土压力强度可按式（7－1）计算。

$$\sigma_0 = K_0 \gamma z \tag{7-1}$$

式中　K_0——土的侧压力系数或称为静止土压力系数，可通过室内试验测得；

γ——墙后填土重度，kN/m^3。

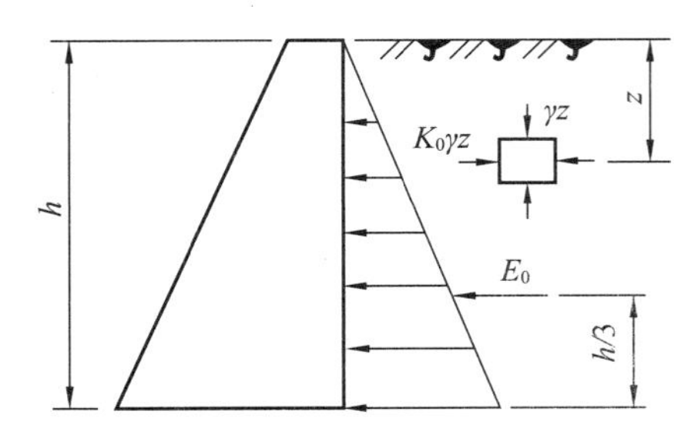

图 7－2　墙背垂直时的静止土压力

静止侧压力系数 K_0 的数值可通过室内的或原位的静止侧压力试验测定。其物理意义：在不允许有侧向变形的情况下，土样受到轴向压力增量 $\Delta\sigma_1$ 将会引起侧向压力的相应增量 $\Delta\sigma_3$，比值 $\Delta\sigma_3/\Delta\sigma_1$，称为土的侧压力系数或静止土压力系数，记为 K_0。

$$\xi = K_0 = \frac{\Delta\sigma_3}{\Delta\sigma_1} = \frac{\upsilon}{1-\upsilon}$$

由式(7－1)可知，静止土压力沿墙高为三角形分布，如果取单位墙长，则作用在墙上的静止土压力为

$$E_0 = \frac{1}{2}\gamma H^2 K_0 \tag{7-2}$$

式中，H 为挡土墙高度，m。

E_0 的作用点在距墙底 $H/3$ 处。可见，总的静止土压力为三角形分布图的面积。

【例 7－1】　已知某挡土墙高 4.0m，墙背垂直光滑，墙后填土面水平，填土重力密度为 $\gamma = 18.0kN/m^3$，静止土压力系数 $K_0 = 0.65$，试计算作用在墙背的静止土压力大小及其作用点，并绘出土压力沿墙高的分布图。

解：按静止土压力计算公式，墙顶处静止土压力强度为

$$\sigma_{01} = \gamma z K_0 = 18.0 \times 0 \times 0.65 = 0kPa$$

墙底处静止土压力强度为　$\sigma_{02} = \gamma z K_0 = 18.0 \times 4 \times 0.65 = 46.8kPa$

土压力沿墙高分布如图 7－3 所示。

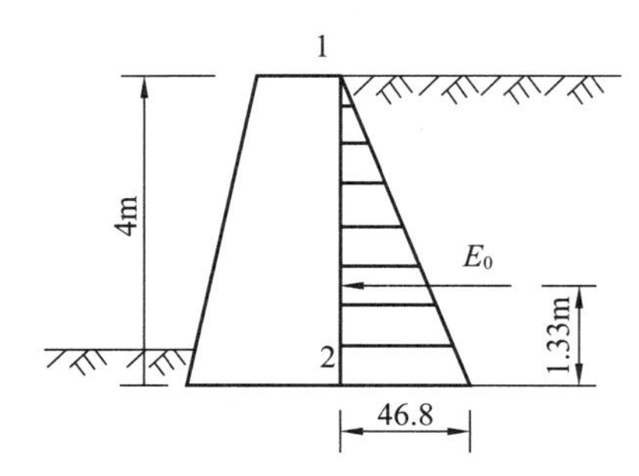

图 7－3　土压力沿墙高分布图

土压力合力 E_0 大小可通过三角形面积求得

$$E_0 = \frac{1}{2}\gamma H^2 K_0$$

$$= \frac{1}{2} \times 46.8 \times 4 = 93.6\text{kN/m}$$

静止土压力 E_0 的作用点离墙底的距离为

$$\frac{h}{3} = \frac{4}{3} = 1.33\text{m}$$

第三节　朗肯土压力理论

一、基本原理

朗肯土压力理论是英国学者朗肯(Rankin)于1857年根据均质的半无限土体的应力状态和土处于极限平衡状态的应力条件提出的。在其理论推导中，首先作出以下基本假定。

①挡土墙是刚性的，墙背垂直；

②挡土墙的墙后填土表面水平；

③挡土墙的墙背光滑，不考虑墙背与填土之间的摩擦力。

把土体当作半无限空间的弹性体，而墙背可假想为半无限土体内部的铅直平面，根据土体处于极限平衡状态的条件，求出挡土墙上的土压力。

图7－4(a)表示一表面为水平面的半空间，即土体向下和沿水平方向都伸展至无穷，在离地表 z 处取一单元微体 M，当整个土体都处于静止状态时，各点都处于弹性平衡状态。设土的重度为 γ，显然 M 单元水平截面上的法向应力等于该处土的自重应力，即

$$\sigma_1 = \sigma_{cz} = \gamma z$$

而竖直截面上的法向应力为

$$\sigma_3 = \sigma_{cx} = K_0 \gamma z$$

由于土体内每一竖直面都是对称面，所以竖直截面和水平截面上的剪应力都等于零。因而，相应截面上的法向应力 σ_z 和 σ_x 都是主应力，此时的应力状态用摩尔圆表示为圆Ⅰ，如图7－4(b)所示。由于该点处于弹性平衡状态，故摩尔圆没有和抗剪强度包络线相切。

设想由于某种原因将使整个土体在水平方向均匀地伸展或压缩，使土体由弹性平衡状态转为塑性平衡状态。如果土体在水平方向伸展，则 M 单元在水平截面上的法向应力不变而竖直截面上的法向应力却逐渐减少，直至满足极限平衡条件为止(称为主动朗肯状态)，此时 σ_z 达最低限值 σ_a。因此，σ_a 是小主应力，而 σ_z 是大

主应力，并且摩尔圆与抗剪切包络线相切，如图7－4(b)圆Ⅱ所示，此时的应力称为朗肯主动土压力σ_a。若土体继续伸展，则只能造成塑性流动，而不致改变其应力状态。反之，如果土体在水平方向压缩，那么σ_x不断增加而σ_z却保持不变，直到满足极限平衡条件(称为被动朗肯状态)时σ_x达最大限值σ_p。这时，σ_p是大主应力，而σ_z是小主应力，摩尔圆为图7－4(c)圆Ⅲ所示，此时的应力称为朗肯被动土压力σ_p。

由于土体处于主动朗肯状态时大主应力所作用的面是水平面，所以剪切破坏面与竖直面的夹角为$45°-\frac{\varphi}{2}$[见图7－4(c)]，当土体处于被动朗肯状态时，大主应力所作用的面是竖直面，故剪切破坏面与水平面的夹角为$45°-\frac{\varphi}{2}$[见图7－4(c)]。因此，整个土体由互相平行的两簇剪切面组成。剪切破坏面与大主应力方向的夹角为$45°-\frac{\varphi}{2}$。

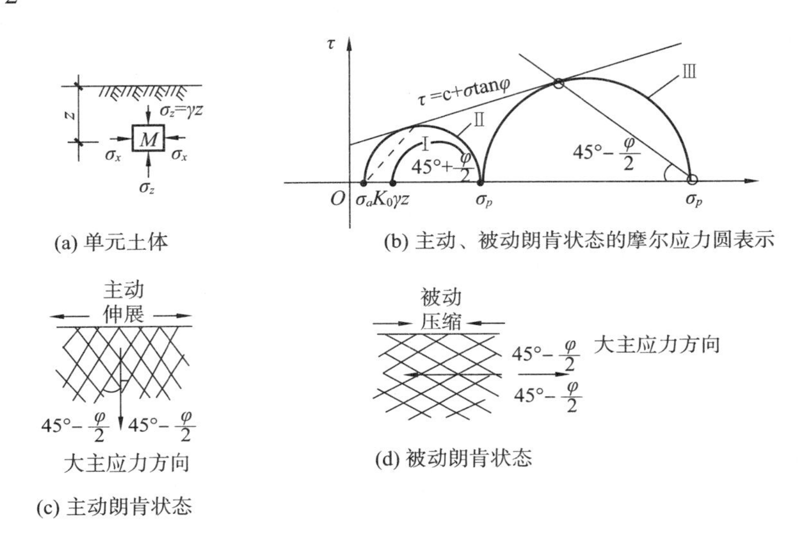

图7－4　半无限土体的极限平衡状态

朗肯将上述原理应用于挡土墙土压力计算中，他设想用墙背直立的挡土墙代替半空间左边的土，如果墙背与土的接触面上满足剪应力为零的边界应力条件以及产生主动或被动朗肯状态的边界变形条件，则墙后土体的应力状态不变，由此可以推导出主动和被动土压力计算公式。

二、主动土压力

由土的强度理论可知，当土体中某点处于极限平衡状态时，大主应力σ_1和小主应力σ_3之间应满足以下关系式。

黏性土：

$$\sigma_1=\sigma_3\tan^2\left(45°+\frac{\varphi}{2}\right)+2c\ \tan\left(45°+\frac{\varphi}{2}\right)$$

或

$$\sigma_3=\sigma_1\tan^2\left(45°-\frac{\varphi}{2}\right)-2c\ \tan\left(45°-\frac{\varphi}{2}\right)$$

无黏性土：

$\sigma_1=\sigma_3\tan^2\left(45°+\frac{\varphi}{2}\right)$或$\sigma_3=\sigma_1\tan^2\left(45°-\frac{\varphi}{2}\right)$

土体处于主动极限平衡状态时，$\sigma_1=\sigma_z=\gamma z$，$\sigma_3=\sigma_x=p_a$，带入上式可得以下各式：

无黏性土：

$$\sigma_a=\gamma z\tan^2\left(45°-\frac{\varphi}{2}\right) \tag{7-3}$$

$$\sigma_a=\gamma zK_a \tag{7-4}$$

黏性土：

$$\sigma_a=\gamma z\tan^2\left(45°-\frac{\varphi}{2}\right)-2c\tan\left(45°-\frac{\varphi}{2}\right) \tag{7-5}$$

$$\sigma_a=\gamma zK_a-2c\ \sqrt{K_a} \tag{7-6}$$

式中 K_a——主动土压力系数，$K_a=\tan^2\left(45°-\frac{\varphi}{2}\right)$；

γ——墙后填土的重度，kN/m^2，地下水位以下用有效重度；

c——填土的黏聚力，kPa；

φ——填土的内摩擦角，(°)；

z——所计算的点离填土面的深度，m。

由式(7-4)可知，无黏性土的主动土压力强度与 z 成正比，沿墙高的压力分布为三角形，如图 7-5(b)所示，如取单位墙长计算，则主动土压力为

$$E_a=\frac{1}{2}\gamma h^2\tan^2\left(45°-\frac{\varphi}{2}\right) \tag{7-7}$$

或

$$E_a=\frac{1}{2}\gamma h^2K_a \tag{7-8}$$

E_a 通过三角形的形心，作用在离墙底 $h/3$ 处。

由式(7-6)可知，黏性土的主动土压力强度包括两部分：一部分是由主自重引起的土压力 γzK_a；另一部分是由黏聚力 c 引起的负侧压力 $2c\sqrt{K_a}$，这两部分土压力叠加的结果如图 7-5(c)所示，其中 ade 部分是负侧压力，对墙背是拉力，但实际上墙与土在很小的拉力作用下就会分离，故在计算土压力时，这部分应略去不计，所以黏性土的土压力分布仅是 abc 部分。

a 点离填土面的深度 γz_0K_a 常称为临界深度，在填土面无荷载的条件下，可令式(7-6)为零求得 z_0 值，即

$$\sigma_a=\gamma z_0K_a-2c\sqrt{K_a}=0$$

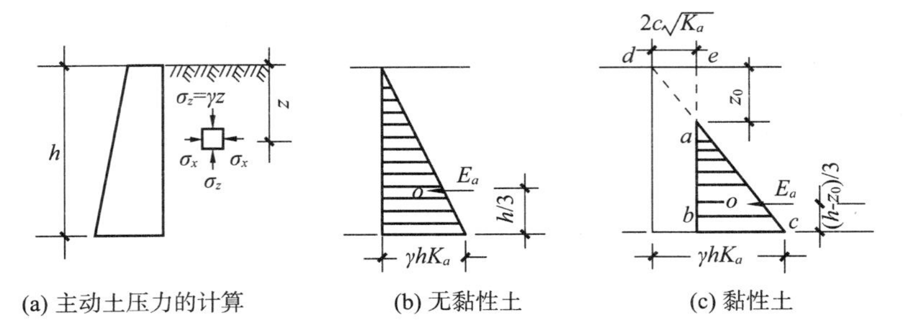

(a) 主动土压力的计算　　(b) 无黏性土　　(c) 黏性土

图 7－5　主动土压力强度分布图

得
$$z_0 \frac{2c}{\gamma\sqrt{K_a}} \tag{7－9}$$

如取单位墙长计算，则主动土压力 E_a 为

$$E_a=\frac{1}{2}(h-z_0)(\gamma hK_a-2c\sqrt{K_a})$$

将式(7－9)代入上式后得

$$E_a=\frac{1}{2}\gamma h^2K_a-2ch\sqrt{K_a}+\frac{2c^2}{\gamma} \tag{7－10}$$

主动土压力 E_a 通过在三角形压力分布图 abc 的形心，作用在离墙底$(h-z_0)/3$处。

【例 7－2】　有一挡土墙高 6m，墙背竖直、光滑，墙后填土表面水平，填土的物理力学指标 $c=15\text{kPa}$，$\varphi=15°$，$\gamma=18\text{kN/m}^3$。求主动土压力并绘出主动土压力分布图。

解：①计算主动土压力系数

$$K_a=\tan^2\left(45°-\frac{\varphi}{2}\right)=\tan^2\left(45°-\frac{15°}{2}\right)=0.59,\quad \sqrt{K_a}=0.77$$

②计算主动土压力

$$z=0\text{m},\ \sigma_{a1}\gamma zK_a-2c\sqrt{K_a}=18\times0\times0.59-2\times15\times0.77=-23.1\text{kPa}$$

$$z=6\text{m},\ \sigma_{a2}\gamma zK_a-2c\sqrt{K_a}=18\times6\times0.59-2\times15\times0.77=40.6\text{kPa}$$

③计算临界深度 z

$$z_0=\frac{2c}{\gamma\sqrt{K_a}}=\frac{2\times15}{18\times0.77}=2.16\text{m}$$

④计算总主动土压力 E_a

$$E_a=\frac{1}{2}\gamma h^2K_a=\frac{1}{2}\times40.6\times(6-2.16)=78\text{kN/m}$$

E_a 的作用方向水平，作用点距离墙基$(6-2.16)/3=1.28\text{m}$。

⑤求主动土压力分布

如图 7－6 所示。

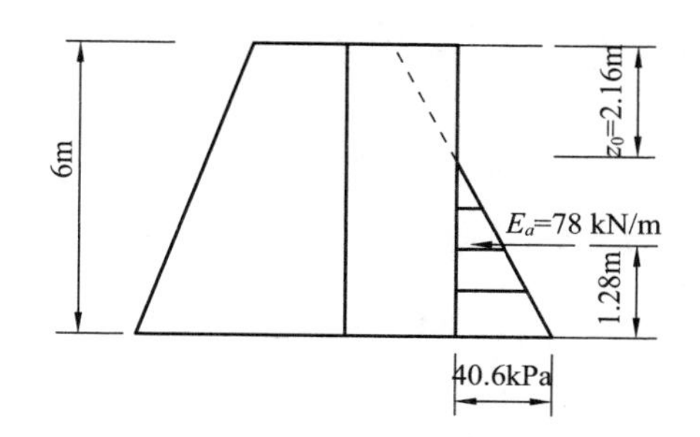

图 7－6　主动土压力分布示意图

三、被动土压力

当墙受到外力作用而推向土体时[见图 7－7(a)]，填土中任意一点的竖向应力 $\sigma_z=\gamma z$ 仍不变，而水平向应力 σ_x 却逐渐增大，直至出现被动朗肯状态。此时 σ_x 达最大限值，所以 σ_p 是大主应力，也就是被动土压力强度，而 σ_z 则是小主应力。于是由极限平衡条件得以下结果。

无黏性土：

$$\sigma_p=\gamma zK_p \tag{7-11}$$

黏性土：

$$\sigma_p=\gamma zK_p+2c\sqrt{K_p} \tag{7-12}$$

式中，K_p 为被动土压力系数，$K_p=\tan^2\left(45°+\dfrac{\varphi}{2}\right)$。

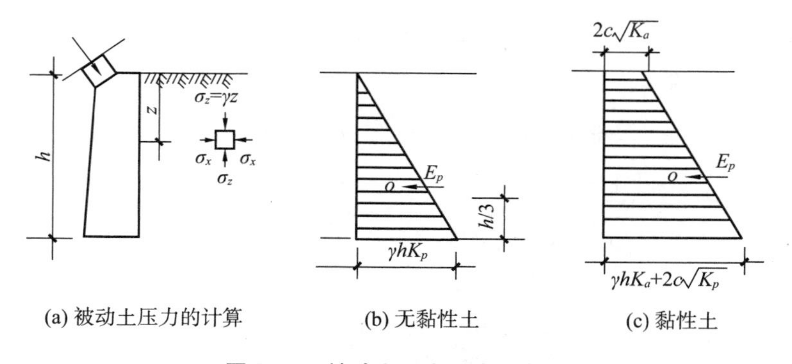

图 7－7　被动土压力强度分布图

由式(7－11)和式(7－12)可知，无黏性土的被动土压力强度呈三角形分布[见图 7－7(b)]，黏性土的被动土压力强度则呈梯形分布[见图 7－7(c)]。作用在单位长度墙上的总被动土压力 E_p，同样可由土压力实际分布面积计算。E_p 的作用方向水平，作用线通过土压力强度分布图的形心。

【例 7－3】 已知某混凝土挡土墙，墙高为 $h=6$m，墙背竖直，墙后填土表面水平，填土的重度 $\gamma=18.5$kN/m^3，$\varphi=20°$，$c=19$kPa。试计算作用在此挡土墙上的静止土压力、主动土压力和被动土压力，并绘出土压力分布图。

解：(1)静止土压力

$$K_0=0.5,\ p_0=\gamma z K_0=55.5\mathrm{kN/m^2}$$

$$E_0=\frac{1}{2}\gamma h^2 K_0=\frac{1}{2}\times 18.5\times 6^2\times 0.5=166.5\mathrm{kN/m}$$

E_0 作用点位于 $h/3=2.0\mathrm{m}$ 处，如图 7－8(a)所示。

(2)主动土压力

①主动土压力系数

$$K_a=\tan^2\left(45°-\frac{\varphi}{2}\right)=\tan^2\left(45°-\frac{20°}{2}\right)=0.49$$

②临界深度 z_0

$$z_0=\frac{2c}{\gamma\sqrt{K_a}}=\frac{2\times 19}{18.5\times\tan\left(45°-\frac{\varphi}{2}\right)}=2.93\mathrm{m}$$

③墙底处土压力强度为

$$p_a=\gamma z K_a-2c\sqrt{K_a}=18.5\times 6\times 0.49-2\times 19\times 0.7=27.79\mathrm{kPa}$$

④根据朗肯主动土压力计算公式

$$E_a=\frac{1}{2}\gamma z^2 K_a-2cz\sqrt{K_a}+\frac{2c^2}{\gamma}$$
$$=0.5\times 18.5\times 6^2\times 0.49-2\times 19\times 6\times 0.7+2\times 19^2/18.5=42.6\mathrm{kN/m}$$

⑤作用点的位置

$$\frac{1}{3}(z-z_0)=\frac{1}{3}(6-2.93)=1.02\mathrm{m}$$

(3)被动土压力

①被动土压力系数

$$K_p=\tan^2\left(45°+\frac{\varphi}{2}\right)=\tan^2\left(45°+\frac{20°}{2}\right)=2.04$$

②墙顶处土压力强度

$$p_a=2c\sqrt{K_p}=2\times 19\times 1.43=54.34\mathrm{kPa}$$

③墙底处土压力强度

$$p_a=\gamma z K_p+2c\sqrt{K_p}=18.5\times 6\times 2.04+2\times 19\times 1.43=280.78\mathrm{kPa}$$

④根据朗肯被动土压力计算公式

$$E_p=\frac{1}{2}\gamma z^2 K_p+2cz\sqrt{K_p}$$
$$=0.5\times 18.5\times 6^2\times 2.04+2\times 19\times 6\times 1.43=1005\mathrm{kN/m}$$

⑤作用点的位置

$$X_0=\frac{A_1X_1+A_2X_2}{A_1+A_2}=\frac{54.34\times 6\times 3+\frac{1}{2}\times(280.78-54.34)\times 6\times 2}{\frac{1}{2}\times(54.34+280.78)\times 6}=2.32\mathrm{m}$$

土压力分布图见图7－8。

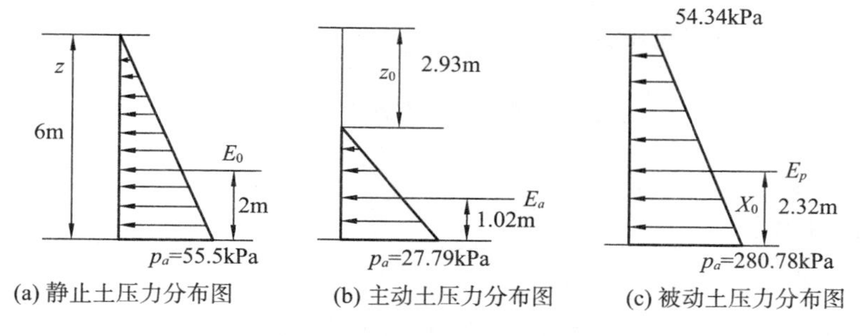

图7－8　例题7－3的土压力分布图

四、几种情况下的朗肯土压力计算

1. 填土表面作用均布荷载

当墙后土体表面有连续均布荷载 q 作用时（见图7－9），均布荷载 q 在土中产生的上覆压力沿墙体方向呈矩形分布，分布强度 q，土压力的计算方法是将垂直压力项 γz 换以 $\gamma z+q$ 计算即可。

无黏性土：$p_a=(\gamma z+q)K_a$，$p_p=(\gamma z+q)K_p$

黏性土：$p_a=(\gamma z+q)K_a-2c\sqrt{K_a}$，$p_p=(\gamma z+q)K_p-2c\sqrt{K_p}$

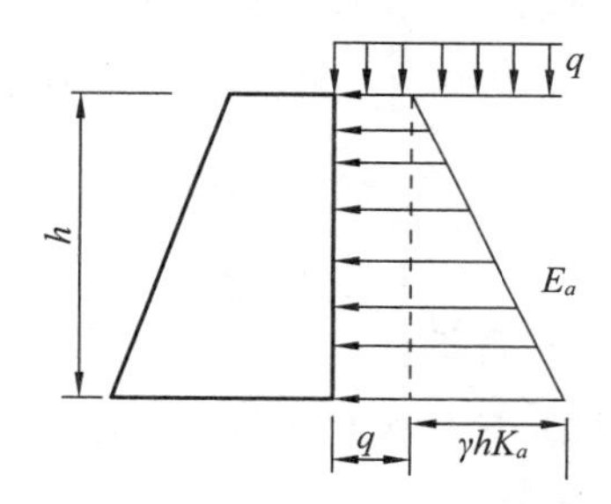

图7－9　墙后土体表面超载 q 作用下的土压力计算

【例7－4】 已知某挡土墙高6.0m，墙背竖直、光滑，墙后填土表面水平。填土为粗砂，重度 $\gamma=19.0\text{kN/m}^3$，内摩擦角 $\varphi=32°$，在填土表面作用均布荷载 $q=18\text{kPa}$。计算作用在挡土墙上的主动土压力。

解：①计算主动土压力系数

$$K_a=\tan^2\left(45°-\frac{\varphi}{2}\right)=\tan^2\left(45°-\frac{32°}{2}\right)=0.307$$

②计算主动土压力

$$z=0\text{m},\ p_{a1}=(\gamma z+q)K_a=(19\times0+18)\times0.307=5.53\text{kPa}$$

$$z=6\text{m},\ p_{a2}=(\gamma z+q)K_a=(19\times6+18)\times0.307=40.52\text{kPa}$$

③计算总主动土压力

$$E_a = 5.53 \times 6 + \frac{1}{2} \times (40.52 - 5.53) \times 6 = 33.18 + 104.97 = 138.15\text{kN/m}$$

E_a 作用方向水平，作用点距墙基为 z，则

$$z = \frac{1}{138.15}\left(33.18 \times \frac{6}{2} + 104.97 \times \frac{6}{3}\right) = 2.24\text{m}$$

④计算主动土压力分布

如图 7－10 所示。

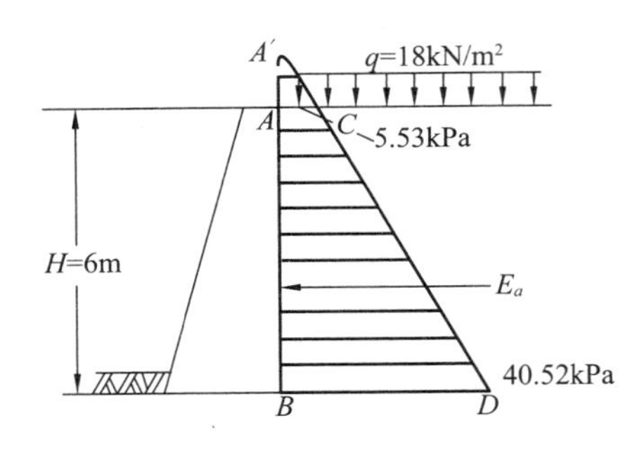

图 7－10　主动土压力分布示意图

2. 墙后填土分层

挡土墙后填土由几种性质不同的土层组成时，计算挡土墙上的土压力，需分层计算。若计算第 i 层土对挡土墙产生的土压力，其上覆土层的自重应力可视为均布荷载作用在第 i 层土上。以黏性土为例，其计算公式为

$$p_{ai} = (\gamma_1 h_1 + \gamma_2 h_2 + \cdots + \gamma_i h_i) K_{ai} - 2c_i\sqrt{K_{ai}}$$

$$p_{pi} = (\gamma_1 h_1 + \gamma_2 h_2 + \cdots + \gamma_i h_i) K_{pi} - 2c_i\sqrt{K_{pi}}$$

【例 7－5】 挡土墙高 5m，墙背直立、光滑、墙后填土水平，共分两层，各土层的物理力学指标如图 7－11 所示。试求主动土压力并绘出土压力分布图。

解：(1)计算主动土压力系数

$$K_{a1} = \tan^2\left(45° - \frac{32°}{2}\right) = 0.307,\ K_{a2} = \tan^2\left(45° - \frac{16°}{2}\right) = 0.57,\ \sqrt{K_{a2}} = 0.75$$

(2)计算第一层的土压力

顶面：$p_{a0} = \gamma_1 z K_{a1} = 17 \times 0 \times 0.31 = 0\text{kPa}$

底面：$p_{a1} = \gamma_1 z K_{a1} = 17 \times 2 \times 0.31 = 10.5\text{kPa}$

(3)计算第二层的土压力

顶面：$p_{a1} = (\gamma_1 h_1 + \gamma_2 z) K_{a2} - 2c\sqrt{K_{a2}} = (17 \times 2 + 19 \times 0) \times 0.57 - 2 \times 10 \times 0.75 = 4.4\text{kPa}$

底面：$p_{a2} = (\gamma_1 h_1 + \gamma_2 z) K_{a2} - 2c\sqrt{K_{a2}} = (17 \times 2 + 19 \times 3) \times 0.57 - 2 \times 10 \times 0.75 = 36.9\text{kPa}$

(4)计算主动土压力 E_a

$$E_a = \frac{1}{2} \times 10.5 \times 2 + 4.4 \times 3 + \frac{1}{2} \times (36.9 - 4.4) \times 3$$
$$= 10.5 + 13.2 + 48.75 = 72.5\text{kN/m}$$

E_a 作用方向水平，作用点距墙基为 z，则

$$z = \frac{1}{72.5} \times \left[10.5 \times \left(3 + \frac{2}{3}\right) + 13.2 \times \frac{3}{2} + 48.75 \times \frac{3}{3} \right] = 15\text{m}$$

(5)挡土墙上主动土压力分布

如图 7－11 所示。

3. 填土中有地下水

当墙后土体中有地下水存在时，墙体除受到土压力作用外，还将受到水压力的作用，如图 7－12 所示。计算土压力时，可将地下潜水面看作是土层的分界面，按分层土计算。潜水面以下的土层分别采用“水土分算”“水土合算”的方法计算。

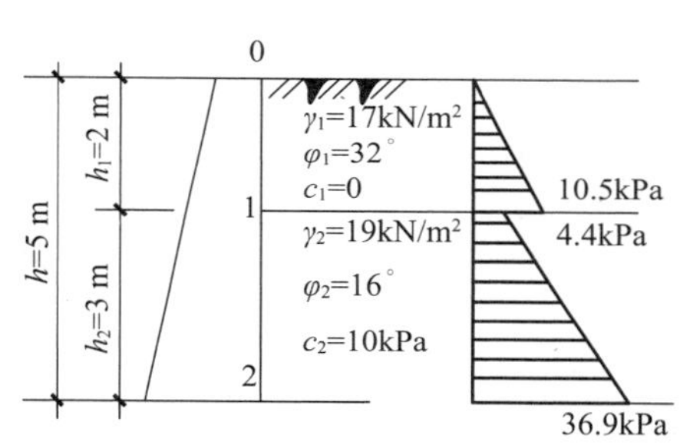

图 7－11 挡土墙上主动土压力分布示意图

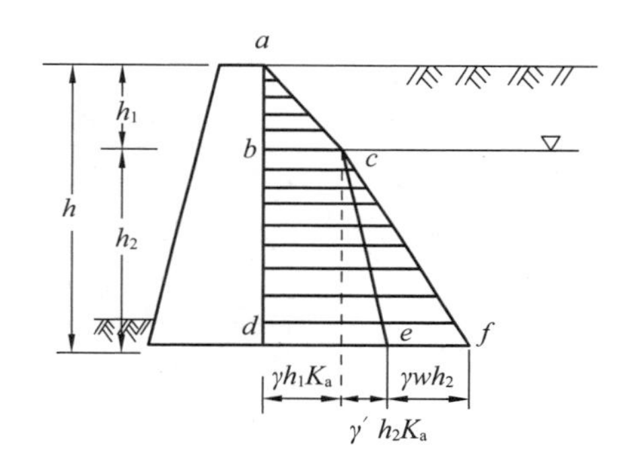

图 7－12 填土中有地下水的土压力计算

(1)水土分算法

这种方法比较适合渗透性大的砂土层。计算作用在挡土墙上的土压力时，采用有效重度；计算水压力时按静水压力计算，然后两者叠加为总的侧压力。

(2)水土合算法

这种方法比较适合渗透性小的黏性土层。计算作用在挡土墙上的土压力时，采用饱和重度，水压力不再单独计算叠加。

【例 7－6】 用水土分算法计算如图 7－13 所示的挡土墙上的主动土压力、水压力及其合力。

解：(1)计算主动土压力系数

$$K_{a1} = \tan^2\left(45° - \frac{30°}{2}\right) = 0.333$$

(2)计算地下水位以上土层的主动主压力

顶面：$p_{a0} = \gamma_1 z K_{a1} = 18 \times 0 \times 0.333 = 0$

$p_{a1} = \gamma_1 z K_{a1} = 18 \times 6 \times 0.333 = 36.0\text{kPa}$

(3)计算地下水位以下土层的主动土压力及水压力

因水下土为砂土，采用水土分算法。

主动土压力：

顶面 $p_{a1}=(\gamma_1 z_1+\gamma_2 z)K_{a2}=(18\times6+9\times0)\times0.333=36.0\text{kPa}$

底面 $p_{a2}=(\gamma_1 z_1+\gamma_2 z)K_{a2}=(18\times6+9\times4)\times0.333=48.0\text{kPa}$

水压力：

顶面 $p_{w1}=\gamma_w z=9.8\times0=0$；底面 $p_{w2}=\gamma_w z=9.8\times4=39.2\text{kPa}$

(4)计算总主动土压力和总水压力

$$E_a=\frac{1}{2}\times36\times6+36\times4+\frac{1}{2}\times(48-36)\times4=108+144+24=176\text{kN/m}$$

E_a 作用方向水平，作用点距墙基为 z，则

$$z=\frac{1}{276}\times\left[108\times\left(4+\frac{6}{3}\right)+144\times\frac{4}{2}+24\times\frac{4}{3}\right]=3.51\text{m}$$

$$p_w=\frac{1}{2}\times39.2\times4=78.4\text{kN/m}$$

p_w 作用方向水平，作用点距墙基 4/3 = 1.33(m)。

(5)挡土墙上主动主压力及水压力

如图 7－13 所示。

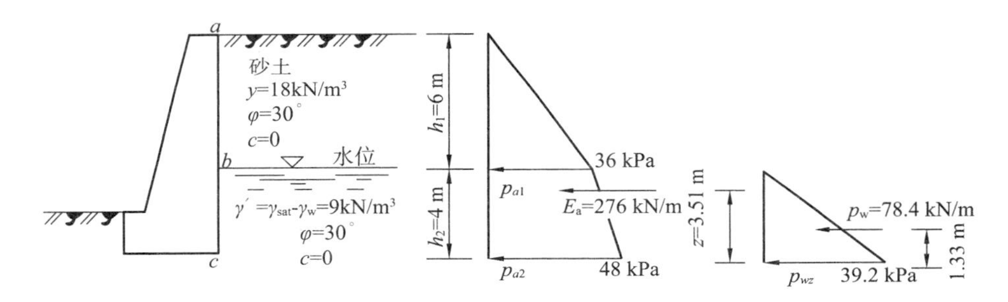

图 7－13　挡土墙上主动土压力及水压力示意图

第四节　库仑土压力理论

库仑于 1776 年根据挡土墙墙后滑动土楔体的静力平衡条件，提出了计算土压力的理论。当墙背移离或移向填土，墙后土体达到极限平衡状态，墙后填土是以一个三角形滑动土楔体的形式，沿墙背和填土土体中某一滑裂平面通过墙踵同时向下发生滑动。根据三角形土楔的力系平衡条件，求出挡土墙对滑动土楔的支承反力，从而解出挡土墙墙背所受的总土压力。

其基本假设如下：

①墙后的填土是理想的松散颗粒体(黏聚力 $c=0$)；

②挡土墙是刚性的；

③滑动破坏面为一平面。

一、库仑主动土压力

1. 假设条件

①墙背倾斜，具有倾角 α；

②墙后填土为砂土，表面倾角为 β；

③墙背粗糙有摩擦力，墙与土间的摩擦角为 δ，且 $\delta \ll \varphi$；

④平面滑裂面假设。当墙面向前或向后移动，使墙后填土达到破坏时，填土将沿两个平面同时下滑或上滑；一个是墙背 AB 面，另一个是土体内某一滑动面 BC。设 BC 面与水平面成 θ 角；

⑤刚体滑动假设。将破坏土楔 ABC 视为刚体，不考虑滑动楔体内部的应力和变形条件；

⑥楔体 ABC 整体处于极限平衡状态。

2. 取滑动楔体 *ABC* 为隔离体进行受力分析

分析可知，作用于楔体 ABC 上的力有：土体 ABC 的重力 W，下滑时受到墙面 AB 给予的支撑反力 E(其反方向就是土压力)，BC 面上土体支撑反力 R。

①根据楔体整体处于极限平衡状态的条件，可得知 E、R 的方向。

②根据楔体应满足静力平衡力三角形闭合的条件，可知 E、R 的大小(见图 7－14)。

③求极值，找出真正滑裂面，从而得出作用在墙背上的总主动压力 E_a 和被动压力 E_p。

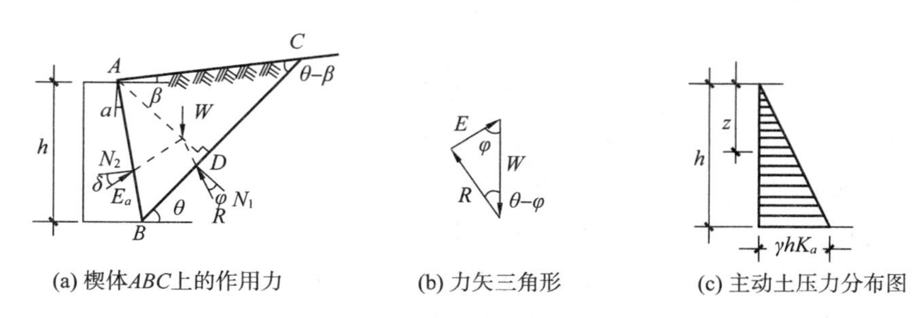

图 7－14　按库仑理论求主动土压力

无黏性土的主动压力计算如下。

设挡土墙如图 7－14 所示，墙后为无黏性填土。

取土楔 ABC 为隔离体，根据静力平衡条件，作用于隔离体 ABC 上的力 W、E、R 组成力的闭合三角形。

根据几何关系可知；W 与 E 之间的夹角 $\varphi = 90° - \delta - \alpha$，$W$ 与 R 之间的交角为 $\theta - \varphi$。

利用正弦定律可得

$$\frac{E}{\sin(\theta-\varphi)}=\frac{W}{\sin[180°-(\theta-\varphi+\varphi)]}$$

式中 $$W=\gamma\cdot\Delta ABC=\frac{\gamma H^2}{2}\frac{\cos(\alpha-\beta)\cdot\cot(\theta-\alpha)}{\cot^2\alpha\cdot\sin(\theta-\beta)}$$

由此式可知：①若改变 θ 角，即假定有不同的滑体面 BC，则有不同的 W、E 值，即 $E=f(\theta)$；②当 $\theta=90°+\alpha$ 时，即 BC 与 AB 重合，$W=0$，$E=0$；当 $\theta=\phi$ 时，R 与 W 方向相反，$p=0$。因此，当 θ 在 $90°+\alpha$ 和 ϕ 之间变化时，E 将有一个极大值，令 $\frac{dE}{d\theta}=0$，将求得的 θ 值代入 $E=\frac{W\sin(\theta-\phi)}{\sin(\theta-\phi-\varphi)}$，得

$$E_a=\frac{1}{2}\gamma H^2K_a \tag{7-13}$$

$$K_a=\frac{\cos^2(\varphi-\alpha)}{\cos^2\alpha\cdot\cos(\alpha+\delta)\left[1+\sqrt{\frac{\sin(\varphi+\delta)\cdot\sin(\varphi-\beta)}{\cos(\alpha+\delta)\cdot\cos(\alpha-\beta)}}\right]} \tag{7-14}$$

式中 γ——墙后填土的重度，kN/m^3；

H——挡土墙高度，m；

K_a——库仑主动土压力系数，按式(7-14)确定；

φ——墙后填土的内摩擦角，(°)；

α——墙背的倾斜角，(°)，俯斜时取正号，仰斜为负号；

δ——土对挡土墙背的摩擦角，(°)；

β——墙后填土面的倾角，(°)。

当 $\alpha=0$，$\delta=0$，$\beta=0$ 时，由 $E_a=\frac{1}{2}\gamma H^2K_a$ 得

$$E_a=\frac{1}{2}\gamma H^2\tan^2\left(45°-\frac{\varphi}{2}\right)$$

可见，与朗肯总主动土压力公式完全相同，说明在 $\alpha=0$、$\delta=0$、$\beta=0$ 的条件下，库仑与朗肯理论的结果是一致的。

由此可见，在一定的条件，两种土压力理论得到的结果由式(7-13)可知，主动土压力 E_a 与墙高的平方成正比，为求得离墙顶为任意深度 z 处的主动土压力强度 σ_a，E_a 可将对 z 取导数而得，即

$$\sigma_a=\frac{dE_a}{dz}=\frac{d}{dz}\left(\frac{1}{2}\gamma z^2K_a\right)=\gamma zK_a$$

由上式可见，主动土压力强度沿墙高成三角形分布。主动土压力的作用点在离墙底 $H/3$ 处，方向与墙背法线的夹角为 δ。

【例 7-7】 挡土墙高 6m，墙背俯斜 $\alpha=10°$，填土面直角 $\beta=20°$，填土重度 $\gamma=18kN/m^3$，$\varphi=30°$，$c=0$，填土与墙背的摩擦角 $\delta=10°$，按库仑土压力理论计算主动土压力(见图 7-15)。

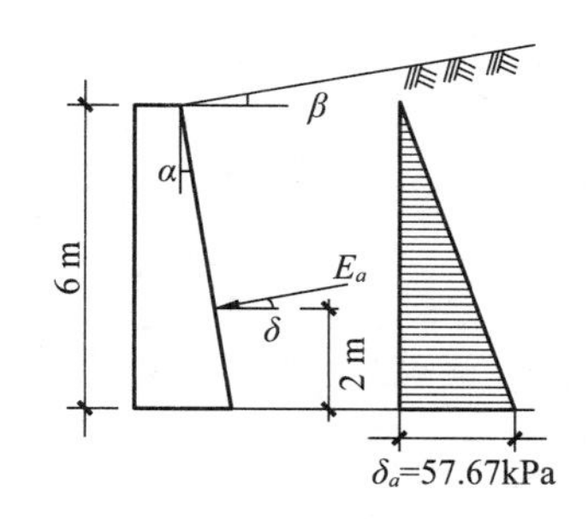

图 7－15　主动土压力计算示意图

解：由 $\alpha=10°$，$\beta=20°$，$\delta=10°$，$\varphi=30°$，带入式(7－14)，得 $K_a=0.534$。

主动土压力强度为

$$z=0\text{m},\ \sigma_a=18\times0\times0.534=0$$

$$z=6\text{m},\ \sigma_a=18\times6\times0.534=57.67\text{kPa}$$

总主动土压力为

$$E_a=\frac{1}{2}\times57.67\times6=173.02\text{kN/m}$$

E_a 作用方向与墙背法线成10°角，E_a 的作用点距墙基 6/3＝2m 处。

二、库仑被动土压力

被动土压力计算公式的推导，与推导主动土压力公式相同，挡土墙在外力作用下移向填土，当填土达到被动极限平衡状态时，便可求得被动土压力计算公式为

$$E_p=\frac{1}{2}\gamma H^2K_p \tag{7-15}$$

式中，K_p 为库仑被动土压力系数，可用下式计算

$$K_p=\frac{\cos^2(\varphi-\alpha)}{\cos^2\alpha\cdot\cos(\alpha-\delta)\left[1-\sqrt{\dfrac{\sin(\varphi+\delta)\cdot\sin(\varphi+\beta)}{\cos(\varphi-\delta)\cdot\cos(\varphi-\beta)}}\right]}$$

被动土压力强度沿墙也呈三角形分布，如图 7－16(c)所示。

三、朗肯理论与库仑理论比较

朗肯土压力理论和库仑土压力理论分别根据不同的假设，以不同的分析方法计算土压力，只有在最简单的情况下($\alpha=0$，$\delta=0$，$\beta=0$)，用这两种理论计算结果才相同，否则便得出不同的结果。

朗肯土压力理论应用半空间中的应力状态和极限平衡理论的概念比较明确，公式简单，便于记忆，对于黏性土和无黏性土都可以用该公式直接计算，故在工程中得到广泛应用。但为了使墙后的应力状态符合半空间的应力状态，必须假设墙背是直立的、光滑的，墙后填土是水平的，因而使应用范围受到限制，并由于该理论忽

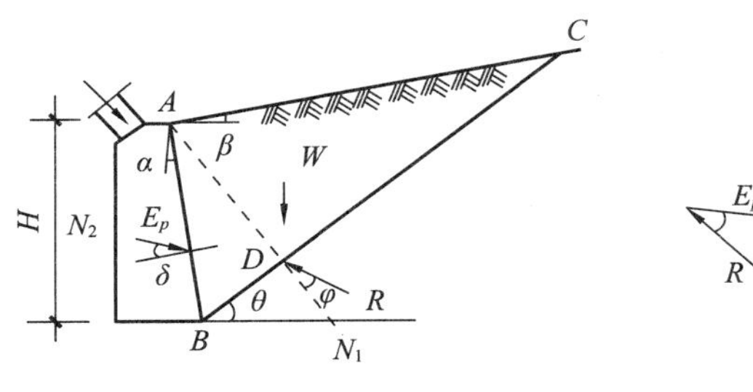

(a) 土楔ABC上的作用力

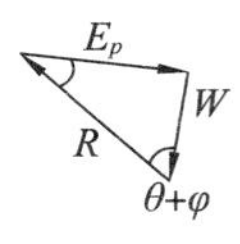

(b) 力矢三角形

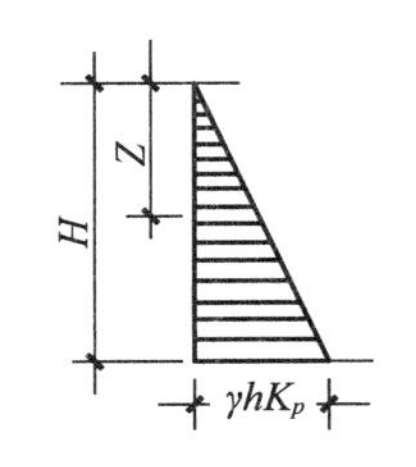

(c) 被动土压力分布图

图 7-16 按库仑理论求被动土压力

略了墙背与填土之间摩擦的影响，使计算的主动土压力偏大，而计算的被动土压力偏小。

库仑土压力理论根据墙后滑动土楔的静力平衡条件推导的土压力计算公式，考虑了墙背与土之间的摩擦力，并可用于墙背倾斜、填土面倾斜的情况，但由于该理论假设填土是无黏性土，因此，不能用库仑理论的原公式直接计算黏性土的土压力。库仑理论假设墙后填土破坏时，破裂面是一平面，而实际上却是一曲面，试验证明，在计算主动土压力时，只有当墙背的倾斜度不大，墙背与填土间的摩擦角较小时，破裂面才接近于一个平面，因此，计算结果与按曲线滑动面计算的有出入。通常情况下，这种偏差在计算主动土压力时为 2% ~10%，可以认为已满足实际工程所要求的精度，但在计算被动土压力时，由于破裂面接近于对数螺线，因此计算结果误差较大，有时可达 2 ~3 倍，甚至更大。

关于朗肯理论和库仑理论的简单说明：

(1) 朗肯理论和库仑理论都是由墙后填土处于极限平衡状态的条件得到的。但朗肯理论求的是墙背各点土压力强度分布，而库仑理论求的是墙背上的总土压力。

(2) 朗肯理论在其推导过程中忽视了墙背与填土之间的摩擦力，认为墙背是光滑的，计算的主动土压力误差偏大，被动土压力误差偏小。库仑理论考虑了这一点，所以主动土压力接近于实际值，但被动土压力因为假定滑动面是平面而使得误差较大。因此，一般不用库仑理论计算被动土压力。

(3) 朗肯理论适用于填土表面为水平的无黏性土或黏性土的土压力计算，而库仑理论只适用于填土表面为水平或倾斜的无黏性土，对无黏性土只能用图解法计算。

第五节 挡土墙的设计

挡土结构是一种常见的岩土工程建筑物，它是为了防止边坡的坍塌失稳，保护边坡的稳定，人工完成的构筑物。挡土墙计算包括挡土墙类型的选择、稳定性验算、地基承载力验算、墙身材料强度验算以及设计中的构造要求和措施。

一、挡土墙的类型

(一)按其刚度和位移方式分类

挡土墙按其刚度和位移方式分为刚性挡土墙、柔性挡土墙和临时支撑三类。

1. 刚性挡土墙

刚性挡土墙指用砖、石或是混凝土所筑成的断面较大的挡土墙。由于刚度大，墙体在侧向土压力作用下，就能发生整体平移或是转动，挠曲变形则可忽略。墙背受到的土压力呈三角形分布，最大压强发生在底部，类似于静水压力分布。

2. 柔性挡土墙

当墙身受土压力作用时会发生挠曲变形。

3. 临时支撑

临时支撑指边施工边支撑的临时性支挡结构。

(二)按其结构形式分类

1. 重力式挡土墙

这种形式的挡土墙如图 7－17 所示，墙面暴露于外，墙背可做成俯斜、直立和仰斜三种，墙基的前缘称为墙趾，后缘称为墙踵。重力式挡土墙通常由块石或素混凝土砌筑而成，因而墙体抗拉强度较小，作用于墙背的土压力所引起的倾覆力矩全靠墙身自重产生的抗倾覆力矩来平衡。因此，墙身必须做成厚而重的实体才能保证其稳定，这样墙身的断面也就比较大。重力式挡土墙体积大，靠墙自重保持稳定性，适用于高度小于 6m，地层稳定开挖土石方时不会危及相邻建筑物安全的地段。另外，重力式挡土墙具有结构简单、施工方便、能够就地取材等优点，是工程中应用较广的一种形式。

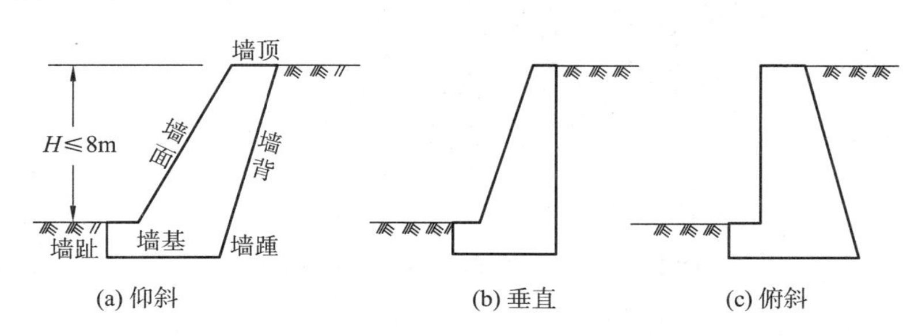

图 7－17　重力式挡土墙

2. 悬臂式挡土墙

悬臂式挡土墙一般用钢筋混凝土建造，它由三个悬臂板组成，即立臂、墙趾悬臂和墙踵悬臂，如图 7－18 所示。墙的稳定主要靠墙踵底板上的土重，而墙体内的拉应力则由钢筋承担。悬臂式挡土墙的特点是体积小，利用墙后基础上方的土重保持稳定性。一般由钢筋混凝土砌筑，拉应力由钢筋承受，墙高一般小于或等于8m。因此，这类挡土墙的优点是能充分利用钢筋混凝土的受力特性，墙体截面较小，在市政工程以及厂矿、贮库中被广泛应用。

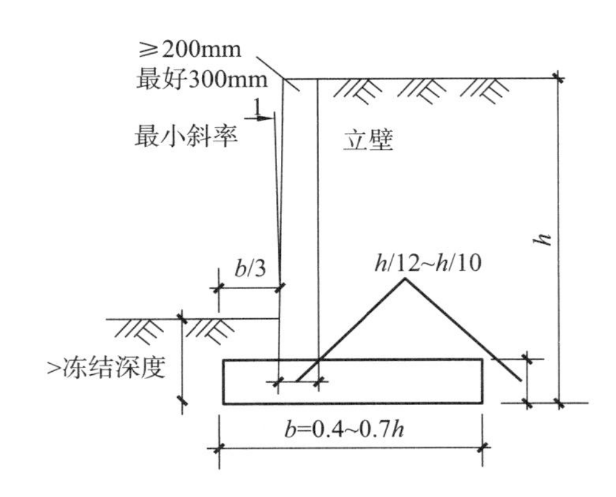

图 7-18　悬臂式挡土墙初步设计尺寸

3. 扶壁式挡土墙

当墙后填土比较高时，为了增强悬臂式墙中立臂的抗弯性能，常沿墙的纵向每隔一定距离(0.8～1.0h)设一道扶壁，称为扶壁式挡土墙(见图7-19)。扶壁式挡土墙由钢筋混凝土砌筑，扶壁间填土可增强挡土墙的抗滑和抗倾覆能力，一般用于重大的大型工程。

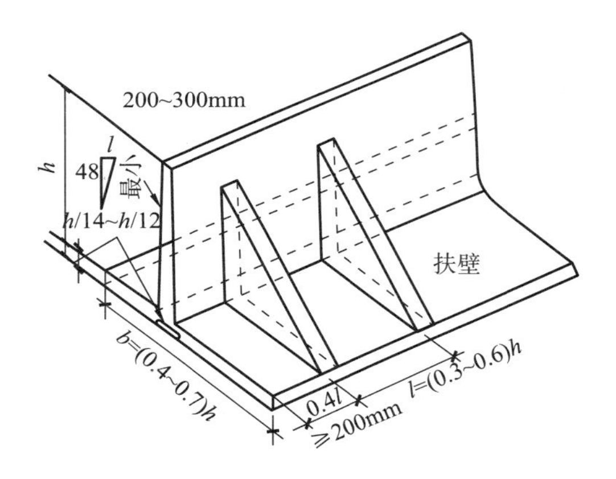

图 7-19　扶壁式挡土墙初步设计尺寸

4. 锚定板及锚杆式挡土墙

锚定板及锚杆式挡土墙(见图7-20)一般由预制的钢筋混凝土立柱、墙面、钢拉杆和埋置在填土中的锚定板在现场拼装而成，墙面所受的主动土压力完全由拉杆和锚定板承受，只要锚定板的抗拔能力不小于墙面所受荷载引起的土压力，就可依靠填土与结构相互作用力使结构保持平衡。与重力式挡土墙相比，其结构轻、高度大、工程量少、造价低、施工方便，特别适用于地基承载力不大的软土地基。

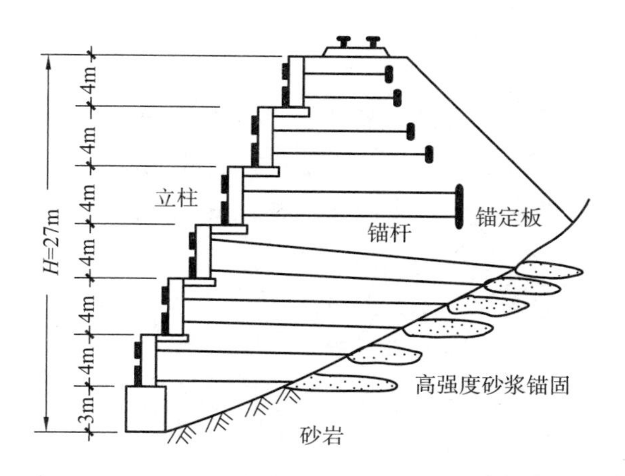

图 7－20　锚定板、锚杆式挡土墙

5. 加筋式挡土墙

加筋式挡土墙由墙面板、加筋材料及填土共同组成(见图 7－21)，依靠拉筋与填土之间的摩擦力来平衡作用在墙背上的土压力以保持稳定。拉筋一般采用镀锌扁钢或土工合成材料，墙面板用预制混凝土板。墙后填土需要较高的摩擦力，此类挡土墙目前应用较广。

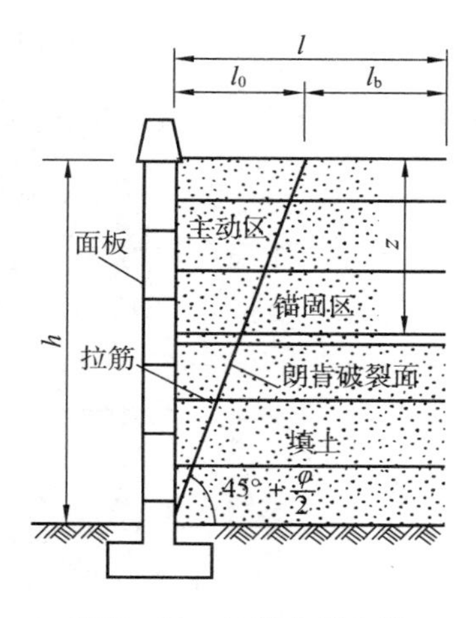

图 7－21　加筋土挡土墙

二、重力式挡土墙的计算

挡土墙的截面一般按试算法确定，即先根据挡土墙所处的条件(工程地质、填土性质以及墙体材料和施工条件等)凭经验初步拟定截面尺寸，然后进行挡土墙的验算，如不满足要求，则应改变截面尺寸或采用其他措施。

挡土墙的计算通常包括下列内容：

①稳定性验算，包括抗倾覆和抗滑移稳定验算；

②地基的承载力验算；

③墙身强度验算。

在以上计算内容中，地基的承载力验算一般与偏心荷载作用下基础的计算方法相同，即要求同时满足基底平均应力 $p_k \leqslant f_a$ 和基底最大压应力 $p_{k\max} \leqslant 1.2f_a$($f_a$ 为持力层地基承载力设计值)。至于墙身强度验算应根据墙身材料分别按砌体结构、素混凝土结构或钢筋混凝土结构的有关计算方法进行。

挡土墙的稳定性破坏通常有两种形式，一种是在主动土压力作用下外倾，对此应进行倾覆稳定性验算；另一种是在土压力作用下沿基底外移，需进行滑动稳定性验算。下面以重力式挡土墙为例，进行挡土墙设计。

（一）重力式挡土墙截面尺寸设计

挡土墙的截面尺寸一般按试算法确定，即先根据挡土墙所处的工程地质条件、填土性质、荷载情况以及墙身材料、施工条件等，凭经验初步拟定截面尺寸，然后进行验算。如果不满足要求，则修改截面尺寸，或采取其他措施。挡土墙截面尺寸一般包括以下两种。

1. 挡土墙高度 *h*

挡土墙高度一般由任务要求确定，即考虑墙后被支挡的填土呈水平时墙顶的高度。有时，对长度很大的挡土墙，也可使墙顶低于填土顶面，而用斜坡连接，以节省工程量。

2. 挡土墙的顶宽和底宽

挡土墙墙顶宽度，一般以块石砌筑而成的挡土墙不应小于400mm，混凝土挡土墙不应小于20mm。底宽由整体稳定性确定，一般为1/2～7/10倍的墙高。

（二）重力式挡土墙的计算

重力式挡土墙的计算内容包括稳定性验算、墙身强度验算和地基承载力验算。

1. 抗滑移稳定性验算

挡土墙稳定性验算示意图见图7－22。

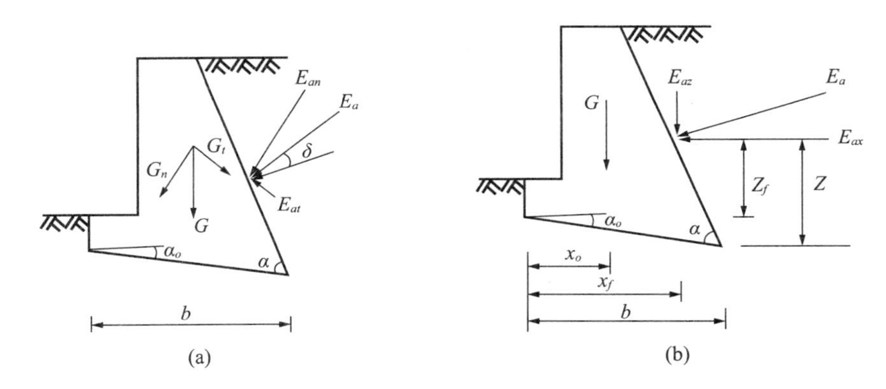

图7－22　挡土墙稳定性验算

在压力作用下，挡土墙有可能基础底面发生滑移。抗滑力与滑动力之比称为抗滑移安全系数 K_s，即

$$K_s=\frac{(G_n+E_{an})\mu}{E_{at}-G_t}\geqslant 1.3 \tag{7-16}$$

$$G_n=G\cos\alpha_0,\ G_t=G\sin\alpha_0,\ E_{an}=E_a\sin(\alpha-\alpha_0-\delta),$$
$$E_{at}=E_a\cos(\alpha-\alpha_0-\delta)$$

式中　G——挡土墙每延米自重，kN；

α_0——挡土墙基底的倾角，（°）；

α——挡土墙墙背的倾角，(°)；

δ——土对挡土墙的摩擦角，(°)；

μ——土对挡土墙基底的摩擦系数。

若验算结果不满足要求，可选用以下措施来解决：

①修改挡土墙的尺寸，增加自重以增大抗滑力；

②在挡土墙基底铺砂或碎石垫层，提高摩擦系数，增大抗滑力；

③增大墙背倾角或做卸荷平台，以减小土对墙背的土压力，减小滑动力；

④加大墙底面逆坡，增加抗滑力；

⑤在软土地基上，抗滑稳定安全系数较小，采取其他方法无效或不经济时，可在挡土墙踵后加钢筋混凝土拖板，利用拖板上的填土重量增大抗滑力。

2. 抗倾覆稳定性验算

图7－22(b)所示为一基底倾斜的挡土墙，在主动土压力作用下可能绕墙趾向外倾覆，抗倾覆力矩与倾覆力矩之比称为倾覆安全系数 K_t，即

$$K_t=\frac{Gx_0+E_{az}x_f}{E_{ax}z_f}\geqslant 1.6 \tag{7-17}$$

$E_{ax}=E_a\sin(\alpha-\delta)$，$E_{az}=E_a\cos(\alpha-\delta)$，$x_f=b-z\cot\alpha$，$z_f=z-b\tan\alpha_0$

式中　z——土压力作用点离墙基的高度，m；

x_0——挡土墙重心离墙趾的水平距离，m；

b——基底的水平投影宽度，m。

挡土墙抗滑验算能满足要求，抗倾覆验算一般也能满足要求。若验算结果不能满足要求，则可伸长墙前趾，增加抗倾覆力臂，以增大挡土墙的抗倾覆稳定性。

3. 整体滑动稳定性验算

可采用圆弧滑动方法。

4. 地基承载力验算

挡土墙地基承载力验算，应同时满足下列公式

$$\frac{1}{2}(\sigma_{\max}+\sigma_{\min})\leqslant f_a；\ \sigma_{\max}\leqslant 1.2f_a \tag{7-18}$$

另外，基底合力的偏心距不应大于0.2倍基础的宽度。

5. 墙身材料强度验算

与一般砌体构件相同。

【例7－8】　已知某块石挡土墙高6m，墙背倾斜 $\alpha=10°$，填土表面倾斜 $\beta=10°$，土与墙的摩擦角 $\delta=20°$，墙后填土为中砂，内摩擦角 $\varphi=30°$，重度 $\gamma=18.5\text{kN/m}^3$，墙底对地基中砂的摩擦系数 $\mu=0.4$。地基承载力设计值 $f_a=160\text{kPa}$。试设计挡土墙尺寸(砂浆块石的重度取 22kN/m^3)。

解：①初定挡土墙断面尺寸

假设挡土墙顶宽1.0m、底宽4.5m，如图7－23所示。墙的自重为

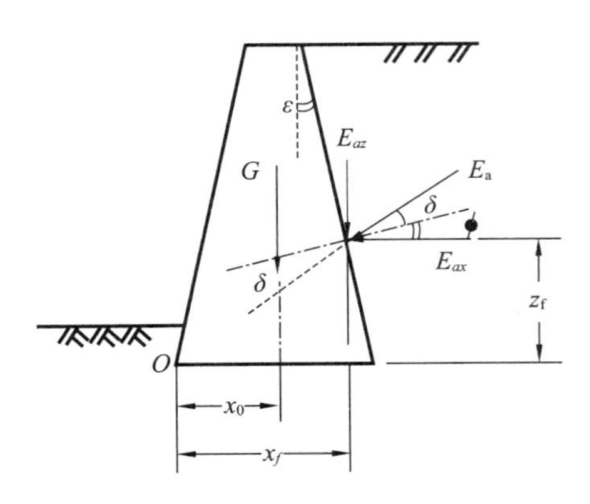

图 7－23　重力式挡土墙的计算示意图

$$G=\frac{(1.0+4.5)\times 6\times 22}{2}=363\text{kN/m}$$

因 α_0，$G_n=363\text{kN/m}$，$G_t=0\text{kN/m}$。

②土压力计算

由 $\varphi=30°$、$\delta=20°$、$\alpha=10°$、$\beta=10°$，代入公式(7－14)，得 $K_a=0.438$，再由式(7－13)得

$$E_a=\frac{1}{2}\gamma H^2K_a=\frac{1}{2}\times 18.5\times 6^2\times 0.438=145.9\text{kN/m}$$

E_a 的方向与水平方向成 30°角，作用点距离墙基 2m 处。

③抗滑稳定性验算

$$E_{ax}=E_a\sin(\alpha-\delta)=145.9\times\cos(20°+10°)=126.4\text{kN/m}$$

$$E_{az}=E_a\cos(\alpha-\delta)=145.9\times\sin(20°+10°)=73\text{kN/m}$$

因为 $\alpha_0=0$，$E_{an}=E_{az}=73\text{kN/m}$；$E_{at}=E_{ax}=126.4\text{kN/m}$

所以 $K_s=\dfrac{(G_n+E_{an})\mu}{E_{at}-G_t}=\dfrac{(363+73)\times 0.4}{126.4-0}=1.38\geqslant 1.3$，抗滑安全系数满足要求。

④抗倾覆验算

计算作用在挡土墙上的各力对墙趾 O 点的力臂。

自重 G 的力臂 $x_0=2.10\text{m}$，E_{an}的力臂 $x_f=4.15\text{m}$，E_{ax}的力臂 $z_f=2\text{m}$

$K_t=\dfrac{Gx_0+E_{az}x_f}{E_{ax}z_f}=\dfrac{363\times 2.10+73\times 4.15}{126.4\times 2}=4.21>1.6$，抗倾覆验算满足要求。

⑤地基承载力验算

作用在基础底面上总的竖向力为

$$N=G_n+E_{az}=363+73=436\text{kN/m}$$

合力作用点与墙前趾 O 点的距离为

$$x=\frac{363\times 2.10+73\times 4.15-126\times 2}{436}=1.86\text{m}$$

偏心距 $e=\frac{4.5}{2}-1.86=0.39\text{m}$

基底边缘 $P_{\max}=\frac{436}{4.5}\left(1+\frac{6\times 0.39}{4.5}\right)=147.3\text{kPa}$，$P_{\min}=\frac{436}{4.5}\left(1-\frac{6\times 0.39}{4.5}\right)=46.5\text{kPa}$

$$\frac{1}{2}(p_{\max}+p_{\min})=\frac{1}{2}(147.3+46.5)=96.9\text{kPa}<f_a=160\text{kPa}$$

$$p_{\max}=147.3\text{kPa}<1.2f_a=1.2\times 160=196\text{kPa}$$

地基承载力满足要求。

因此，该块石挡土墙的断面尺寸可定为：顶宽1.0m，底面4.5m，高6.0m。

三、重力式挡土墙的体型选择和构造措施

在设计重力式挡土墙时，为了保证其安全合理、经济性，除进行验算外，还需采取必要的构造措施。合理地选择墙型，对安全和经济地设计挡土墙具有重要意义。

1. 墙背的倾斜形式

重力式挡土墙按墙背倾斜方向可分为仰斜、直立和俯斜三种形式，如图7－24所示。对于墙背不同倾斜方向的挡土墙，如用相同的计算方法和计算指标进行计算，其主动土压力以仰斜为最小，直立居中，俯斜最大。因此，就墙背所受的主动土压力而言，仰斜墙背较为合理。当采用相同的计算指标和计算方法时，挡土墙背以仰斜时主动土压力最小、直立居中，俯斜最大。墙背倾斜形式应根据使用要求、地形和施工条件等因素综合考虑确定，应优先采用仰斜墙。

如在开挖临时边坡以后筑墙，采用仰斜墙背可与边坡紧密贴合，而俯斜墙则须在墙背回填土，因此仰斜墙比较合理。反之，如果在填方地段筑墙，仰斜墙背填土的夯实比俯斜墙或直立墙困难，此时，仰斜墙和直立墙比较合理。

从墙前地形的陡缓看，当较为平坦时，用仰斜墙背较为合理。如墙前地形较陡，则宜用直立墙，因为俯斜墙的土压力较大，而用仰斜墙时，为了保证墙趾与墙前土坡面之间保持一定距离，就要加高墙身[图7－24(c)]，使砌筑工程量增加。

因此，墙背的倾斜形式应根据使用要求、地形和施工等情况综合考虑确定。

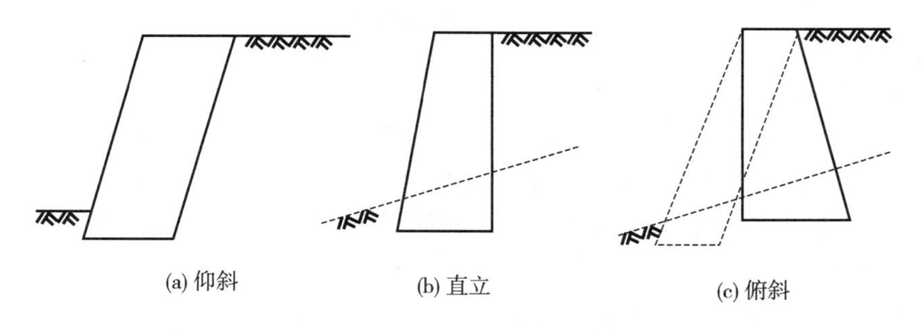

图7－24　重力式挡土墙墙背的倾斜

2. 墙面坡度的选择

当墙前地面较陡时，墙面坡可取 1∶0.05～1∶0.2 仰斜坡度，也可采用直立的截面。在墙前地形较为平坦时，对于中、高挡土墙，墙面坡度可较缓，但不宜缓于 1∶0.4，以免增高墙身或增加开挖宽度。仰斜墙背坡度越缓，主动土压力越小，但为了避免施工困难，仰斜墙背坡度一般不宜缓于 1∶0.25，墙面坡应尽量与墙背坡平行。

3. 基底逆坡坡度

在墙体稳定性验算中，滑动稳定常比倾覆稳定不易满足要求，为了增加墙身的抗滑稳定性，将基底做成逆坡是一种有效方法。但是基底逆坡过大，可能使墙身连同基底下的一块三角形土体一起滑动。因此，一般土质地基基底逆坡不宜大于 1∶10，岩石地基不宜大于 1∶5。

4. 基础埋深

重力式挡土墙的基础埋深应根据地基承载力、冻结深度，岩石风化程度等因素决定，在土质地基中，基础埋深不宜小于 0.5m；在软质岩石地基中，不宜小于 0.3m。在特强冻胀、强冻胀地区应考虑冻胀性的影响。

5. 墙趾台阶和墙顶宽度

当墙高较大时，基底压力常常是控制截面的重要因素。为了使基底压力不超过地基承载力设计值，可加墙趾台阶（见图 7－25）以便扩大基底宽度，这对墙的倾覆稳定也是有利的。墙趾台阶的高宽比可取 $h:a=2:1$，a 不得小于 20cm。此外，基底法向反力的偏心距应满足 $e \leqslant b_1/4$ 的条件（b_1 为无台阶时的基底宽度）。

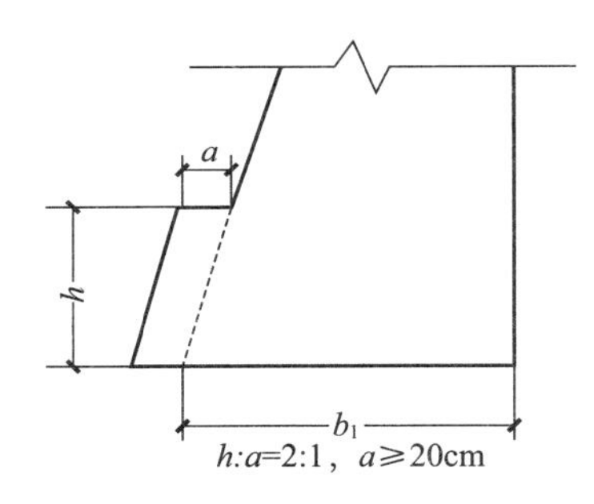

图 7－25 墙趾台阶尺寸

6. 排水措施

挡土墙因排水不良，雨水渗入墙后填土，使得填土的抗剪强度降低，对挡土墙的稳定产生不利的影响。当墙后积水时，还会产生静水压力和渗流压力，使作用于挡土墙上的总压力增加，对挡土墙的稳定性更不利。因此，在挡土墙设计时，必须采取排水措施。

①截水沟：凡挡土墙后有较大面积的山坡，则应在填土顶面，离挡土墙适当的距离设置截水沟，把坡上径流截断排除。截水沟的剖面尺寸要根据暴雨集水面积计

算确定，并应用混凝土衬砌。截水沟出口应远离挡土墙，如图 7－26(a)所示。

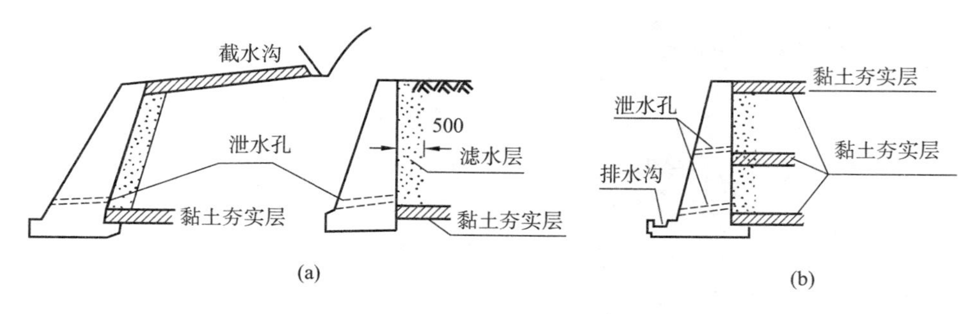

图 7－26　挡土墙排水措施

②泄水孔：已渗入墙后填土中的水，则应将其迅速排出。通常在挡土墙设置排水孔，排水孔应沿横竖两个方向设置，其间距一般取 2～3m，排水孔外斜坡度宜为 5%，孔眼尺寸宜小于 100mm。泄水孔应高于墙前水位，以免倒灌。在泄水孔入口处，应用易渗的粗粒材料做滤水层，必要时作排水暗沟，并在泄水孔入口下方铺设黏土夯实层，防止积水渗入地基而不利于墙体的稳定。墙前也要设置排水沟，在墙顶坡后地面宜铺设防水层，如图 7－26(b)所示。

7. 填土质量要求

挡土墙的回填土料应尽量选择透水性较大的土，如砂土、砾石、碎石等，因为这类土的抗剪强度较稳定，易于排水。当采用黏性作填料时，应掺入适当的碎石；在季节性冻土地区，应选择炉渣、碎石、粗砂等非冻结填料。不应采用淤泥、耕植土、膨胀性黏土等作为填料，填料中不应有较大的冻结土块、木块或其他杂物。填土压实质量是挡土墙施工中的一个关键问题，填土时应分层夯实。

8. 设置伸缩缝

重力式挡土墙应每间隔 10～20m 设置一道伸缩缝。当地基有变化时，宜加设沉降缝。在挡土结构的拐角处，应采取加强构造措施。

复习思考题

7－1　试阐述静止土压力、主动土压力、被动土压力产生的条件，并比较它们的大小。

7－2　影响土压力的因素有哪些？其中最主要的影响因素是什么？

7－3　朗肯土压力理论和库仑土压力理论的相同点是什么？

7－4　常见的挡土墙有哪些类型？常用于什么场合？

7－5　墙背积水对挡土墙的稳定性有何影响？

7－6　进行重力式挡土墙设计需进行哪些验算？

习 题

7－1　某挡土墙高5m，墙背垂直光滑，墙后填土为砂土，土表面水平，填土的黏聚力0kPa，内摩擦角 $\varphi=40°$，重度 $\gamma=18\text{kN/m}^3$。试分别求出静止、主动、被动土压力值。

7－2　挡土墙高4.2m，墙背竖直、光滑，填土表面水平，填土的物理指标：$\gamma=18.5\text{kN/m}^3$，$c=8\text{kPa}$，$\varphi=24°$，试求：

(1)计算主动土压力 E_a 及作用点位置，并绘出 p_a 分布图。

(2)地表作用有20kPa均布荷载时的 E_a 及作用点，并绘出 p_a 分布图。

7－3　挡土墙高5m，墙背竖直、光滑，墙后填土为砂土，表面水平，$\varphi=30°$，地下水位距填土表面2m，水上填土重度 $\gamma=18\text{kN/m}^3$，水下土的饱和重度 $\gamma_{sat}=21\text{kN/m}^3$，试绘出主动土压力强度和静水压力分布图，求侧压力的大小。

7－4　挡土墙高4m，填土面的倾角 $\beta=10°$，填土的重度 $\gamma=20\text{kN/m}^3$，$c=0$，$\varphi=30°$，填土与墙背的摩擦角 $\delta=10°$，试用库仑理论分别计算墙背倾斜角 $\alpha=10°$ 和 $\alpha=-10°$ 时的主动土压力，并绘图表示其分布与合力作用点的位置和方向。

7－5　挡土墙高6m，填土分成两层，各层土的物理及力学性质指标如图7－27所示，试绘出主动土压力强度分布图，并求出土压力大小。

7－6　挡土墙高8m，墙顶作用有条形局部荷载 q，有关计算条件如图7－28所示。试计算墙背作用的土压力强度 p_a，绘制分布图，并求出合力 E_a 值及其作用位置，标示于图中。[提示，参考《建筑基坑支护技术规程》(JGJ 120—2012)图3.4.7(b)求解]

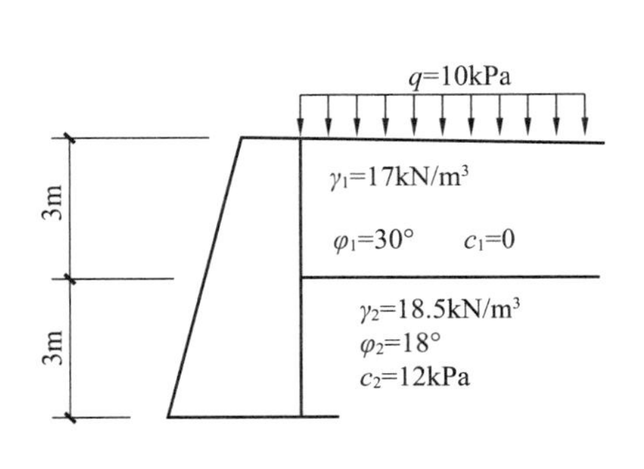

图7－27　习题7－5图

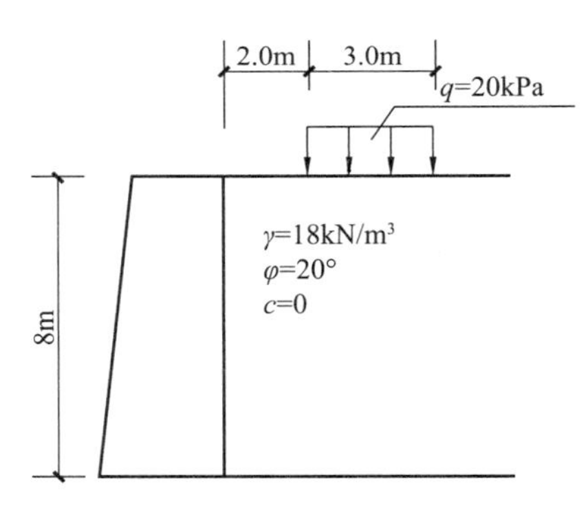

图7－28　习题7－6图

7－7　条件同习题7－1，墙顶宽0.8m，墙底面水平，底宽1.8m，挡土墙底摩擦系数 $\mu=0.4$，砌体重度 $\gamma=22\text{kN/m}^3$，试验算挡土墙的抗倾覆、抗滑动稳定性。

第八章　土坡稳定分析

第一节　概　述

土坡是指具有倾斜坡面的土体。由自然地质作用所形成的土坡，如山坡、江河的岸坡等，称为天然土坡。由人工开挖或填筑面形成的土坡，如基坑、渠道、土坝、路堤等，则称为人工土坡。简单土坡的外形和各部位名称如图 8－1 所示。

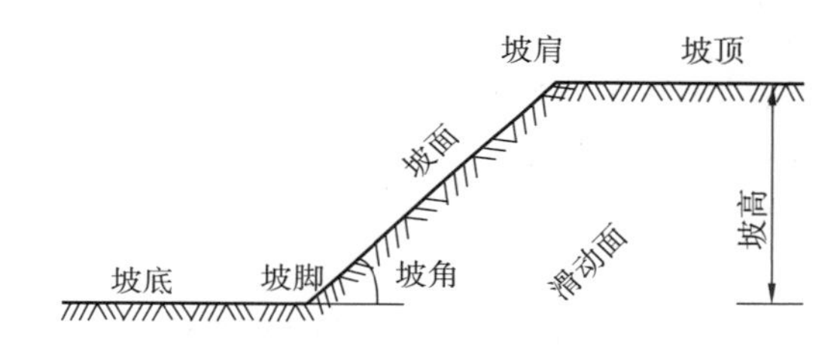

图 8－1　土坡各部分名称

由于土坡表面倾斜，在自重及外荷载作用下土体具有自上面下的滑动趋势，土坡中部分土体在自然或人为因素的影响下沿某一界面发生向下和向外滑动的现象称为土坡失稳。实际工程中，按照规模及性质的不同，土坡失稳表现为滑坡、塌方、溜滑等多种形式，各种形式的土坡失稳常常会造成工程事故，例如：滑坡可导致交通中断、河道堵塞、厂矿城镇被掩埋，工程建设受阻等，威胁人类的生命财产安全。随着岩土工程实践的深入，土坡稳定分析已成为土力学中十分重要的研究课题，要保证土坡的稳定性，对土坡进行稳定分析和评价是十分必要的。

根据滑动的诱因，滑坡可分为推动式滑坡和牵引式滑坡。推动式滑坡是由于坡顶超载或地震因素导致下滑力大于抗滑力而失稳；牵引式滑坡主要是由于坡脚受到切割导致抗滑力减小而破坏。根据滑动面形状的不同，滑坡破坏通常有以下两种形式：

(1)滑动面为平面的滑坡，常发生在匀质的和成层的非均质的无黏性土构成的土坡中；

(2)滑动面为近似圆弧面的滑坡，常发生在黏性土坡中。

土坡滑动失稳的原因一般有以下两类：

(1)外界力的作用破坏了土体内部原来的应力平衡状态。如基坑的开挖而导致地基内自身重力发生变化，又如路堤的填筑、土坡顶面上作用外荷载、土体内水的渗流、地震力的作用等。

(2)土的抗剪强度由于受到外界各种因素的影响而降低，促使土坡失稳破坏。

滑坡的实质是土坡内滑动面上作用的滑动力超过了土的抗剪强度。

本章主要介绍土坡稳定分析常用分析方法和基本原理。

第二节　砂性土土坡的稳定性分析

根据实际观测，由均质砂性土或成层的非均质的砂性土构成的土坡，破坏时的滑动面往往接近于一个平面，因此在分析砂性土的土坡稳定时，为计算简化，一般均假定滑动面是平面，如图8-2所示。

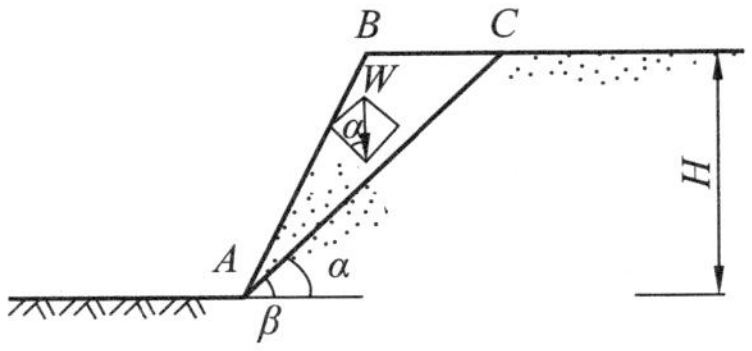

已知土坡高为H，坡角为β，土的重度为γ，土的抗剪强度$\tau_f=\sigma\tan\varphi$。若假定滑动面是通过坡脚A的平面AC，AC的倾角为α，则可计算滑动土体ABC沿AC面上滑动的稳定安全系数K值。

图8-2　砂土土坡稳定分析

沿土坡长度方向截取单位长度土坡，作为平面应变问题分析。已知滑动土体ABC的重力为

$$W=\gamma\cdot S_{\Delta ABC}$$

W在滑动面AC上的平均法向分力N及由此产生的抗滑力T_f为

$$N=W\cos\alpha\quad T_f=N\tan\varphi=W\cos\alpha\tan\varphi$$

W在滑动面AC上产生的平均下滑力T为

$$T=W\sin\alpha$$

土坡的滑动稳定安全系数K为

$$K=\frac{T_f}{T}=\frac{W\cos\alpha\tan\varphi}{W\sin\alpha}=\frac{\tan\varphi}{\tan\alpha}\qquad(8-1)$$

安全系数K随倾角α的增大而减小，当$\alpha=\beta$时滑动稳定安全系数最小，即土坡面上的一层土是最容易滑动的。砂性土土坡的滑动稳定安全系数可取为

$$K=\frac{\tan\varphi}{\tan\beta}\qquad(8-2)$$

当坡角β等于土的内摩擦角φ时，即稳定安全系数$K=1$时，土坡处于极限平衡状态。因此，砂性土土坡的极限坡角等于土的内摩擦角φ，此坡角称为自然休止角。只要坡角$\beta<\varphi(K>1)$，土坡就是稳定的。为了保证土坡具有足够的安全储备，工程中一般要求$K\geqslant1.25\sim1.30$。砂性土土坡的稳定性与坡高无关，与坡体材料的重量无关，仅取决于β和φ。

【例8-1】　一均质砂性土土坡，其饱和重度$\gamma=19.3\text{kN/m}^3$，内摩擦角$\varphi=35°$，坡高$H=6\text{m}$，试求当此土坡的稳定安全系数为1.25时其坡角为多少？

解：由$K=\dfrac{\tan\varphi}{\tan\beta}$，得$\tan\beta=\dfrac{\tan\varphi}{K}=\dfrac{\tan35°}{1.25}=0.5602$　解得$\beta=29.26°$

第三节　黏性土土坡的稳定性分析

黏性土土坡发生滑坡时，其滑动面形状多为一曲面，在理论分析中，一般将此曲面简化为圆弧面，并按平面问题处理。圆弧滑动面的形式有以下三种：

(1)圆弧滑动面通过坡脚 B 点[见图 8－3(a)]，称为坡脚圆；

(2)圆弧滑动面通过坡面上 E 点[见图 8－3(b)]，称为坡面圆；

(3)圆弧滑动面发生在坡角以外的 A 点[见图 8－3(c)]，且圆心位于坡面中点的垂直线上，称为中点圆。

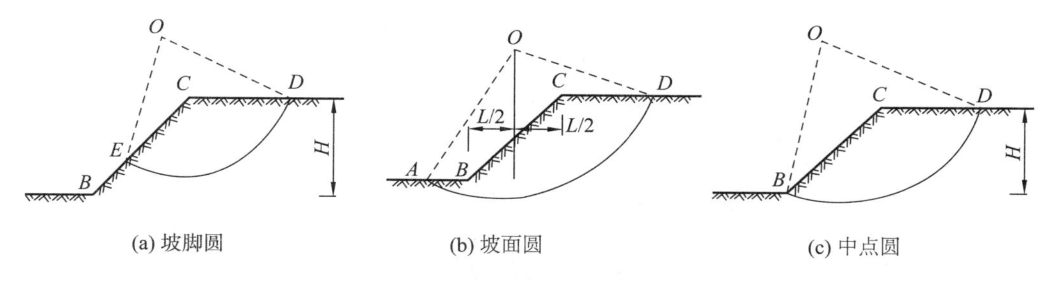

图 8－3　黏土土坡的滑动面形式

土坡稳定分析时采用圆弧滑动面首先由彼德森(K. E. Petterson，1916)提出，此后费伦纽斯(W. Fellernius，1927)和泰勒(D. W. Taylor，1948)做了研究和改进。他们提出的分析方法可以分为两类：

(1)土坡圆弧滑动按整体稳定分析法，主要适用于均质简单土坡，即土坡上、下两个土面是水平的，坡面 BC 是一平面，如图 8－4 所示。

(2)用条分法分析土坡稳定，对非均质土坡、土坡外形复杂及土坡部分在水下时均适用。

一、整体圆弧滑动法土坡稳定分析

1. 基本原理

如图 8－4 所示均质简单土坡，若以滑动面上的最大抗滑力矩与滑动力矩之比来定义稳定安全系数，AD 为假定的滑动面，圆心为 O，半径为 R。当土体 $ABCDA$ 保持稳定时必须满足力矩平衡条件，故稳定安全系数

$$K=\frac{\text{抗滑力}\ M_r}{\text{抗动力距}\ M_s}=\frac{\tau_f \widehat{L} R}{Wa} \tag{8－3}$$

式中　τ_f——土的抗剪强度，kPa，按库仑定律 $\tau_f=\sigma\tan\varphi+c$，沿滑动面 AD 上的分布是不均匀的，使土坡的稳定安全系数有一定误差；

$\widehat{L}$——滑动圆弧 AD 的长度，m；

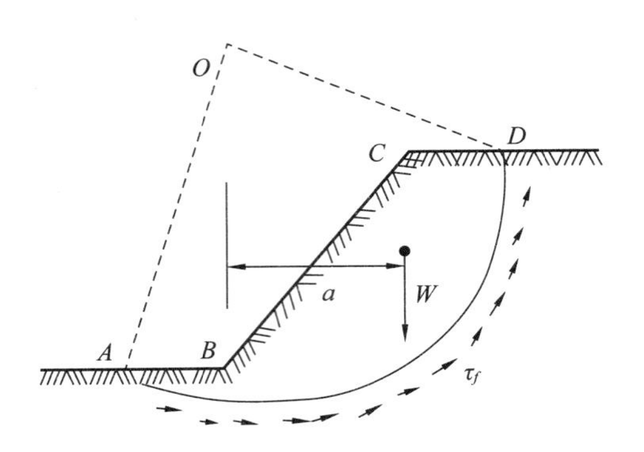

图 8-4　土坡整体稳定分析

R——滑动圆弧面的半径，m；

W——滑动体 $ABCDA$ 的重力，kN；

a——土体对 O 点的力臂，m。

式(8-3)中土的抗剪强度沿滑动面 AD 上的分布是不均匀的。土坡的稳定安全系数有一定误差。

由于计算上述安全系数时，滑动面为任意假定，并不是最危险滑动面，相应于最小稳定安全系数的滑动面才是最危险的滑动面。由此可见，土坡稳定分析的计算工作量是很大的。为此，费伦纽斯和泰勒对均质的简单土坡做了大量的计算分析工作，提出了确定最危险滑动面圆心的经验方法，以及计算土坡稳定安全系数的图表。

2. 费伦纽斯确定最危险滑动面圆心的方法

如图 8-5 所示，费伦纽斯确定最危险滑动面圆心的具体方法为

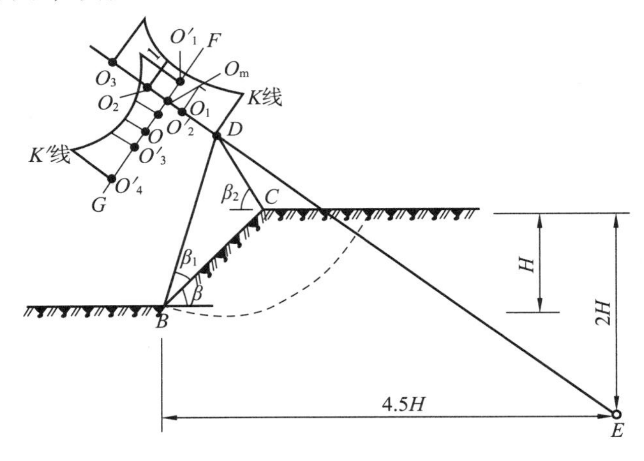

图 8-5　确定最危险滑动面圆心位置

(1) 土的内摩擦角 $\varphi=0°$时

费伦纽斯提出当土的内摩擦角 $\varphi=0°$时，土坡的最危险圆弧滑动面通过坡脚，其圆心为 O 点。D 点是由坡脚和坡顶 C 分别作 BD 与 CD 线的交点，BD 与 CD 线分别与坡面及水平面成 β_1 及 β_2 角。β_1、β_2 与土坡坡角 β 有关，可由表 8-1 查得。

表 8 - 1　不同边坡的 β_1、β_2 数据表

坡比	坡角	β_1	β_2	坡比	坡角	β_1	β_2
1:0.58	60°	29°	40°	1:3	18.43°	25°	35°
1:1	45°	28°	37°	1:4	14.04°	25°	37°
1:1.5	33.79°	26°	25°	1:5	11.32	25°	37°
1:2	26.57°	25°	25°				

（2）土的内摩擦角 $\varphi>0°$时

费伦纽斯提出这时最危险滑动面也通过坡脚，其圆心在 ED 的延长线上。E 点的位置距坡脚 B 点的水平距离为 4.5H，竖直距离为 H。值越大，圆心越向外移。计算时从 D 点向外延伸取几个试算圆心，分别求得其相应的滑动稳定安全系数，绘 K 值曲线可得最小安全系数值 $K_{\min}$，其相应的圆心 K_m 即为最危险滑动面的圆心。

可见，根据费伦纽斯提出的方法，虽然可以把最危险滑动面的圆心位置缩小到一定范围，但其试算工作量还是很大的。为此，泰勒对此做了进一步的研究，提出了确定均质简单土坡稳定安全系数的图表。

3. 泰勒分析法

泰勒通过大量计算分析后认为圆弧滑动面的三种形式与土的内摩擦角 φ、坡角 β 有关。并提出：

（1）当 $\varphi>3°$时滑动面为坡脚圆，其最危险滑动面圆心位置，可根据 φ 及 β 角，由图 8 - 6（a）中的曲线查得 θ 及 α 值作图求得。

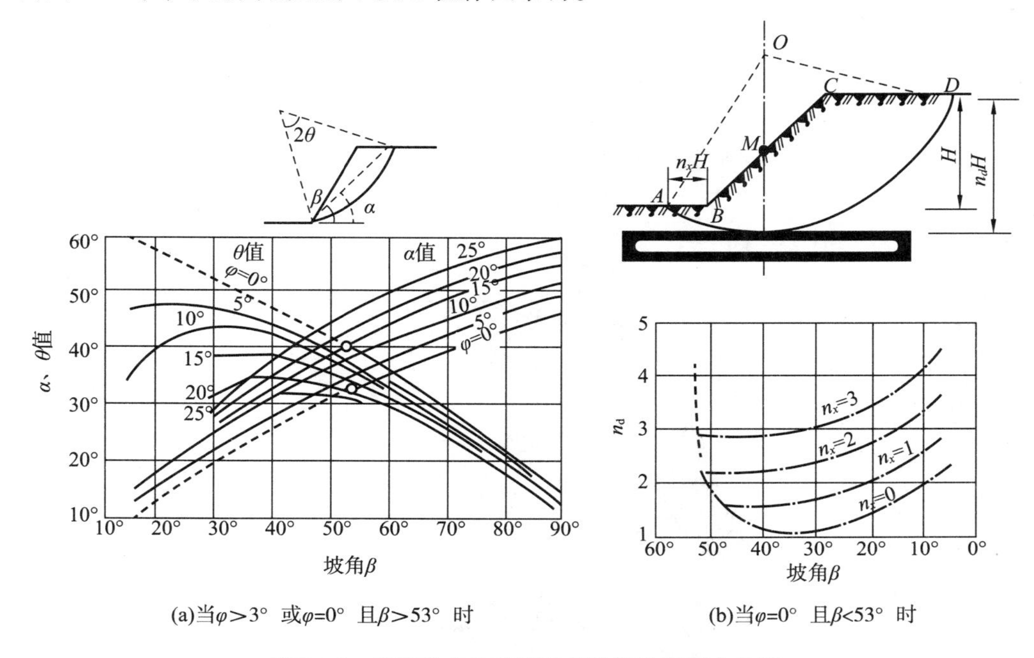

图 8 - 6　按泰勒方法确定最危险滑动面圆心位置

(2)当$\varphi=0°$，且$\beta>53°$时滑动面也是坡脚圆，其最危险滑动面圆心位置，同样可从图8-6中的θ及α值作图求得。

(3)当$\varphi=0°$，且$\beta<53°$时滑动面可能是中点圆，也有可能是坡脚圆或坡面圆，它取决于硬层的埋藏深度。当土坡高度为H，硬层的埋藏深度为n_dH[如图8-6(a)所示]。若滑动面为中点圆，则圆心位置在坡面中点M的铅直线上，且与硬层相切，滑动面与土面的交点为A点，A点距坡脚B的距离为n_xH，n_x值可根据n_d及β值由图8-6(b)查得。若硬层埋藏较浅，则滑动面可能是坡脚圆或坡面圆，其圆心位置需通过试算确定。

二、毕肖普条分法

从前面分析知道，由于圆弧滑动面上各点法向应力不同，因此土的抗剪强度各点也不相同，故此不能直接应用式(8-1)计算土坡的稳定安全系数。而泰勒分析法是在对滑动面上的抵抗力大小及方向做了一些假定的基础上，才得到分析均质简单土坡稳定计算图表的。它对于非均质土坡或比较复杂的土坡均不适用。而毕肖普条分法是解决这一问题的实用方法之一，广泛应用于工程中。

1955年毕肖普(A. W. Bishop)假定各土条底部滑动面上的抗滑安全系数均相同，即等于整个滑动面的平均安全系数，取单位长度土体按平面问题计算，如图8-7所示。设可能滑动面为一圆弧AD，圆心为O，半径R。将滑动土体$ABCD$分成若干土条，而取其中任一条(第i条)分析其受力情况。则作用在该土条上的力有：土条自重$W_i=\gamma b_ih_i$；作用于土条底面的切向力T_i，有效法向反力N'_i，孔隙水压力u_il_i；作用于该土条两侧的法向力E_i和E_{i+1}及切向力X_i和X_{i+1}，$\Delta X_i=(X_{i+1}-X_i)$。

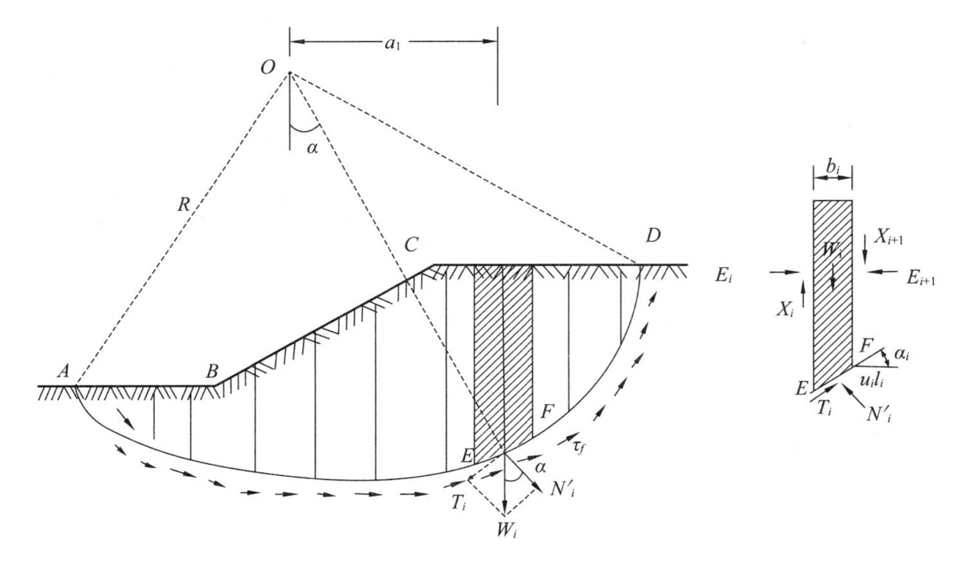

图8-7 毕肖普条分法计算简图

其中，b_i、h_i 分别为该土条的宽度与平均高度；u_i、l_i 为该土条底面中点处孔隙水压力和滑动圆弧弧长，且 W_i、T_i、N'_i、u_il_i 的作用点均在土条底面中点。

对土条 i 取竖向力平衡得

$$W_i + X_{i+1} - X_i - T_i\sin a_i - N'_i\cos a_i - u_il_i\cos a_i = 0$$

则
$$N'_i\cos a_i = W_i + X_{i+1} - X_i - T_i\sin a_i - u_il_i\cos a_i \tag{8-4}$$

若土坡的稳定安全系数为 K，则土条滑动面上的抗剪强度 τ_{fi} 也只发挥了一部分，毕肖普假设 τ_{fi} 与滑动面上的切向力 T_i 相平衡，即

$$T_i = \frac{\tau_{fi}l_i}{K} = \frac{1}{K}(N'_i\tan\varphi'_i + c'_il_i) \tag{8-5}$$

式中 c'_i——土条 i 的有效黏聚力，kPa；

φ'_i——土条 i 的有效内摩擦角，(°)。

代入式(8-4)解得

$$N'_i = \frac{1}{m_{a_i}}\left(W_i + X_{i+1} - X_i - u_ib_i - \frac{c'_il_i}{K}\sin a_i\right) \tag{8-6}$$

其中
$$m_{a_i} = \cos a_i + \frac{1}{K}\tan\varphi'_i\sin a_i \tag{8-7}$$

就整个滑动土体对圆心 O 求力矩平衡，此时相邻土条之间侧壁作用力的力矩将相互抵消，而各土条的 N'_i 及 u_il_i 的作用线均通过圆心，则有

$$\sum W_ia_i - \sum T_iR = 0$$

考虑到 $a_i = R\sin a_i$，$b = b_i - l'_icosb_i$，把式(8-6)代入式(8-5)得

$$K = \frac{\sum \frac{1}{m_{a_i}}[c'_ib + (W_i - u_ib_i + \Delta X_i)]\tan\varphi'_i}{\sum W_i\sin a_i} \tag{8-8}$$

式(8-8)为毕肖普条分法计算土坡安全系数的普遍公式，但 ΔX_i 仍未知。为了求出 K，需估算 ΔX_i 值，可通过逐次逼近法求解。毕肖普补充假定忽略土条间的竖向切向力 X_i 和 X_{i+1} 的作用，即令各土条的 $\Delta X_i = 0$，毕肖普证明所产生的误差仅为1%，由此可得国内外普遍使用的简化的毕肖普公式。

$$K = \frac{\sum_{i=1}^{n} \frac{1}{m_{a_i}}[c'_ib + (W_i - u_ib_i)]\tan\varphi'_i}{\sum_{i=1}^{n} W_i\sin a_i} \tag{8-9}$$

以上简化的毕肖普法计算土坡稳定安全系数公式中的 m_{a_i} 也包含 K 值，因此式(8-9)须用叠代法求解，即先假定一个 K 值，按式(8-7)求得 m_{a_i}，代入式(8-8)求出值，若此 K 值与假定值不符，则用此 K 值重新计算 m_{a_i}，求得新的 K 值，如此反复叠代，直至假定的 K 值与求得的 K 值相近为止。通常叠代3~4次即可满足工程精度要求。

应注意，当 a_i 为负时，m_{a_i} 有可能趋近于零，此时 N'_i 将趋近于无限大，这是不

合理的，简化毕肖普法不能应用。此外，当坡顶土条的 a_i 很大时，N'_i 可能出现负值，此时可取 $N'_i=0$。

为了求得最小的安全系数，同样必须假定若干个滑动面，其最危险滑动面圆心位置的确定，仍可采用前述费伦纽斯经验法。

【例 8-2】 某土坡如图 8-8 所示。已知土坡高度 $H=6\text{m}$，坡角 $\beta=55°$，土的重度 $\gamma=18.6\text{kN/m}^3$，土的内摩擦角 $\varphi=12°$，黏聚力 $c=16.7\text{kPa}$。试用条分法验算土坡的稳定安全系数。

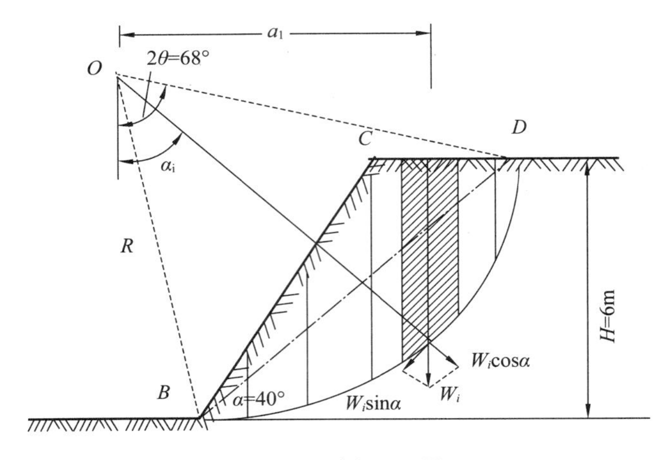

图 8-8 例 8-2 图

解：(1)按比例绘出土坡的剖面图(如图 8-9 所示)。按泰勒经验法确定最危险滑动面圆心位置。当 $\varphi=12°$、$\beta=55°$时，土坡的滑动面是坡脚圆，其最危险滑动面圆心的位置，可由图 8-6 中的曲线得到 $\alpha=40°$，$\theta=34°$，由此作图求得圆心 O。

(2)将滑动土体 $BCDB$ 划分成竖直土条。滑动圆弧 BD 的水平投影长度为

$$H\cot\alpha=6\times\cot40°=7.15\text{m}$$

把滑动土体划分为 7 个土条，从坡脚 B 开始编号，第 1~6 条的宽度均取为 1m，而第 7 条的宽度则为 1.15m。

(3)计算各土条滑动面中点与圆心的连线同竖直线间的夹角值 α_i。按式(8-9)计算各土条有关参数如表 8-2 所示。

表 8-2 例 8-2 计算表

土条编号	$\alpha_i/(°)$	l_i/m	W_i/kN	$W_i\sin\alpha_i$ kN	$W_i\tan\varphi_i$	$c_il_i\cos\alpha_i$	m_{α_i}		$\frac{1}{m_{\alpha_i}}(W_i\tan\varphi_i+c_il_i\cos\alpha_i)$	
							$K=1.2$	$K=1.19$	$K=1.2$	$K=1.19$
1	9.5	1.01	11.16	1.84	2.37	16.64	1.016	1.016	18.71	18.71
2	16.5	1.05	33.48	9.51	7.12	16.81	1.009	1.010	23.72	23.69
3	23.8	1.09	53.01	21.39	11.27	16.66	0.986	0.987	28.33	28.30

表 8－2(续)

土条编号	$\alpha_i/(°)$	l_i/m	W_i/kN	$W_i\sin\alpha_i$ kN	$W_i\tan\varphi_i$	$c_il_i\cos\alpha_i$	m_{α_i}		$\frac{1}{m_{\alpha_i}}(W_i\tan\varphi_i+c_il_i\cos\alpha_i)$	
							K＝1.2	K＝1.19	K＝1.2	K＝1.19
4	31.6	1.18	69.75	36.55	14.83	16.78	0.945	0.945	33.45	33.45
5	40.1	1.31	76.26	49.12	16.21	16.73	0.879	0.880	37.47	37.43
6	49.8	1.56	56.73	43.33	12.06	16.82	0.781	0.782	36.98	36.93
7	63.0	2.68	29.70	24.86	5.93	20.32	0.612	0.613	42.89	42.82
合计				186.60					221.55	221.33

第一次试算假定稳定安全系数 $K=1.2$，计算结果列于表 8－2，可按式(8－9)得稳定安全系数。

$$K=\frac{\sum_{i=1}^{n}\frac{1}{m_{a_i}}[c'_ib+(W_i-u_ib_i)]\tan\varphi'_i}{\sum_{i=1}^{n}W_i\sin a_i}=\frac{221.55}{186.6}=1.187$$

第二次试算假定 $K=1.19$，计算结果列于表 8－2，可得 $K=1.186$，这时计算结果与假定接近，故得土坡的稳定安全系数 $K=1.19$。

应当注意：这仅是一个滑动圆弧的计算结果，为求出最小的 K 值，需假定若干个滑动面，按前法进行试算。

三、非圆弧滑动面的简布法

在实际工程中常常会遇到非圆弧滑动面的土坡稳定分析问题，如土坡下面有软弱夹层，或土坡位于倾斜岩层面上，滑动面形状受到夹层或硬层影响而呈非圆弧形状。此时若采用前述圆弧滑动面法分析就不再适用，简布(N. Janbu)提出的非圆弧普遍条分法可解决该问题，称为简布法。

图 8－9(a)所示土坡，滑动面 $ABCD$ 为任意将土体划分的许多土条，其中任意土条 i 上的作用力如图 8－9(b)所示，其受力情况如前所述也是二次超静定问题，简布求解时做了两个假定：

①滑动面上的切向力 T_i 等于滑动面上土所发挥的抗剪强度 τ_{fi}，即

$$T_i=\tau_{fi}l_i=(N_i\tan\phi_i+c_il_i)/K$$

②土条两侧法向力 E 的作用点位置为已知，即作用于土条底面以上 1/3 高度处。分析表明，条间力作用点的位置对土坡稳定安全系数影响不大。

取任一土条 i 如图 8－9(b)所示，α_i 是推力线与水平线的夹角，t_i 为条间力作用点的位置。需求的未知量有：土条底部法向反力 N_i(n 个)，法向条间力之差 ΔE_i(n 个)，切向条间力 ΔX_i(n 个)及安全系数 K。可通过对每一土条竖向、水平向力和力矩平衡建立 $3n$ 个方程求解。

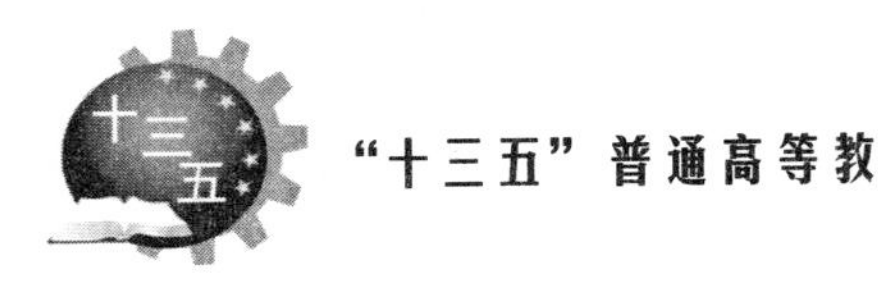

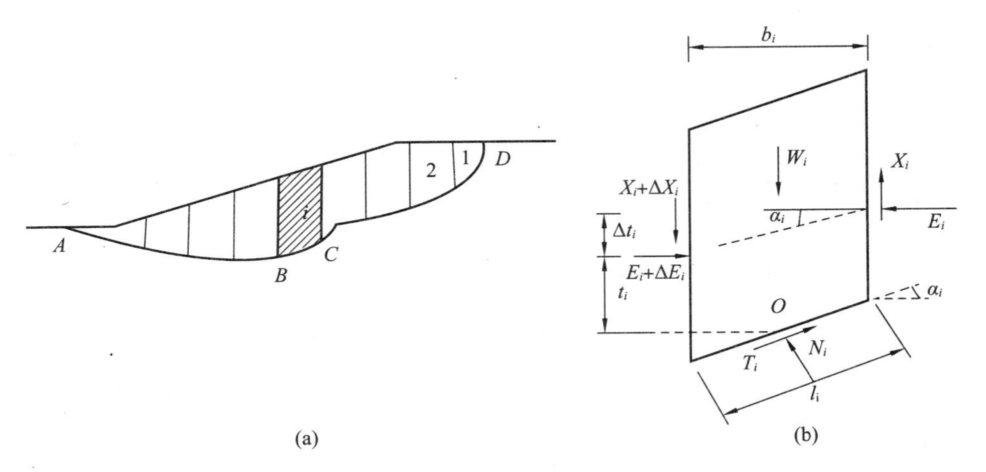

图 8-9　简布的普遍条分法

对每一土条取竖向力的平衡 $\sum F_y = 0$，则

$$N_i\cos\alpha_i - W_i - \Delta X_i + T_i\sin\alpha_i = 0 \tag{8-10}$$

再取水平向力的平衡 $\sum F_x = 0$

$$\Delta E_i - N_i\sin\alpha_i + T_i\cos\alpha_i = 0$$

$$\Delta E_i - (W_i + \Delta X_i)\tan\alpha_i + T_i\sec\alpha_i = 0 \tag{8-11}$$

对土条中点取力矩平衡 $\sum M_O = 0$，则

$$X_i b_i + \frac{1}{2}\Delta X_i b_i + E_i\Delta t_i + \Delta E_i t_i = 0$$

并略去高阶微量$\frac{1}{2}\Delta X_i b_i$，可得

$$X_i = E_i\frac{t_i}{b_i} - \Delta E_i\tan\alpha_i \tag{8-12}$$

再由整个土坡 $\sum \Delta E_i = 0$ 得

$$\sum (W_i + \Delta X_i)\tan\alpha_i - \sum T_i\sec\alpha_i = 0 \tag{8-13}$$

根据土坡稳定安全系数定义和摩尔库伦破坏准则有

$$T_i = \frac{\tau_{fi}l_i}{K} = \frac{c_i b_i\sec\alpha_i + N_i\tan\varphi_i}{K} = 0 \tag{8-14}$$

联合求解式(8-10)和式(8-14)并代入式(8-13)得

$$K = \frac{\sum_{i=1}^{n}\frac{1}{m_{\alpha_i}}[c_i b_i + (W_i + \Delta X_i)]\tan\varphi_i}{\sum_{i=1}^{n}(W_i + \Delta X_i)\sin\alpha_i} \tag{8-15}$$

式中
$$m_{\alpha_i} = \cos\alpha_i\left(1 + \frac{\tan\varphi_i\tan\alpha_i}{K}\right)$$

上述公式的求解仍需采用迭代法，步骤如下：

(1)先设 $\Delta X_i=0$(相当于简化的毕肖普总应力法)，并假定 $K=1$，算出 m_{α_i} 代入式(8－15)求得 K，若计算 K 值与假定值相差较大，则由新的 K 值再求 m_{α_i} 和 K，反复逼近至满足精度要求，求出 K 的第一次近似值。

(2)由式(8－14)、式(8－11)及式(8－12)分别求出每一土条的 T_i、ΔE_i 和 X_i，并计算出 ΔX_i。

(3)用新求出的 ΔX_i 重复步骤(1)，求出第二次近似值，并以此值重复上述计算每一土条的 T_i、ΔE_i、X_i，直到前后计算的 K 值达到某一要求的计算精度。

以上计算是在滑动面已确定时进行的，整个土坡稳定分析过程尚需假定几个可能的滑动面分别按上述步骤进行计算，相应于最小安全系数的滑动面才是最危险的滑动面。简布条分法同样可用于圆弧滑动面的情况。

第四节　土坡稳定分析中的若干问题

一、土坡稳定分析的总应力法和有效应力法

在许多情况下，土坡体内存在着孔隙水压力，如渗流引起的渗透压力或填土引起的超静孔隙水压力。在前述边坡稳定性的各种分析方法中，对作用于滑动土体上的力是采用总应力还是采用有效应力表示，对分析结果的影响往往是很大的。

有效应力法原理清晰，结果较可靠。当土中孔隙水压力 u 能较容易地测定或计算出来，则应采用有效应力法。在取滑动土体进行力的平衡分析时，工程上应用比较多的一种做法是将土体(包括土骨架和孔隙中的水和气)作为整体选作隔离体，滑动面作为隔离体的边界面，边界面上受水压力的作用，水压力的大小取边界点上各点的孔隙水压力值，方向垂直于滑动面。另外还有一种做法，就是将滑动土体中的土骨架作为研究的对象，孔隙水作为存在于土骨架孔隙中的连续介质，分析滑动土体中土骨架的力的平衡时再考虑孔隙水与土骨架间的相互作用力，即浮力和渗透力。

大多数工程在一定情况下，如施工期、水位骤降期和地震时产生的孔隙水压力以及土坡在滑动过程中的孔隙水压力变化，都是很难确定的，则只有采用总应力法。总应力法只能通过控制试验条件得到合适的强度指标，来间接反映孔隙水压力的影响。但用有限的几种试验条件去模拟千变万化的孔隙水压力状态，显然是很不够的，故采用总应力法分析土坡稳定性可能会存在较大的误差。

二、土的抗剪强度取值

土的抗剪强度不仅取决于土的性质，而且直接受加荷、排水条件等因素的影响。在土坡稳定分析中，抗剪强度指标的取值对安全系数的计算结果影响很大。

在边坡工程的分析中，为使分析结果能较准确地反映边坡的实际安全状况，应根据边坡的实际工作条件和可能出现的不利因素，来选择适当的抗剪强度指标值。例如，在分析堤坝填筑或土坡挖方过程中的稳定性时，若坡内土体的渗透系数小，且施工速度快，孔隙水来不及消散，则可用总应力分析法，采用快剪或三轴不排水剪试验测得的抗剪强度指标；在分析挖方土坡的长期稳定性或渗流条件下土坡的稳定性时，宜用有效应力分析法，采用慢剪或三轴排水剪试验测得的抗剪强度指标；而在分析上游坡因水位骤降对稳定性的影响时，因堤坝土体已经历长期固结并浸水饱和，则可采用饱和土样的固结快剪或三轴固结不排水的抗剪强度指标。

三、容许安全系数的选择

从理论上讲，当土坡处于极限平衡状态时，其稳定安全系数 $K_{\varphi}=1$，也就是说，只要设计土坡的安全系数 $K_{\varphi}>1$，土坡就能满足稳定性的要求。但在实际工程中，边坡可能会受到许多随机和不确定的不利因素影响。因此，要保证实际土坡工程具有较为可靠的稳定安全性，就要求土坡的安全系数必须大于一个最起码的规定值，这个规定值称为容许安全系数。

目前，对于边坡稳定的容许安全系数的取值，各部门尚无统一标准，考虑的角度也不尽相同，一般是以过去的工程经验为依据并以各种规范的形式确定。如我国《公路路基设计规范》(JTG D30—2004)规定，一般土坡的容许安全系数宜采用1.15～1.20，对高速公路和一级公路宜采用1.20～1.30。由于采用不同的抗剪强度试验方法和不同的稳定分析方法所得到的安全系数差别甚大，所以，在应用规范所给定的容许安全系数时，应同时注意所规定的相应试验方法和计算方法。

非确定性分析方法是运用可靠度分析、模糊分析、灰色系统理论、人工神经网络等方法，将计算机应用技术和各种数学分析方法相结合，对边坡进行可靠性评价或安全性预测。这类方法可以在一定程度上较好地考虑岩土边坡的模糊性、随机性等不确定性特点，为边坡安全分析提供了新的思路和途径。

第五节　土坡失稳的原因及防治措施

一、土坡失稳的原因

从力学上讲，土坡失稳的机理是土体内部某个面上的剪应力达到抗剪强度，从而使土体稳定的平衡遭到破坏。土坡失稳的根本原因是土坡自身的条件(即内因)，外界不利因素的影响则是诱发土坡失稳的外部条件(即外因)。

（一）土坡失稳的内因

1. 土坡的外形

土坡的坡角、坡高和断面形状在一定程度上直接决定土坡的稳定性，坡角愈大，则土坡的稳定性愈差。当坡角和总坡高相同时，在土坡中部分级设置平台能起到反压作用，有利于提高土坡的稳定性。

2. 坡内土体的物理力学性质

物理力学性质包括土体的成分、密度、含水量、孔隙比、密实度、内聚力及内摩擦角等，其中，土的内聚力和内摩擦角直接决定土的抗剪强度，因而是决定土坡稳定性的至关重要的因素之一。

3. 坡内土体的结构

坡内土的分层层面、裂隙、裂缝等部位抗剪强度较低，当其倾向与土坡坡面一致时，就容易沿该方向产生滑动。例如，在较陡的土坡上堆积有较厚的土层，如有遇水软化的软弱夹层，或下卧基岩是不透水层时，上覆土层就容易沿层面发生滑动。

（二）土坡失稳的外因

1. 水的作用

地表水和地下水的活动是导致土坡失稳的重要原因，工程中多数土坡滑动都与水的作用有关，水对土坡稳定性的影响主要表现在：增加土体容重，增大坡内的剪应力；软化土体，降低其抗剪强度；产生静水压力和动水玉力；溶解土体中的易溶物质，使土体成分和结构发生变化；冲刷和切割坡脚，产生冲蚀淘空作用；对不透水层上的覆土层或软弱夹层起润滑作用。

2. 振动作用

地震、爆破、打桩等引起的振动，易降低土体的抗剪强度，诱发土坡失稳。

3. 人类活动的影响

在平整场地，修路筑堤和采矿时，如果不合理地开挖坡脚，不适当地在坡顶上建造房屋时，弃土或堆放材料都会破坏土坡的平衡条件而易引起土坡失稳。

综合上述，各种因素对土坡稳定性的影响按其结果主要可分为两类：一是导致土体内部剪应力加大而引起土坡失稳，如路堑或基坑的开挖、堤坝施工中上部填土荷重的增加，降雨导致土体饱和容重增加，地下水的渗流，坡顶荷载过量或由于地震、打桩等引起的动力荷载作用等；二是导致土体抗剪强度降低而促使土坡破坏，如孔隙水压力的产生，气候变化产生的干裂、冻融，黏土夹层浸水软化，以及黏性土蠕变导致土体强度降低等。

二、土坡失稳的防治措施

由前述可知，土坡失稳的原因是滑动面上剪应力的增加或土体抗剪强度的减小。

因此，要防治土坡失稳，就应从减小坡内剪应力和提高土体抗剪强度两方面出发，常用的措施主要有以下几种。

1. 排水和防渗

在坡顶和坡面设置排水沟，以防止地表水渗入土坡，必要时可采取坡面防渗措施，如采用灰土或混凝土护面。对存在渗透的土坡(如堤坝)，应设置防渗心墙，在坝内设水平排水体以降低浸润线，或在渗流溢出的坡面设贴坡排水体等。

2. 支挡和加固

根据边坡的特点及滑动力的大小，利用重力式挡土墙、抗滑桩或锚杆支护等，能较有效地防止土坡失稳。对堤坝下地基为软土的情况，可采用排水固结法、碎石桩等地基处理措施来提高地基抗剪强度，以防因地基破坏而导致边坡失稳。

3. 减载

在不影响土坡功能的前提下，可在坡顶或接近坡肩处实施减载措施，如放缓坡比或采用轻质填料等，以减小该区域的重量。如坡顶有建筑物，则建筑物应尽量远离坡肩。

4. 反压

反压措施是指在坡脚附近增加填方量形成反压平台，以增加滑动体的抗滑力。工程实践中，常用的放缓坡比或在坡面设置平台的做法，实质上就是减载和反压的综合运用。

5. 坡面防护

采用植物防护、砌石或混凝土护面等措施，可防止坡面风化及坡脚冲蚀，从而保护边坡的稳定性。

对具体边坡工程，应根据工程地质、水文地质条件以及设计和施工的情况，分析可能产生滑坡的主要原因，选用合理有效的防治方案。另外，对滑坡的初期监测也十分重要，裂缝的开展、地表的变形、草木的倾倒等均可能是滑坡的迹象，应尽早采取防护和整治措施。

复习思考题

8-1　何谓砂性土坡的自然休止角？砂性土坡的稳定性有何特点？

8-2　简述毕肖普条分法确定稳定安全系数的试算过程。

8-3　试比较整体圆弧法、毕肖普条分法及简布条分法的异同。

习 题

8－1　土坡的坡面与水平面的夹角 $\alpha = 25°$，下覆基岩表面与坡面平行，已知覆盖层土的厚度 $H = 2.4\text{m}$，容重 $\gamma = 19\text{kN/m}^3$，土与基岩界面的抗剪强度指标 $c = 0$，$\varphi = 30°$，试求该边坡的安全系数。

8－2　某均质黏性土坡，坡高 $H = 20\text{m}$，坡比为 1∶2，填土容重 $\gamma = 18\text{kN/m}^3$，内聚力 $c = 12\text{kPa}$，内摩擦角 $\varphi = 22°$，试计算该土坡的稳定安全系数。

8－3　有一砂砾土坡，其饱和重度 $\gamma_{sat} = 19\text{kN/m}^3$，内摩擦角 $\varphi = 32°$，坡比为 1∶3。试问在干坡或完全浸水时，其稳定安全系数为多少？又问当有顺坡向渗流时土坡还能保持稳定吗？若坡比改成 1∶4，其稳定性又如何？

8－4　某工程需开挖基坑，深度 $H = 6\text{m}$，地基土的天然重度 $\gamma = 18.2\text{kN/m}^3$，$\varphi = 15°$，$c = 12.0\text{kPa}$，试用泰勒图表法确定安全系数 $K = 2$ 时的基坑开挖坡角。

8－5　某土坡如图 8－10 所示，已知土坡高度 $H = 6\text{m}$，坡角 $\beta = 55°$，土的重度 $\gamma = 18.6\text{kN/m}^3$，黏聚力 $c = 16.7\text{kPa}$，内摩擦角 $\varphi = 12°$，试分别用瑞典条分法和简化毕肖普法验算土坡的稳定安全系数。

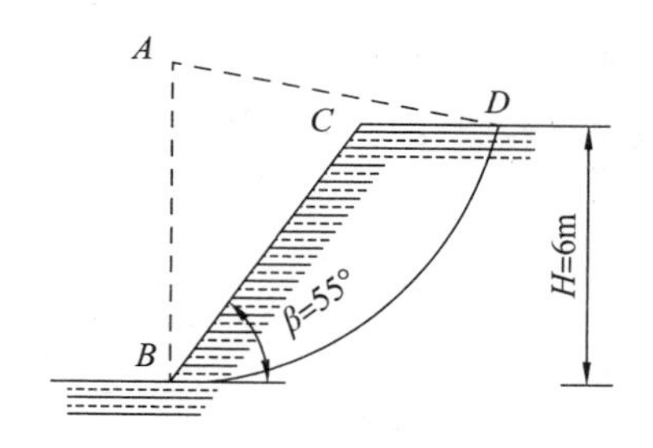

图 8－10　习题 8－5 图

参考文献

[1] 李广信,张丙印,于玉贞. 土力学[M]. 北京:清华大学出版社,2013.

[2] 陈希哲,叶菁. 土力学地基基础(第5版)[M]. 北京:清华大学出版社,2013.

[3] 东南大学,浙江大学,湖南大学,苏州科技学院. 土力学(第3版)[M]. 北京:中国建筑工业出版社,2010.

[4] 党进谦,李法虎. 土力学[M]. 北京:中国水利水电出版社,2013.

[5] 陈书申,陈晓平. 土力学与地基基础(第5版)[M]. 武汉:武汉理工大学出版社,2015.

[6] 孔军. 土力学与地基基础(第2版)[M]. 北京:中国电力出版社,2008.

[7] 赵明华. 土力学与基础工程(第4版)[M]. 武汉:武汉理工大学出版社,2014.

[8] 李镜培,梁发云,赵春风. 土力学(第2版)[M]. 北京:高等教育出版社,2008.

[9] 舒志乐,刘保县. 土力学[M]. 重庆:重庆大学出版社,2015.

[10] GB 50007—2011 建筑地基基础设计规范[S].

[11] GB/T 50123—1999 土工试验方法标准[S].